当代语境下的田园城市

THE GARDEN CITY IN THE CONTEMPORARY CONTEXT

支文军 戴春 主编

2011成都双年展组委会

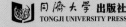

同济大学 出版社
TONGJI UNIVERSITY PRESS

目录 # CONTENTS

策略

东村：集体发声

装置：人工自然

自拟：多元命题

前言

　　2011年9月29日到10月31日，以"物色·绵延"为主题的2011成都双年展成功举办。作为成都双年展三大专题展览之一的国际建筑展以"物我之境：田园/城市/建筑"为主题，立足于城市，启发人们思考田园与城市、人与自然、社会与发展等诸多问题。主题展览提出了大量引人深思的讨论话题，田园、城市和建筑这三个人类社会截然不同的范畴成为探讨城市未来发展问题的出发点，而围绕它们的理论探索也随之再次升温。

"田园城市"——理论语境

　　"田园城市"是埃比尼泽·霍华德（Ebenezer Howard）于1898年提出的有关现代城市发展组织的理论，被公认为现代城市规划的第一个比较完整的思想体系。这个关于城市发展组织的系统性的规划思想，影响了后来一次又一次的城市规划和城市建设活动。田园城市理论的诞生源于对当时工业革命飞速发展带来的一系列问题的思考，它作为一种解决城市矛盾的尝试，在当时获得了一定的肯定。然而，霍华德希望解决的诸如交通拥挤、环境污染、社会矛盾等问题，在今天仍然存在，现代城市规划活动中，很多问题的研究基本都可以追溯到"田园城市"理论。由此可见，田园城市理论超越时代的前瞻性，并且对于当今城市建设能起到一定的指导和参考的作用。对于它的内容，需要有清晰的认识，才可以更好地继承和发展。

"田园城市在成都"——实践探索

　　新中国成立后，工业化进程加速的同时，城市化也在悄然开始。快速城市化并没有划清城市与乡村的界限，城乡混杂的状况是中国很多城市郊区的现实写照。成都作为中国西部发展最快的城市之一，在城市建设上一直寻找着适应新时期、新形势的转变方式。2009年底，成都市确定了建设"世界现代化田园城市"的战略定位和长远目标，此后确定的中心城、绿化带、卫星城的规划模式，很大程度上符合田园城市理论的核心策略。在此基础上，结合"两江环抱、三城相重"的传统体系，希望建设立体城市、立体田园，最终营造"城在园中，园在城中"的自然生态城市格局。

"每个人心中的田园城市"——新的解读与诠释

参展建筑师与机构从各自不同的角度，探讨中国"田园城市"的理想模式和现实路径。展览从文献展、作品展以及成果展等不同层面展示他们对此课题的理论与实践成果，一方面通过主题演绎展示国内外建筑师、规划师对"田园城市"的解读与诠释；另一方面通过成都"世界现代田园城市"的定位提出有关成都发展与模式重构的多角度思考以及案例参考，最终通过文字的形式记录下来。通过如此众多的展示，展览立体地呈现了当今理论界对于成都以及全中国的城市发展的关注。众多的国内外建筑师以及学者的思想在这里交汇碰撞，展览通过清晰的思路为进一步研究创造了良好的学术氛围。

展览中，参展建筑师以及研究者基于自己的工作与研究，提出了自己对于田园城市的理解以及基于实践的观点，形成了大量具有学术价值的文字材料与研究论文。编者正是抓住这个思想交汇的良好契机，整理了所有参展建筑师以及设计机构的文字成果，汇编为这本记录本次国际建筑展思想汇集的书籍。

本书在编辑过程中承蒙2011成都双年展组委会、国际建筑展学术委员会的大力支持，以及各位参展建筑师与设计机构的积极参与，相信这本书能为中国城市建设理论与实践的探索提供有价值的视角与具备可行性的建议。

编者
2012年7月

"2011成都双年展"策展理念概述

吕澎
LV Peng

物色

刘勰在《文心雕龙·物色》篇中写道："写气图貌，既随物以婉转，属采附声，亦与心而徘徊"。"随物婉转"、"与心徘徊"是在揭示创造中主客体之间的相互关系，也是物质与精神的相互补充、相互配合。

绵延

柏格森（Henri Bergson，1859—1941）提出的通过直觉体验到的时间，即"心理时间"，是相对于用钟表度量的"空间时间"而言。"绵延"作为真正的时间，柏格森认为唯有在不断积累的记忆中方有可能存在，其要义在于不断地流动和变化。

物色·绵延

2011 成都双年展是在成都着力打造"世界现代田园城市"的背景下举办的一个现代性展览。"田园城市"首先指向了两个相互关联的层面：一个物质层面，一个精神层面。英国人埃比尼泽·霍华德（Ebenezer Howard，1850—1928）在《明日的田园城市》（*Garden Cities of To-morrow*）一书中提到："我们是否能够建立一种社会，使人人享有艺术和文化，并以某些伟大的精神目标支配着人类的生活？"

"田园城市"并非只是一个城市形式，还被寄望有一个城市精神与之相匹配。这也完全符合中国人天人合一的思想。刘勰在《文心雕龙》的《物色》篇中提出"随物婉转"、"与心徘徊"，就是物质与精神的相互补充、相互配合。"田园城市"要求我们，不能只看到城市在时间中的空间变化，还应看到观念之间就如同物质对象之间一样也存在着同样明确的区别，这样把思想同化为物体其实就是把不占空间的存在作为空间来理解。并且，两种空间"具体绵延的各种因素是相互渗透的"——柏格森。在后现代文化理论中，绵延在不可见层面上的变化比在可见层面上的变化更为惊人。

　　"2011 成都双年展"的主题定为"物色·绵延"，正是意在向人们表明：田园城市是可见的空间变化，"绵延"正是对这一空间起着根本性作用的文化、艺术等空间的不可见层面的提示。"物色·绵延"之"物色"即是在人类意识中对"田园城市"的呼应，这里的"绵延"意指传统的过去性以及当下性的存在。"物色"借中国词汇，与建筑展的"物我之境"以及设计展的"谋断有道"相契合；"绵延"在现代艺术理论中占有重要地位，在此与艺术展之"溪山清远"的古今之思相暗合。同时，"物色"与"绵延"的中西合璧、古今相交、巧妙互渗，作为成都举办的双年展主题，又共同构成了对成都打造"世界现代田园城市"的真实而有力的注解与呼应。

吕澎

2011成都双年展总策展人

序一

伍江
WU Jiang

　　本届成都双年展的国际建筑展以田园城市为主题，向世人展示了当代国内外建筑师对理想城市与理想建筑的思考。田园城市是人类一个多世纪以来对理想生活空间的愿景，也是面对越来越严重的城市病而产生的理想追求。我们可以不去探讨如今成都建设田园城市的真正内涵与真实动机，却有必要了解当代国内外建筑师、规划师对这一主题的不同理解。在今天这个文化多元化的时代，本来就不应存在对同一主题的统一见解。可以说，各种见解越多越不统一，可能我们与我们想要追求的目标的距离就会越近。

　　事实上，在田园城市概念产生后的一个多世纪以来，对于田园城市的诠释就一直存在极大差异，关于田园城市的定义在不同的时代和不同的文化背景下一直有着全然不同的理解。读者会很容易地从本届国际建筑展的作品中看到这种认识与理解的差异。

　　这是一次国际化程度很高的展览，也是一次很年轻的展览。来自国外的参展建筑师占到三分之一以上，新生代建筑师更是居于绝对优势。他们的作品所体现的理念直接反映了当代世界各国建筑师特别是年青一代建筑师对田园城市这一主题的多元化思考。相信这些五彩缤纷、令人眼花缭乱的探索会让我们的城市发展决策者更理性、更睿智地从过于政治化和商业化的概念中去玩味、去拿捏理想城市的愿景与本意。这是一次组织得相当周到的展览。几个板块设计得井井有条又环环相扣，策展人的构思与意图清晰可见。

　　与纯形式艺术相比，建筑展要么因表达过于专业化（更确切地说是过于职业化）而受众寥寥，可看性差；要么因过于表现其"艺术性"而往往让建筑业内笑为纸上谈兵而不屑。敢于在艺术双年展中策划建筑展本身就需要很大的勇气（在这里不是指那些展览掮客的无知无畏）。学术性、专业性、艺术性在这次展览中浑然一体。这也是一次具有很强学术性的展览。如今充斥商业味的售楼推销式的建筑展览到处可见，受众在展览中既看不到建筑师的艺术思考和技术追求，也看不到建筑师高度专业化的职业训练，建筑思辨的成果往往成为媒体广告中售楼推销的噱头。而这次展览的策展人力图将建筑业内最前沿的专业思考带给受众，从文献展中对百年来建筑界学术思考的回顾，到作品展中当代建筑师的当下诠释；从实践成果展中建筑师的专业追求，到学生竞赛展中更新一代的专业思考，给受众提供了一场全景式的建筑学术展示。

这次国际建筑展由同济大学《时代建筑》编辑部这支专业素养极强的团队策展，充分发挥了专业的学术优势和媒体的传播优势，为我国建筑展览探索了一个新的策展模式。相信本届成都双年展一定会因此而更加亮丽，也相信成都双年展一定会越办越好，成为享誉世界的展览品牌。

伍江

2011成都双年展学术委员会 主任

同济大学 副校长

序二

张永和
Yungho Chang

　　我一直对城市郊区化的问题感兴趣。城市郊区化对中国城市的影响是非常深远的，因为许多中国城市在他们的内部，而不仅是外围存在郊区化的倾向。市内郊区化除了与建筑本身的诸多问题有直接关联外，还涉及更多更为宏观的城市议题。

　　一百多年前，霍华德提出田园城市的理论，探究解决城市发展中出现的现实问题的途径。时至今日，从建筑到城市研究的多个领域，已对田园城市的概念进行过研究、讨论和实践。在当代中国，随着城市化进程的不断加速，对城市的研究愈显必要和紧迫。近年来，城市中大量、快速形成的新事物、新思想，使城市成为当代文化研究的平台。城市的意义比以往都更清晰。

　　"2011年成都双年展·国际建筑展"以成都这个中国西部城市为平台，通过文化、艺术、建筑乃至生态、农业、区域经济与就业等各种领域的表述共同诠释田园城市的话题，从实践到理论来探讨如何刺激、引导这个城市甚至区域的发展。在国际建筑展的参展作品中，大致可以看到三种研究方向。

　　一是立足城市发展。这些参展作品正视全球化与城市化的现实，在城市建设中的不同操作层面探讨田园城市的多种可能。例如，在城市外围促进生态资源保护、提升城市公共空间品质、用新型农业包围城市等；在城市内部，则在保护与更新老城历史地区的过程中诠释田园的生态含义和可持续发展的内涵。

　　二是着眼于田园。面对都市圈外正在经受城市化冲击的城郊和乡村地带，有一部分参展作品选择的方式是引入城市的积极影响，促生新的生活生产形态。对于尚未迎来标准化城市开发的乡村，有建筑师提出在保留农业耕地的基础上开发新区的模式。也有扎根乡村的艺术聚落已处于生长过程中，可期形成立足当代的产业区。面对土地从农村到城市的根本转变，有研究者提出通过公共场所来适应生活方式的变迁。

　　三是回到建筑本体。在广泛交叉及跨学科的研究背景下，这些参展作品更为强调建筑学自身的核心命题。建筑师从局部或片段出发，进而影响整体或宏观的城市，表达他们对城市的关注和思考，探索结合景观的设计方法和语言。

　　成都作为中国探索城乡统筹发展的一个代表城市，有它独特的历史传统和发展现实，在这一背景下提出的建设"世界现代田园城市"构想，可以说是当代中国城市延续并丰富田园城市的研究、寻求当代城市问题的对策、探讨未来城市的发展走向的一次集体尝试。国际建筑展则对中国当代城市和建筑发展的现实进行批判性反思，并在国际视野中探讨中国"田园城市"的理想模式和现实路径。

张永和

2011成都双年展国际建筑展学术委员会 主任

非常建筑 主持建筑师

美国麻省理工学院（MIT） 终身教授（前建筑系系主任）

物我之境：田园/城市/建筑
2011成都双年展国际建筑展主题演绎

支文军
ZHI Wenjun

经济学家斯蒂格利茨（Joseph Stiglitz）曾断言，21世纪对全人类最具影响的两件大事：一是新技术革命，二是中国的城市化。

拥有世界最多人口的中国，以城市化速度吸引全球目光的同时，也成为全球城市化进程的巨大推手。依据联合国人居署和亚太经社理事会联合发布的《亚洲城市状况2010/11》，2010年中国的城市化率为47%，预计到2020年将达55%，将有1.5亿中国人在这10年间完成从农民到市民的空间转换、身份转换。庞大的人口数量决定了中国城市化过程的特殊性。城市化水平滞后于经济发展水平的现状和严重的城乡二元结构的存在，也决定了中国必须探索自己的城市化道路。

2010年上海世博会紧扣时代命题，关注人类当下面临的共同课题——城市，关注未来和谐城市的建设，提出了"城市，让生活更美好"的中国城市发展愿景。2009年底，成都提出了建设"世界现代田园城市"的历史定位和长远目标，其核心思想是"自然之美、社会公正、城乡一体"，其基础是成都自身的自然环境条件和历史文化传承以及经济全球化的大趋势下全世界城市竞相发展格局中成都的现实定位，同时也是成都人对美好人居环境的探索。

在此宏观背景下，2011成都双年展于2011年9月29日至10月31日期间在成都东区举办。展览以"物色·绵延"为主题，由"溪山清远：当代艺术展"、"谋断有道：国际设计展"和"物我之境：国际建筑展"三大主题展及政府各协会展览项目、民间外围展览等其他板块组成。这是成都打造城市文化品牌、提升城市文化影响力和竞争力的重要举措，也是成都探索现代田园城市发展的新节点。

作为三大组成部分的专题展之一，"物我之境：国际建筑展"在成都工业文明博物馆同期展出。此次国际建筑展诞生于成都确立"世界现代田园城市"的战略目标之时，围绕"物我之境：田园/城市/建筑"的主题，指向成都的建设，放眼历史及当前的国内外研究和案例，进行搜寻、探索、争辩、梳理、设计、展示，在展览内外保持一贯对"物我之境"的求索。面对一个兼具自身条件孕育，政府政策推动，呼之欲出的"现代田园城市"——成都，从如何探讨和探索命题本身出发，将展览解析拆分，意在突破单纯陈列作品的模式；从反观历史开始，由语境的建立展开叙述，在开阔的视野下枚举多样的可能，对既有经验的掌握支撑发散的探索，力求借此建立一个开放性的平台并使之有益于现实的认识和实践。

1 物/我

中国古代，人们追求"物"、"我"合一的境界。《庄子·齐物论》中有描述："天地与我并生，万物与我为一。"这里的"我"指人，"物"指天、地及千差万别的一切自然物。庄子认为"天地一体"（《庄子·天下》），"人与天一也"（《庄子·山木》）。物、我不是彼此孤立、互不干扰的存在物，而是相互联系、相互依存、息息相关的有机整体。庄子强调"太和万物"的思想，并以"物化"的理念构建"物我之境"（《庄子·齐物论》）。"物化"，即使主体对象化达到物我不分、主客一体的浑然境界。通过"物化"中的主客体交流，达到对"道"的深入认知。在认识世界万物的过程中忘却主体、随物而化。庄子的"物"、"我"之论所描绘的"天乐"境界，在潜移默化中逐步酿成了一种古典美学与文人精神，深远地影响了古人对完美世界的构想。"物化"也被古人视为审美体验的最高境界。

后来，王国维把老庄的"物我之境"分为"有我之境"和"无我之境"："有我之境，以我观物，故物皆著我之色彩。无我之境，以物观物，故不知何者为我，何者为物。"其中物我结合、虚实相生、以形聚神且神遁于形，达到物我一体、物我两忘之境界。不论是"泪眼问花花不语，乱红飞过秋千去"（欧阳修《蝶恋花》）的"有我之境"，抑或"采菊东篱下，悠然见南山"（陶渊明《饮酒·第五首》）的"无我之境"，都表达着传统中国对主体与客体之对立统一的立论与讨论。

20世纪中国城市化进程的迅猛推进深刻改变了传统的"物"、"我"关系。城市化带来了经济的飞速增长、城市面貌的日新月异和标志性建筑的鳞次栉比，这些都以空前的深度和广度改变着中国的面貌。"物"、"我"关系的改变也引发了资源短缺、环境污染、贫富差距加大等一系列问题。建立起来的城市并不属于市民，污染、高楼、车流、人群成了市民的对立面，给人带来强烈的生存压迫感。城市化的旋风席卷广袤的乡镇农村，导致原有的文化格局和生活形态发生急剧变化。大批失地农民还未从成为"城市人"的喜悦中缓过神来，就很快地陷入身份缺失的更大恐惧之中。我们的城市化推进，似乎陷入一个无以缓解的二元对立境地：城市还是田园？延续还是更新？消费还是生产？"物"还是"我"？

古人"物我合一"的哲学理念，无疑可以作为解读当下诸多城市问题的新视角。人类对自然环境的利用和改造、对城市化问题的讨论和研究，归根结底也是在探索主体和客体之间"物"与"我"的共生之道，寻找通向"物我之境"的可能途径。

国际建筑展以"物我之境"为主题，从"物我合一"的认识论和方法论的角度出发，落足于构成人居环境的"田园"、"城市"、"建筑"之间及其与人的联系、对接、相互作用。尝试构建一种新的价值观，在主客观界限的消失、物质与精神层面的结合、唯物与唯心二元的超越、形式与意境的一体、有与无的轮回等哲学层面诠释人与环境的融合以及城市化与"诗意栖居"的协调，发掘和探索一种更为全局和综合的思路，进而引导人们发现并解决问题、形成定位于中国的理想城市模式：藏身于世界，寄其躯于山水，赋其情于江湖，寓其言于风雨，真正步入"物我之境——田园之意"。这也是国际上第一次以中国诗学、哲学与美学理念为题的建筑展。

2 田园 / 城市

业里士多德说："人们为了生存而来到城市，为了生活得更加美好而居留于城市。"

城市是人类一种最主要的居住形态和生存模式。自城市产生以来，古人就不断探讨如何将城市生活与田园景象相结合，希望建立自然与人居相融合的生存场所。

早在春秋时期，《管子》一书中就提出了"天人合一"的城市发展观，强调"人与天调，然后天地之美生"

（《管子·五行》）。书中对影响城市生态环境的地理、气候、土壤、生物等要素进行了详尽阐述，并形成建城选址、保护资源、防灾减灾等一系列城市管理思想体系。管子还在《八观》中关注人口密度、人地均衡配置等问题，这些思想成为现代生态城市某些理论的雏形。

东晋著名诗人陶渊明笔下描绘的"忽逢桃花林，夹岸数百步，中无杂树，芳草鲜美，落英缤纷……土地平旷，屋舍俨然，有良田美池桑竹之属。阡陌交通，鸡犬相闻……黄发垂髫，并怡然自乐。"（陶渊明《桃花源记》）的生活图景，让世人对桃花源般的田园理想国产生强烈向往。北宋张择端的《清明上河图》和王希孟的《千里江山图》展现了村落与山川、湖泊融为一体、充满生机、人景相宜、充满田园气息的中国传统城市。

中国古人对田园城市的构想均建立在农耕经济孕育的文化土壤之上。中国传统城市与乡村合为一体，农村与城市的发展互为推动、联系紧密、和谐发展，对今天田园城市的发展是很好的启示。

近现代田园城市思想体系的形成，是以1898年埃比尼泽·霍华德（Ebenezer Howard）出版的《明日的田园城市》（Garden Cities of To-morrow）为始的。书中第一次正式提出田园城市理论，以此应对19世纪中期以后英国工业化和城市化时期出现的问题。霍华德在书中描述了田园城市的愿景，分析了田园城市建设的可行性与可能性，也提出了像伦敦这样的超大城市向田园城市转变的策略与路径，致力于构建一个没有污染、没有贫民窟的理想家园。田园城市并非一个户户有花园的低密度城市，书中描述的田园城市中人口密度达到7 407人平方千米，人均用地约为135m^2。这种城市密度让中国当今许多中小城市，甚至有些大城市和特大城市都未能企及。霍华德田园城市思想中提出的开放、多样的城市发展结构和其纲领性的定位，对现代城市如何创建田园之境具有重要的借鉴作用。

"田园城市"的内涵随着其社会政治、经济、技术背景的不同，也在不断地被充实、被证明、被质疑。继霍华德之后，恩温（Raymond Unwin）在1920年提出"卫星城"的理论。该理论是对田园城市更形态化的解读，也把霍华德的田园城市和勒·柯布西耶的现代城市合为一体，构建起现代城市规划的基本框架。1977年《马丘比丘宪章》（Charter of Marchupicchu）对工业技术进步及爆炸性城市化引起的环境污染、资源枯竭等问题进行反思，提出要理性地看待人的需要，对自然环境和资源进行有效保护和合理利用。

当下，在汹涌的全球化浪潮和城市化进程中，中国的现实和面临的问题与"田园城市"理论体系既相通又有别：都在城市化过程中找寻失落的田园梦，也必须正视当代中国特殊的人口、资源压力。然而，固守田园生活，阻止城市化进程是违背社会发展规律的。扩大城市的空间，将城市园林化，在人均耕地已接近警戒线的中国是很不现实的。城乡一体化，物我为一似乎只是一个梦想，如何理解田园城市的现代涵义，如何寻求符合中国的田园之路是我们必须讨论和思考的。

我们希望此次国际建筑展可以搭建一个综合的平台，围绕"物我之境：田园／城市／建筑"的主题，从实践、文献、策划、调研等多方面入手，聚拢国内外的学术权威、著名建筑师、新锐实践机构、各大建筑院校，探讨如何从"田园"中寻求城市发展机遇和品质，如何建立人与田园、人与城市、人与建筑的关系。落实到成都的现实，即探究什么是成都的现代"田园/城市/建筑"，如何诠释属于成都的现代的人与环境关系等。

在陆续收到作品的过程中，我们也再次确认了此次建筑展的意义：诸方的深入讨论推进了对"田园城市"内涵的挖掘，也启发了对田园与城市的多角度思考。参展的中外建筑师在国际建筑展的平台上提出他们在规划、设计与建筑实践中具有前瞻性和普世意义的作品，审视由于城乡快速发展带来的建筑机遇及理论焦虑，探索"物我之境"的建筑定义和田园城市的当代诠释。

建筑展中的策略、调研、学生竞赛等多个板块将命题锁定成都，希望集中全球精锐的专业力量，对成都的现代田园城市建设进行规划、反思，为成都加快推进"世界现代田园城市"的战略目标积累重要的学术资源，也通过对一个典型中国传统城市细胞再造的真实聚焦生发对现代田园城市的理论建构。

3 人/环境

人与环境的讨论贯穿中国历史：大哲学家孔子主张"尊天命"，认为"天命"是不可抗拒的；老子也主张"自然无为"，认为人应以顺应环境的方式与环境保持和谐。与这种立场不同，荀子则提出"制天命而用之"的思想，提倡人们对自然环境的利用。中国的风水说更被看作古代环境观的集中体现。彼时，世界人口总数不到2.5亿，人的"生产"对自然环境的依赖十分突出，无论顺应或是改造，"物我合一"的理想状态似乎更容易达到。

随着生产力的发展，人类日益增强的改造自然的能力打破了人与环境的和谐。人类在为科学技术和经济的迅猛发展额手称庆之时，也积累了严重的环境问题：资源减少、物种灭绝、温室效应、化学污染

1962年，蕾切尔·卡森（Rachel Carson）《寂静的春天》（Silent Spring）一书出版，以其全面的研究和雄辩的观点改变了历史的进程，掀起了现代环境运动浪潮，为人们带回了一个在现代文明中丧失到令人震惊地步的基本观念：人类与自然环境应相互融合。

近一个世纪的城市扩张更加凸显环境困局：人与环境的不和谐，城市与建筑的不和谐，人在城市中归属感的丧失，都迫使人们反思和探讨城市发展模式。以"物我之境"为基础，深入挖掘"田园城市"的内涵，意在探讨建立符合当下发展需要的人与环境的新关系。

成都似乎是中国城市化进程中的特例。这座城市繁华且闲适、现代且儒雅：蜀山岷水、宽窄巷子、草堂茶楼 人和城市间存在着天然的和谐。李白有诗云："九天开出一成都，万户千门入画图。草树云山如锦绣，秦川得及此间无。"（《上皇西巡南京歌》）

自古以来，人们都把成都看作"天府之国"。在"西部大开发"的10年中，成都进行了诸多有意义的尝试，为破解西部乃至中国长期存在的结构性矛盾，特别是城乡二元结构矛盾，积累了大量可推广的典型经验。成都建设"世界现代田园城市"，实际是在推进成都城乡一体化的实践中，保留现代成都的田园情怀，是对地域感的再次确认和公共情感空间的保留，也对当代人与环境的关系具有特殊的意义。

此次国际建筑展也希望基于成都现实，在"让成都市民生活更美好"的理想下，探讨究竟什么是成都的现代"田园/城市/建筑"，诠释属于成都的现代的人与环境关系，并以成都为起点，探讨田园、城市、建筑之间的关系，探讨人与田园、人与城市、人与建筑的关系，探讨"物"与"我"的关系。

4 结语

中国城市化方兴未艾，成都向"世界现代田园城市"的迈进之路才刚开始，人类对理想世界的向往和探索还会继续。"物我之境：田园·城市·建筑"国际建筑展或许不能取得结论性的成果，却定能促进划时代新理念的形成，激发出许多因应之道与理想蓝图，也定能唤起决策者、建筑从业者和大众对田园城市、对人与环境的思考！

支文军

2011年成都双年展国际建筑展 策展人

《时代建筑》杂志 主编

同济大学建筑与城市规划学院 教授、博导

同济大学出版社 社长

田园城市的百年传承

　　"田园城市"是霍华德于1898年提出的有关现代城市发展组织的理论，被公认为现代城市规划第一个比较完整的思想体系，对后来的城市规划与城市建设的发展起到重要的纲领性作用。

　　但是，"田园城市"的含义、内容及其理念在相当长的时间里被错误地理解。例如，被等同于建设低密度的小城市，特定的模式化的城市形态，或者是不可实施的乌托邦。事实上，现代城市规划在一百多年的发展过程中形成的主要研究领域和核心内容，如大区域范围内有计划地组织人口分布、城市与乡村的有机结合、对城市美好生活环境的追求和对城市发展方式的探讨等，都可以追溯到田园城市理论思想，而在此过程中的大量理论和实践都可以看成是该思想某一方面的延续和深化。霍华德当年希望通过田园城市来解决的问题，如拥挤、污染、不卫生以及贫民窟等，同样是当今城市发展必须面对的现实问题。他采取的针对问题寻求对策的思路仍将鼓舞人们不断探讨未来城市发展的走向，而他建立的"城市—乡村"结合体的一些基本原则，对当今城市建设仍然具有指导意义。

　　因此，认识田园城市的真正内涵及其基本思想，既有助于人们清理一百多年来城市发展与城市规划发展的内在脉络，也有助于把握现代城市发展的历程，了解应对城市问题的手段和方法的演变，同时还有助于更加深入地认识当今的城市问题和寻求解决这些问题的未来方向。

田园城市思想及其传承
The Garden City: Its Origin and Development

孙施文
SUN Shiwen

作品名称：田园城市的百年传承
参展建筑师／机构：孙施文
关键词：田园城市；城市规划；城市发展模式

1 田园城市是认识现代城市及其规划的基础

霍华德在1898年出版的《明天：通往真正改革的平和之路》[1]一书中提出了田园城市思想的基本框架，这一框架被认为是现代城市规划第一个比较完整的思想体系。在此基础上，现代城市规划逐步形成和不断发展，而且在迄今为止的整个发展过程中，田园城市所建立起来的基本原则都发挥了重要作用。从严格的意义上讲，田园城市并不只是卫星城、新城建设的理论基础或其原型，实际上更是整个现代城市规划的理论基础。因此，关注田园城市及其演变，实际上也就是关注现代城市规划的发展。同样，正如有学者已经指出的，第二次世界大战以后的城市发展都是经过规划的，或者说都是城市规划的结果[2]，因此我们关注田园城市100多年来的传承，实际上就是探讨现代城市规划的发展历程；与此同时，要认识世界各国城市建设和发展的状况并探讨当代城市建设和发展，就无法旁置现代城市规划的作用，也无法忽视作为城市规划基础的田园城市的影响。

但一说到田园城市，过去存在大量误读或在转述中出现差错的情况，例如将卫星城、新城等看成是田园城市的实践结果，从而将其固化为特定历史时期甚至是特定地点的某种表现，以其表达或外部的形式作为评判的依据，因而忽视了其深层的内容乃至于其后的演变。大量的误解由此而生，并直接影响到人们对田园城市的内容及其意义的认识。因此，只有破除这些误解，还原其在霍华德思想中的实际含义，才能真正认识田园城市在现代城市规划中的地位与作用以及对当今城市建设和发展的意义。

2 人们是否误解了霍华德的田园城市思想？

霍华德在提出田园城市思想时，描述了田园城市的愿景，分析了田园城市建设的可行性与可能性，也提出了像伦敦这样的超大城市向田园城市转变的策略与路径，由此构建了一部完整的现代城市规划的思想纲领。但霍华德的思想在后来的传播中，尤其在中国语境的传播中出现了很多偏差。这里，首先针对这种偏差来还原其基本内容，然后再来关注霍华德的思想及其传承。[3]

第一，田园城市不只是要创建一个个30 000人左右的小城市。霍华德田园城市思想的核心是一个没有污染、没有贫民窟的城市群，也就是书中特别强调的"社会城市"。这个城市由中心城市和若干个外围城市（在图中被标示成不同的名称，其中一个被命名为"Garden City"，即田园城市）组成：中心城市有58 000人，外围城市各有32 000人。这些外围城市的人口不断增长，当达到规模限制时就需要建设新的城市。按照霍华德的图解，中心城市与外围城市之间的边缘距离约为2英里（约3.2千米），从中心到中心约4英里（约6.4千米）左右，之间有铁路相联系。因此，完全可以把整个城市群看成是一个多组团的"城市"，只是每个组团之间有农业用地的隔离带。在这样的基础上，这个"城市"的规模可以达到几十万人口甚至更多。

第二，田园城市不是一个每家每户有花园的低密度城市。根据霍华德的描述，每个田园城市（即城市群中的外围城市）用地6 000英亩（24.28平方千米）、居民32 000人，其中城市（City）用地1 000英亩（4.05平方千米），农业用地5 000英亩（20.25平方千米）。如果32 000人全部居住于城市用地中，则人口密度可达7 901人/平方公里，人均用地约127平方米。即使考虑2 000人居住在农业用地范围内，30 000人居住于城市中（在《明日的田园城市》一书中有如此的表述），人口密度也达7 407人/平方米，人均用地约为135平方米。由这些数据可以看到，这绝对不是一个低密度的城市，而且我国当今许多中小城市，甚至有些大城市和特大城市都未必能达到这样的高密度。

第三，田园城市不只是物质实体的建设。霍华德在其著作的第一章中就给出了田园城市的愿景，其场景更多的是物质实体的构成，但通观全书就可以看到，第一章的内容只是描述了要达到的目标。而在随后几章中，霍华德分别从如何获得土地、获得土地后城市建设资金的来源以及分配、城市财政的支出、城市的经营管理等方面论证了实现这一目标的可能性；在论证了单个城市建设的可能状况后，又探讨了如何

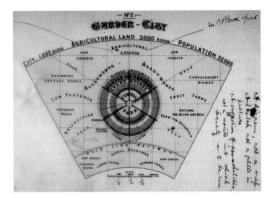

"田园城市"

由单个城市出发建设整个田园城市的城市群。即使对于第一章中给出的物质形态，霍华德也非常明确地告诉读者，"这种规划，如果读者愿意也可以称为留待规划的空白，可以避免经营上的停滞，通过鼓励个人的创新，容许最完美的合作……"更何况，田园城市理论实际上是作为一种理想城市而提出的，其目标并非只是物质条件的改善，正如霍华德在著名的三磁铁图上标示"城—乡结合体"的特征时就包括了"自由"（freedom）、"合作"（co-operation）的内容[4]，可以看到他具有更为远大的社会目标，这也是霍华德田园城市理论中的社会改造思想的集中体现。

第四，田园城市是具有固定形态而非静止的城市形式。霍华德田园城市的原型具有非常明确的形态描述，如前文所述，霍华德在进行描述时已提出"这种规划，如果读者愿意也可以称为留待规划的空白"，稍后，他还再次强调"……所以我所描述的那种妥善规划的城市的想法，并不是要读者为今后必然随之出现的发展作规划和建设城镇群的准备——城镇群中的每一个城镇的设计都是彼此不同的，然而这些城镇都是一个精心考虑的大规划方案的组成部分"。这还可以从他指导完成的莱切沃斯（Letchworth）和威尔温（Welwyn）田园城市规划中看到，城市的形态其实并不一定要完全按他给出的圆形图示方式来实现。而且，霍华德对城市演变和规划的动态性有非常清醒的认识，他说，田园城市"无疑是经过规划的，因而市政管理方面的各种问题都会包括在一个富有远见的规划方案之中。从各方面看，最终形成的规划方案都不应该，通常也不可能，出自一个人之手。无疑这项工作是许多人的智慧结晶——工程、建筑、测量、园林和电气等人员的智慧结晶。但是正如我们说过的那

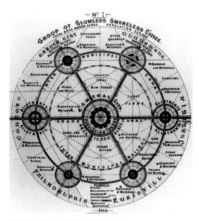

没有贫民窟、没有烟尘的城市群

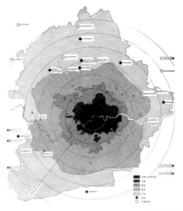

"大伦敦规划"

样，重要的是设计和意图应该是统一的——那就是城市应该作为一个整体来规划……一座城市就像一棵花、一株树或一个动物，它应该在成长的每一个阶段保持统一、和谐、完整。而且发展的结果绝不应该损害统一，而要使之更完美；绝不应该损害和谐，而要使之更协调；早期结构上的完整性应该融汇在以后建设的更完整的结构之中"。而就笔者的认识而言，我以为，这段话非常前瞻性地为现代城市规划的发展指明了一些关键性的理念和内容，而且与后来的现代建筑运动主导下的城市规划理念有着极大的不同。从另一方面看，这样的理念至今仍不过时，而且对人们认识当代城市发展和城市规划改革具有指导性的意义。

3 田园城市思想的核心及其传承

针对以上普遍存在的对霍华德田园城市理论的误解，笔者通过解读霍华德原典进行了辨析和还原。那么，霍华德田园城市理论到底说了什么？其中有哪些内容更值得关注？本文只总结了霍华德实际说了什么，这些内容的实际含义是什么，并将这些内容与其后100多年来的发展结合在一起，从中可以看到霍华德田园城市思想对后续的城市研究和城市规划的影响，同时也为人们在当今社会经济条件下认识田园城市的涵义提供基础。

第一，在区域乃至国家范围内进行人口的合理布局。这既是霍华德理论思考的出发点，也是其理论建构的基础。在城市化发展的进程中，乡村人口向城市集中是一个必然的趋势，但究竟应该以何种方式集中，霍华德有很清晰的认识。他认为，城市有城市的优点，乡村也有其自身的优点，但它们又有各自的缺陷，因此人口不应都向城市尤其是大城市集中，应当

在更广阔的地域范围内分布人口，建设具有城市和乡村的所有优点同时不具有各自缺点的新型聚居地（即田园城市），这才是未来发展的理性方式。因此，田园城市既提供了一个未来城市的发展模式，也同样提供了一种更广地域内人口分布的思考方式，而且这是田园城市能够形成的基础。这样的思想经格迪斯（P. Geddes）和芒福德（Lewis Mumford）等人的阐释与推进，直接孕育了区域规划的形成。早期的区域规划实践主要集中在两个方向：一是以20世纪20年代的伦敦区域规划和纽约区域规划为代表，以解决大城市问题，尤其是交通和居住问题为目的，从大城市需求出发的区域规划；二是以20世纪30年代的田纳西河流域规划和前苏联的区域规划为典型，在相对贫困地区通过生产力的重新布局来促进地区发展的区域规划。第二次世界大战后，尤其是20世纪50年代末期之后，在结合并融入经济学、地理学的相关研究成果的基础上，及系统科学思想及其技术的整合下，当代区域研究逐步形成为一个跨学科的研究和实践领域，综合性地研究区域人口与产业部署以及资源、生态环境保护与利用，区域规划已经成为各国政府社会经济管理的重要政策手段，而其中对城市和区域发展战略、城市与区域关系、城市体系的研究与规划，对大都市地区以及更加宏观的人居环境的研究与可持续发展的规划对策探寻等，都对当代城市的建设和发展起到了积极作用。

第二，通过结构性的重组，有目的、有计划地建设城乡一体的新型城市。田园城市是一种历史上并未存在过的新型城市，按照霍华德的设想，这是城市和乡村的联姻，是"城市—乡村"结合体，这种结合体兼有城市和乡村的优点，同时又避免了城市和乡村各自的缺点[4]，即既具有城市生活的优越性又具有乡村

生活的优美性的新型聚居地——"社会城市"。这种
城市是一个长远的目标，需要有一个"富有远见的规
划方案"，然后一步一步地建设。但在此过程中的每
个阶段都需"保持统一、和谐、完整"，"而且发展
的结果绝不应该损害统一，而要使之更完美；绝不应
该损害和谐，而要使之更协调；早期结构上的完整性
应该融汇在以后建设的更完整的结构之中"。为了实
现整个过程的有序，并且保证最终结果的合理，就需
要对城市发展过程进行有效的控制，在霍华德看来，
要避免大城市问题的出现，最为关键的是对城市规模
的控制，城市达到一定规模后就要建设新的城市，以
避免城市无序的蔓延扩张。依据霍华德的设想，恩温
（Raymond Unwin）在20世纪20年代提出了"卫星
城"的理论，该理论更加形态化地解读了田园城市的
特征，扩大了中心城市的规模，并且承继了田园城市
中以一组城市来组织大城市的概念，这一概念在1944年
的"大伦敦规划"中得到了体现。在大伦敦规划实施
过程中出现了所谓的新城理论，在许多的论述中往往
将此看成是田园城市经"卫星城"理论后的发展，但
实际上其中出现了一个重大的转换，即讨论对象由城
市组群转变为单个城市，由此混淆了"卫星城"理论
中由中心城和外围的卫星城组合起来的城市整体与城
市外围单个的卫星城本身，新城的称谓实际上是承继
于后者。但正是由于卫星城和新城的建设，使20世纪20
年代发端，以勒·柯布西耶为代表，现代建筑运动主导
下的城市规划原则——《雅典宪章》是其最完善的体
现——得到初步的实践，并从此在各类城市建设和规
划中得到广泛的运用，逐渐成为现代城市规划的主流
思想。因此可以说，正是由于卫星城和新城的建设，
霍华德田园城市和勒·柯布西耶现代城市这两种现代城
市规划形成时期的主要思想结合成为一个整体，并由
此建构起现代城市规划的基本框架。[5]20世纪60年代以
后出现了许多对现代主义城市规划进行批判的理论和
实践，这些理论和实践主要针对的还是现代主义原则
在运用的过程中被推向极端后出现的问题，其实质更
多的是对现代主义城市规划存在的缺陷进行修补和调
整。[6]随着这类反思的推进以及对可持续发展问题的关
注，城市和区域的关系、城市与乡村的关系以及有计
划地推进城乡协调发展已经成为近年来国内外社会经
济和城市规划领域讨论的热点问题。

　　第三，对城市美好环境的追求。按照霍华德的设
想，田园城市针对当时工业城市中普遍存在的拥挤、
不卫生等状况，试图创造出没有贫民窟，没有烟尘的
生活环境。但这很显然只是最低目标，建设美好的生

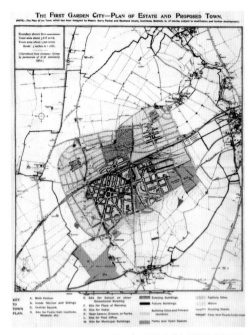

第一个田园城市莱切沃斯的总平面图

活环境同样是其追求的目标。根据霍华德的论述与图
示，其中至少包括这样几个层次：首先是城乡结合，
乡村的优美环境与城市相结合，这是获得良好城市环
境的基础；其次，城市中人口相对集中但规模应足够
小，在日常生活中很容易进入到乡村的优美环境中；
再次，在人口集中的城市中，合理组织城市用地，在
城市中心建设中央公园，在居住地区建设林荫大道
等。这些方法在当时已有大量的学术探讨和实践成
果，如城市中央公园、林阴大道的建设，居住区的组
织方式以及合理的城市规模的讨论等，霍华德将这些
因素综合在一起，以使城市和乡村的优点都能得到充
分发挥，保证城市整体的生活环境品质。正如霍华德
所说，田园城市只是一种思想纲领，城市的结构是生
长的，城市的形态是不固定且不确定的，但很显然，
对美好城市环境的追求是其出发点和理论探讨的核
心，也只有美好的城市环境才有可能使人们接受这样
的城市。城市环境优美是城市规划的重要价值基础，
也是现代城市规划能够存在并不断发展的基本动力。
现代城市规划在发展历程中延续这样几条主线而得到
延伸和深化：一是基于将乡村优美环境引入城市和适
应人口密集生活的需要，从田园城市的中央公园和林
阴大道到后来的城市公园和公园体系（城市公共绿地
系统）的建构与建设；二是为满足城市社会交往、减
少社会隔阂的需要出发，从田园城市中的公共设施集

现场照片

中布局和第五大街的水晶宫,到后来的各类社会性公共设施体系的布局以及城市公共空间的体系化和营造;三是满足城市居民日常生活居住要求的居住区组织模式,从田园城市的居住地带到后来的邻里单位、超级街坊、居住小区乃至当今的都市村庄、"新城市主义"的布局模式等;四是有关各类城市空间结构模式的探讨,从早期田园城市如莱切沃斯到卫星城、新城、旧城更新以及英美等国的郊区建设,直至紧凑城市以及许多所谓的空想城市模式,甚至从某种角度讲,城市环境保护、建设生态城市等也都是这种追求的不同面向。尽管其中的许多生产生活条件、技术手段以及思想观念等发生了巨大变化,但追求更好的城市环境的目标并未改变,而且将始终引导城市规划和城市建设的进一步发展。

第四,有控制的、多样化的城市发展方式。霍华德的田园城市理论提出了在长远目标指引下按规划建设新型城市,城市发展的过程也应该得到有效的控制,比如,需对城市规模进行严格控制,城市超过一定规模后就要择地建设新城市。但这并不意味着城市建设和发展的方式是单一的,即需要全部交由政府来打造。无论是在霍华德的论述中还是在其主持下的早期田园城市的实践中,霍华德更愿意采用民间集体的自愿合作和社会自治的方式,运用公司的市场化运作来进行。例如,在建设田园城市时的资金来源以及土地获得、开发建设行为、管理委员会的建立等,都希望通过集合志同道合者进行集资并共同管理;在田园城市建成后的运营中,甚至在城市商业和服务设施的供应中,都强调市营公司和私人公司的共同参与,由当地居民进行抉择等。此外,他在如何将田园城市运用到伦敦的讨论中,也并不指望依靠政府来推进,而是以建设样板城市,通过人们自己的选择来改变伦敦的城市空间格局和环境,他的途径是通过"购买必要

的土地,用它在小规模上建立新机制,靠该体制的固有优点,使它逐步被人接受"。由此显示出,霍华德在城市发展方式的选择上,更加注重个体的自由和整体的有序相结合或者说统一,正如他在评价田园城市设想时所说的:"我已经表明,而且我希望重申这一论点,那就是有一条个人主义者和社会主义者迟早都必然要走的道路。因为我已经非常明确地指出,在一个小范围内社会可能必然变得比现在更个人主义——如果个人主义意味着社会成员有充分和自由的机会按意愿行事、按意愿生产、自由结成社团;同时社会也可能变得更社会主义——如果社会主义意味着是一种生活状态,在这种状态下社区福利得到保证,集体精神表现为广泛的市政成就。为了实现这些合乎理想的目标,我取这两种改革家之所长,并且用一条切合实际的线把它们拴在一起。"霍华德摒弃了当时有关城市发展讨论中完全由政府进行管制和放任市场运作这两种极端模式,提出两者结合以形成多种力量在目标导向下的共同运作,为城市规划的作用及其发挥指出了方向。此后有关城市规划在社会系统中的定位、城市规划引导和控制作用的讨论及相关实践,以及城市规划实施和城市管理制度等方面的讨论都可以看成是在此方向上的延续和深化。这些讨论不仅构成了西方国家不同时期有关管理制度和民主化建设的学术讨论和政治实践的重要内容,而且在我国当前的转型时期也同样具有重要的指导意义。从某种角度讲,霍华德的田园城市之所以在当时被广大的知识分子和企业主认同,其中的重要原因正是这样一种兼容了两个极端的方式,从而使城市规划有可能转化为一种社会动员,为社会各个阶层所接受,从而成为现代社会中一项重要的社会建制,这对于当前我国城市规划体制的改革和完善有重要的理论意义。

现场照片

4 结语

从某种意义上讲，田园城市可以说是现代城市规划的原型。所谓原型是指田园城市既是现代城市规划第一个比较完整的思想纲领，是后来城市规划形成的基础，也是指现代城市规划始终是在田园城市所确定的范围和方向上不断发展，而且至今并未脱离其所指出的方向。尽管现在看到的城市规划已经比田园城市理论提出时期要丰富、广泛，而且理论和实践所包含的内容也更为广泛，但对于任何原型来说，其生命力在于运用的广度和深度，甚至可以说在于变型和演变。田园城市之于现代城市规划的重要性，也确实在于它建构的思想体系是现代城市规划的基础，而且也在于它提出的原型在后来的实践中被不断地修正和运用。对当代城市规划的很多思考和实践行动进行拷问的话，仍然能够回到田园城市这个原型上。

当然，田园城市理论本身也不是包罗万象的，更不是包治百病的灵丹妙药，而且它主要针对的是19世纪中期以后英国工业化和城市化时期出现的问题。随着时代和技术的变化，也由于社会经济体制上的不同，霍华德田园城市所面对的社会、经济、政治、技术背景已经完全不同，如今不可能照搬其理论成果直接运用到实践之中。但霍华德田园城市的问题意识，尤其是针对当时的城市问题有针对性地提出解决之道的思想方法，可以为人们提炼当前问题、寻求解决问题之道提供借鉴。而且，由于我国当前正处于城市化快速发展阶段，这与英国当时的发展状况具有相似性，英国当时面对的城市问题也同样困扰着我国当前的城市发展。而田园城市的理论成果对我国当前的城市发展也有大量可供借鉴的内容，尤其是霍华德赋予田园城市理论的开放性结构和对思想纲领的定位，则为人们在新的历史条件下进行解读提供了很好的基础。

注释和参考文献：

[1] 该书原名为 "*Tomorrow：A Peaceful Path to Real Reform*"，1902年出版第二版时改名为 "*Garden Cities of Tomorrow*"，并以名后传世。

[2] RELPH E. *The Modern Urban Landscape*[M]. Croom Helm, 1987.

[3] 以下数字和引用的霍华德文字，均引自金经元先生翻译的《明日的田园城市》。埃比尼泽·霍华德. 明日的田园城市[M]. 金经元，译. 北京：商务印书馆，2000.

[4] 霍华德的"三磁铁"所表达的是当人们面对"城市"、"乡村"和"城市—乡村"这样三种生活形态时，人们会作出怎样的选择？他对这三种形态特点的表述分别是：

"城市"：远离自然，社会机遇，群众相互隔阂，娱乐场所，远距离上班，高工资，高地租，高物价；就业机会，超时劳动，失业大军，烟雾和缺水，排水昂贵，空气污浊，天空朦胧，街道照明良好，贫民窟与豪华酒店，宏伟大厦。

"乡村"：缺乏社会型，自然美，工作不足，土地闲置，提防非法侵入；树木、草地、森林，工作时间长，工资低，空气清新，地租低，缺乏排水设施；水源充足，缺乏娱乐，阳光明媚，没有集体精神，需要改革；住房拥挤，村庄荒芜。

"城市—乡村"：自然美，社会机遇，接近田野和公园，地租低，工资高，地方税低；有充裕的工作可做，低物价，无繁重劳动，企业有发展余地，资金周转快，水和空气清新，排水良好，敞亮的住宅和花园；无烟尘，无贫民窟；自由；合作。

埃比尼泽·霍华德. 明日的田园城市[M]. 金经元，译. 北京：商务印书馆，2000:7.

[5] 详细的描述参见孙施文编著的《现代城市规划理论》第二、第三章中的相关内容。孙施文. 现代城市规划理论[M]. 北京：中国建筑工业出版社，2007.

[6] 孙施文. 中国城市规划的理性思维的困境[J]. 城市规划学刊，2007(2):1-8.

[7] WARD S V. *Planning and Urban Change*[M]. 2nd ed. Los Angeles: Sage, 2004.

[8] 彼得·霍尔，科林·沃德. 社会城市——埃比尼泽·霍华德的遗产[M]. 黄怡，译. 北京：中国建筑工业出版社，2009.

[9] FISHMAN R. *Urban Utopias in the Twentieth Century：Ebenezer Howard, Frank Lloyd Wright, Le Corbusier*[M]. Cambridge and London: The MIT Press, 1994.

孙施文，同济大学建筑与城市规划学院，教授，博士生导师

城镇、农村和城镇
农村体：三磁体

Town, Country and Town-Country
The Three Magnets

彼得·霍尔（英国）著 黄怡 译
Peter HALL　Translated by HUANG Yi

1898年埃比尼泽·霍华德发表了现代规划史上最有影响力的著作之一——《明日：一条通往真正改革的和平之路》，1902年以更为人熟知的题目《明日的田园城市》再版。在此书中，他使用了一个"三磁体"的图式，来阐述城市与农村生活冲突的吸引力。19世纪晚期的英国城市拥有较多经济和社会发展机会，但是也存在住房过度拥挤和物质环境糟糕等问题。农村为人们提供了开放的田野和新鲜的空气，但是缺乏工作岗位和社会生活；反之，即使有，一般工人的住房条件也是同样糟糕。这是20年农业萧条的结果，这场农业萧条带来了一场从农村到城镇的大规模迁移风潮，伴随着在伦敦和其他大城市里的经济变化——由于办公、铁路和码头的建设给住房带来的巨大破坏——这使新居民更加密集地聚居在贫民窟公共住宅中。如果要解决这道难题，答案就是再创造第三种生活模式和生活道路，即城镇—农村体，它具有城镇和农村两者的优越性，却没有它们各自的不利之处[1]。他写道："事实上不只存在两种选择，像固定思维那样——城镇生活和农村生活——而且存在第三种选择，在这里，最富活力和积极性的城镇生活的所有长处以及农村的所有美景与欢悦，可以获得完美的结合；而对于这样生活的信心，将成为一块磁石，它将产生我们都在努力追求的效果——人们将自发地从我们拥挤的城市来到我们慈祥的大地母亲的怀抱，这也是生活、幸福、财富和权力的源泉"[1]。而这将通过建设有限规模

的，霍德华提议大约30 000人口的，新的田园城市实现离开大城市足够的距离，以便使他们自成体系，拥有他们自己的产业基础。工业企业会发现将它们的工厂从像伦敦这样拥挤的城市迁出并重新选址是具有优势的，而田园城市公司将使用借贷资本来为工人建造房屋以及商业和社区公共设施；随着田园城市的发展，上涨的租金将使资本得以偿还，最终将能够创造一个慷慨的地方性社会服务体系。这一设想在实践中未完全实现，而在英国，霍德华的田园城市最终在第二次世界大战后通过政府行为和运用公共资金，给政府财政带来了良好的回报。

具有历史讽刺意味的是，在英国和其他发达国家，霍华德的设想主要是通过其他途径实现的。农村电气化从20世纪30年代开始发展，仅到20世纪50年代就完成了，并使得广播、电视以及最终互联网的使用成为可能；高速公路和铁路方面的改进使得在城市工作而通勤到更加偏远的农村更可能实现。富裕的城市居民在农村购买第二套住房。小型村庄商店被位于附近农村城镇的大型连锁超市挤走。由此，到了20世纪60年代时，在19世纪90年代遭受最大人口损失的地区反而逐渐成为人口涨幅最大的地方。英国地理学家托尼·钱皮恩（Tony Champion）所称的"逆城市化阶式"（counterurbanization cascade）现在已经持续近半个世纪，几乎没有衰减。具体而言，一直以来只有一个显著的变化：20世纪80年代中期以后，特别是在最

近这十年中（2001—2011年），伦敦在经历几十年的人口损失之后人口再次开始增长。然而向较小城镇和农村的外向迁移率在持续增长，不同的是来自国外的移民数量有所增加。粗略地讲，在过去20年，向内的迁移——这些人包括来自饱受战争蹂躏的国家如伊拉克和阿富汗的寻求庇护者，也包括来自纽约和法兰克福的富裕银行家——几乎已经完全平衡了伦敦人向周围大东南地区的迁出运动，同时一部分迁入的移民表现出较高的自然增长率，从而带动伦敦人口逐年上升。在英格兰的其他主要城市可以看到同样的现象，但规模较小，因为对将伦敦视作终极目标的移民来说，这些城市不具备与伦敦同样的吸引力。

然而，绝不能说伦敦人口的向外迁移实现了霍华德百年之久的假想。移民们并不是搬到了田园城市。最富裕的人是在富有吸引力的村庄或开阔的农村安家；不太富裕的人在农村小镇边缘安置新家，这些地方通常位于公共交通不太便利之处，这样一来使得其中的居民及其子女完全依赖汽车：这是对城市可持续发展原则的一个彻底否定。而这个新模式集中于一条宽广的地带，有时也被称为黄金地带或阳光地带，在距伦敦市中心约150km 的范围内。在这里，约50个中等规模以及较小的城镇已吸引了大多数人口的迁移流动，增长速度远远超过伦敦本身。在靠近英格兰中部地区和北方城市的那些更具吸引力的农村延伸带上，存在较小的类似地带，例如靠近利物浦和曼彻斯特的北部柴郡或靠近利兹的约克郡山谷，但是占据着城市和农村之间中间地带的老工业城镇是经济停滞、人口缓慢流失和经济贫困的地方。因此，在英格兰北部和南部之间仍然横亘着一道经济的结构性鸿沟，自20世纪30年代以来就已经出现，并且从来没有被消除过。一些观察家在论及伦敦及其周边地区时，几乎将它视为一个独立的中世纪式的欧洲城邦国家，差不多完全脱离了它名义上所属的国家经济的其余部分。以此来观察巴黎、马德里和其他欧洲国家的首都城市，可以得出类似的论点。

1 欧洲城市不同的发展前景

上述这一论点在ECOTEC为欧洲委员会提交的《欧洲城市状况》2007年报告[2]中被强调指出，它表明整个欧洲在经济方面表现差异悬殊。分析家们将城市分为13个类型，组合成三大集组团，并就它们在四个独立指数方面的表现进行排列：就业机会的创造、合格的工人、多模式的连接（在垂直等级上）、人口规模（在水平等级上）。结果显示真正成功的城市是那

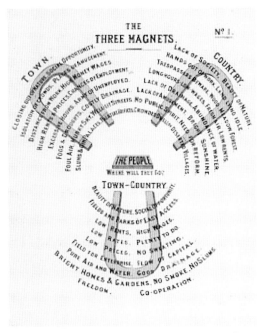

三磁体图示

些正在从旧的制造经济迅速过渡到新的知识经济的城市，而反过来那些老工业城市在一定程度上未能作出转变。

这里清楚地加以区别的第一个集团的城市是所谓的"国际枢纽"（international hubs）：处于发展同盟顶部的大城市。第一类为"知识枢纽，"它们是富裕的且不断增长的；它们包括国家的首都城市诸如伦敦、巴黎和马德里，它们生活舒适，但是地方性的失业正逐渐显现。第二类是"地位稳固的首都"（established capitals），它们的职能通常非常强大，尽管稍逊于所谓的知识枢纽。第三类是所谓"重新确立的首都"（reinvented capitals），东欧国家的首都由于向外移民，其人口正在萎缩，但其经济正在增长，且自2007年以来的几年中，它们的表现一直很强盛。

第二个主要集团就功能方面来说，是"专业的服务枢纽"（specialized service hubs），包括6种类型。首先是"国家的服务中心"（national service hubs）：诸如德国的汉诺威、捷克共和国的布尔诺、西班牙的塞维利亚或荷兰的乌得勒支。它们目前发展得相当不错，通过拥有一个强有力行政角色，有时当然作为省会城市正如汉诺威的例子。在这个专业极（specialised poles）的集团中第二个类型是所谓的"转型极"（transformation poles）：这些是多少成功地适应了新经济的老工业城市。它们是一个非常

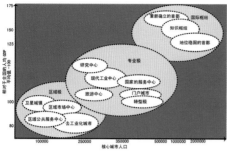
城市类型定位

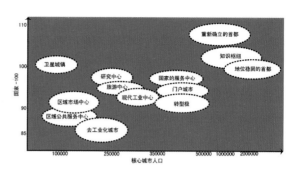
城市类型定位——依据竞争力的一些驱动因素

有趣的群体，包括了一些较大的英国城市，例如格拉斯哥和伯明翰，还有像法国的里尔或最近在意大利非常成功的都灵以及捷克共和国的皮尔森。第三类是所谓的"门户城市"（gateway cities），它们基本上以交通为基础，往往是像安特卫普、马赛、圣丹德尔、纳波里（那不勒斯）、热那亚、鹿特丹这样的港口城市。上述城市正迈向新经济的转变，但是大多采用资本密集型的就业形式，例如不需要雇佣许多人的集装箱港口，以至于这些城市实际上往往以相当高的失业率和略微缺乏职业资格的劳动力为特征。第四个类型是另一个"专业极"群体，"现代工业城市"（modern industrial cities）：这些都是真正强大的执行者，欧洲的高技术控制中心。它们往往是中等规模甚或是相当小的城市，像德国的奥格斯堡、爱尔兰共和国的科克、荷兰的蒂尔堡等，加上一两座像波兹南这样的东欧城市以及瑞典的哥德堡。第五类是一个更加专业的群体，即所谓的"研究中心"（research centers），它们是小城市，具有非常高的人均国内生产总值（GDP），包括德国的达姆施塔特、靠近德国南部巴伐利亚州的卡尔斯鲁厄、法国阿尔卑斯山地区的格勒诺布、荷兰的埃因霍温以及一个突出的例子——英国的剑桥。这些城市属于最成功的案例，但它们是相当小的城市，以前是远离主要工业区域的农村地区。还有另外一类是所谓的"旅游中心"（visitor centers），像意大利的维罗纳、波兰的克拉科夫、德国的特里尔之类的旅游景点，都是在旅游服务领域高度专业的城市，它们拥有一般水准的人均国内生产总值（GDP），有时伴随着一些低收入人口与季节性就业的问题。

第三大集团由所谓的"区域极"（regional poles）组成，正是在这里，我们开始看到一些欧洲的问题案例。首先是所谓的"去工业化城市"（deindustrialized cities）的类型，这一类型的城市存在的问题较多，它们包括英国的许多城市——谢菲尔德是一个例子——还有英格兰北部、苏格兰以及威尔士的许多小型城市，以及沙勒罗瓦或列日的比利时城市和一些东欧城市，包括德国的新区哈勒或波兰的卡托维治，它们通常是老的煤矿或重工业城市，正在经历向新的知识经济转变的阵痛。

这个集团中的第二个类型是"区域市场中心"（regional market centers），它们在农村社区中发挥关键作用，但苦于与世界各地的联系较为薄弱。这类城市一般处于从前的工业区——如德国的埃尔富特，它是德国图林根州的州首府，以及法国东北部的兰斯或西西里岛的巴勒莫。它们的表现相当不错，但是也正为一些问题而苦恼。相关联的第三类型，所谓的"区域公共服务中心"（regional public service centers），一般是在农村地区的偏远地方——德国的什未林、丹麦的欧登塞、波兰的卢布林、遥远的瑞典北部的默奥等。针对广泛的农村地区，它们拥有强劲的行政增长势头，但在市场经济服务方面表现较弱。

第四类高度专业化的类型是所谓的"卫星城镇"（satellite towns），包括英国新城，这些地方是斯蒂夫尼奇，还有其他毗邻较大城市的较小城市，例如在东伦敦泰晤士河口的格雷夫肖姆以及英格兰中西部邻近伯明翰的乌斯特。不同于前三种类型，这些城市一般都发展良好，因为它们是通勤城镇，将工人输送到邻近大的服务城市，然后工人们把他们的薪酬带回家消费，形成了地方经济的基础。这被证明是一种相当成功的方案，而它正在欧洲的一些地方引领广大的所谓特大城市区域的增长，正如在英格兰东南部，特大城市区域一直延伸至距伦敦160公里左右之处，并包含多达50个较小的城市和城镇，它们在某种意义上都是伦敦的辅助和附属部分。荷兰的兰斯塔德是一个类似的例子，还有慕尼黑和斯图加特周边区域或许也是，特别是围绕法兰克福的莱茵河——美因河地区。

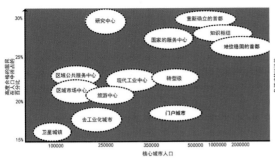

高度合格的居民

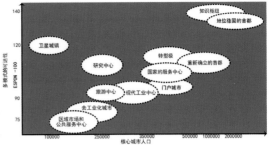

多模式的可达性

这些就是ECOTEC在研究欧洲城市发展的2007年报告中的主要城市类型。专业化的城市在向新的知识型经济转化方面非常突出，与较少成功的城市形成对比。普遍而言，规模较小的老工业城市，包括东欧的一些城市，处于一个更加混合的城市集团中，具有中等程度的良好经济表现，但也存在一些问题。

关键问题是，一些较小的城市，向新经济过渡很容易，也许是因为它们拥有大学和雄厚的科研中心；而与此对应的另一个极端是，一些城市很难做出这一转变，因为他们拥有的是正逐渐消失的老工业遗产，而劳动力的受教育程度不够或缺少技能，难以提供对新的服务经济的支持。然而，一些较大的城市，尤其是那些最大的省会城市，从以知识为基础的服务产业角度而言，正在成功地进行转型，例如金融服务和媒体，但是同样在这些城市，在没有同时过渡到新经济的某些地方，还遗留有人口问题。

我们可以把大城市以知识为基础的活动输出到小城市，创建博物馆和画廊，在各大首都以外的较小城市发展旅游业。在一定程度上，可以迁移一些媒体活动——2011年，BBC开始将其机构的重要部分从伦敦迁至曼彻斯特，我们将会看到它如何运作。但自相矛盾的是，如此一来，在大城市中将出现越来越多的其他活动来取代它们的位置。这构成了一个不断更新的过程，意味着其他城市或许可以在这些领域获得发展，但是真正的大城市趋向于始终占据领先的位置。

2 宜居性和创造力

前文涉及到近年来城市规划学者另一个辩论的焦点：城市宜居性。理查德·弗罗里达（Richard Florida）为人熟知的说法是，新的经济依赖于新的创意阶层，这个阶层倾向于喜欢居住在某些地区，它并非将人们引向某些硬件特质——即使是一座很好的机场——而是更加说不清楚的软性因素，一种生活质

量，一种开放和自由的城市氛围。他进一步认为，可以从艺术家、作家、设计师、音乐家、演员、导演等的数量角度，衡量一座城市新创意经济方面的成功，这一数量构成了这座城市成功发展的一个可靠指标。

这里有一个问题：是什么原因引起了城市的发展与转变？也许上述城市的成功之处是因为城市由雇佣这些创意人员的经济部门所主导，而它更可能是一个循环的过程：一座知识型经济成功增长的城市，将吸引优秀人才，然后他们又产生新的活动和新的增长。旧金山湾区的经济将是一个典型的例证。而这将我们导向一个关键问题——城市宜居性，时下频繁使用的一个词，如何与城市的创造力相关联。一座城市的宜居性有许多指标；最为人熟知的一个指标来自经济学人智库（Economist Intelligence Unit），它代表了排名前列的城市，有趣的是所有的城市都在加拿大、澳大利亚以及两个欧洲国家——瑞士和奥地利，没有一个是真正的大城市，也没有一个是世界上大型控制中心之一。以温哥华为例，近年来异军突起的城市，并且持续地被EIU评为宜居性城市的第一名，真正的问题是：那里正在发生什么？我们知道的是——并且任何去温哥华的人都知道——生活质量显著的提高。而从不列颠哥伦比亚大学（UBC）的托马斯·赫顿的独立工作中，我们也知道，城市里满是新开办的所谓创意产业部门的小公司。因此，它有点像一座"迷你"旧金山，有着已成功吸引知识型员工的同类型的环境氛围，这些员工转而又发展了知识型经济。因此，可以认为，世界各地的城市应努力遵循这一成功处方。但温哥华其实并未出现在世界上大多数最出色的创新型城市的名单之列，也不在EIU的其他城市类型的前十名之列。

对这个问题的最全面和最详细的探讨来自东京的一个研究小组——森基金会（Mori Foundation）的城市战略研究所。他们的2010年《全球城市实力指数》

（GPCI）旨在对主要城市进行评估，不是根据单一的指标度量，而是依据它们的组合，从而产生了日本研究人员所称的"综合实力指数"。通过将一座城市的6类不同城市功能的客观绩效标准，与从该城市里城市行动者的关键群体得出的主观观点相结合。只有四座城市——纽约、伦敦、巴黎和东京——自从GPCI排名过程开始以来，连续三年在特定功能的综合排名中名列前茅。2009—2010年度，这四座排名靠前城市和所有其他城市之间的差距扩大了：它们的得分比排在它们后面的那些城市要高得多，同时地理范围也与排名变化有关。欧洲13座城市中有5座，北美7座城市中有3座排名下降了——但是在亚洲13座城市中只有3座城市排名下降，同时7座——占总数一半以上——排名上升了。换句话说，亚洲城市正在稳步赶上城市化世界的其他城市。而根据这个更广泛的趋势，在第一流的四座城市中，东京——亚洲唯一的代表——自2008年以来已经持续地缩短与其他三座第一流城市的分数差距。

除了这些明显的结果以外，在排名中真正引发人们兴趣的是城市之间如何在特定的属性方面形成差异。或许可以预见，在总排名中所有前四位的城市也排在"经济"、"研发"（R&D）、"文化互动"和"可达性"——经济性能指标的前列。但是明显地，从"宜居性"和"生态与自然环境"角度来看，它们往往排在中间或底部；而它们以经济为基础的其他功能，强大到足以弥补这些弱点。巴黎和东京两者在所有功能方面得分都高于平均水平，显示出它们作为"全面城市"的整体实力。自2009年以来，东京是唯一同时在"经济"和"生态与自然环境"两方面评选中进入前五名的城市。这样它成为"前四名"中目前唯一在所有属性方面达到最高级别的城市。然而在"文化互动"、"宜居性"和"可达性"方面，其排名明显低于巴黎，致使它跌至第四位，居于巴黎之后。但它在"经济"和"研发"方面极其强大，并且在"生态与自然环境"方面在前四名城市中排名最高。

相反，排名不在顶层集团的一些城市，在特定功能方面整体分数很高：例如温哥华在"宜居性"方面排名第一，大阪和福冈也同在前五名之列；在"生态与自然环境"方面，苏黎世、日内瓦和其他欧洲城市（但不是第一流的伦敦和巴黎）排名在前5位。

至此，将这些关键排名与那些从与城市"行动者"的访谈得出的排名进行比较是有趣的。从所有行动者群体的角度来看，"前四名"的城市再次获得高排名，既包括"居民"，也包括驱动城市活动的四大全球角色，使得它们成为工作和生活都富有吸引力的城市。虽然综合排名位次较低，一些中等排名的欧洲城市却得到"艺术家"和"居民"的高度评价。但最有趣的结果来自亚洲，在"经理人"方面东京排名相当低，已被香港和新加坡超越，维持着略微领先上海和北京的优势——这是对日本首都的一个重大挑战。

因此，世界上任何一座城市，无论怎样成功，都不能在所有方面都独占鳌头，所有城市都在进行一场恒久的竞赛，尤其是在亚洲东部——21世纪初世界上最富活力的地区。

3 中国城市的启示

从西欧和中欧城市迥然不同的经济、社会和文化背景中产生的这些经验教训，怎样才能适用于中国的城市？一方面，中国的决策者和学者花了大量时间和精力研究西方众多领域中的最佳实践，从交通技术到生态系统以及住房。他们还以主要参与者的身份致力于全球性问题讨论，例如气候变化；另一方面，二者的客观条件大相径庭。典型的欧洲城市经过长期发展，具有一段保护和保存其历史建成环境的漫长历史；而在中国，与欧洲同样古老的城市长期以来表现出对大规模物质更新抱有更大的热情。欧洲许多城市，如前文所述，正面临着将其成熟的产业经济适应全球竞争的新现实这一尖锐问题；而中国城市仍几乎处于产业转型的第一次阵痛之中。

然而，这些差异可能被夸大了。越来越多的中国各大城市，尤其是在较发达的东部沿海地区，同它们的西方对照体一样，现在开始要面对同样的挑战，并且正迅速制定战略来应对。首先，随着较老的工厂及整个工业区在技术上逐渐过时而且也无法适应当代环境标准，这些城市的经济正在适应快速变化的需要。2010年上海世博会，就是在以前的重工业旧址上开发改造而成，这是一个戏剧性的例证；天津广阔而崭新的滨海新区的开发，也是在一个类似的老的重工业地点上。这些东部滨海地区可能会看到一个加速的建设和重建进程——一个快速的建设周期——这在以前的城市历史上也许是前所未有的，因为有些建筑物仅仅存在15~20年后即被推倒和取代，而这肯定不只局限于过时废弃的工业区。随着中国进入经济改革的第四个十年，同样的力量很可能会开始作用于较早的住宅区，若按照20世纪80年代的速度建设，现在被视为不符合当代市场需求。

与此同时，经济发展从相对狭窄的太平洋海岸带渐进地在地理上伸展到内陆，这得到了1999年6月江泽民主席"西安讲话"中推出的"西部大开发"计划的大规模官方推动，并于这一年的晚些时候得到了中国政府的支持。这发生在优先考虑沿海城市快速发展的政策推出20年后，这项政策的结果是将整个国家的GDP提高了4倍以上，但也显著扩大了沿海省份和中国内陆之间在收入上的差距。对于20世纪90年代后期沿海省份经济过热而中西部资源没有充分使用的迹象，这是一个合乎逻辑的反应[3]。2002年，沿海省份创造了全国GDP的54%和国家内向投资的80%。正如赖所说的那样：

> 西部地区代表了一个相当大而基本上没有开发的市场。要开发利用它，从而增加国内消费，中国政府必须建设必要的基础设施，刺激就业增长，并创造可持续的发展。[3]

作为回应，中国政府已经开始了激动人心的投资，例如于2001年四川省绵阳决定创建一座新的科学城——中国式的硅谷，然而这导致了中部地区的相对停滞。2001年3月，温家宝总理宣布政府将加快在中部地区的发展（中部崛起），以达到一个更加平衡的区域发展[4]。这个官方的推动作用体现在2004年着手的"中国中部崛起"计划，要创造一个真正的机会，以重构诸如武汉、郑州和南昌—九江之类主要城市的经济，这些城市目前以老的国有企业为主导，而与此同时要创造新的城市环境，它将展示中国的最佳实践，吸引合格的科学家和技术人员迁移到国家的内陆。

这项政策转变巧妙地预计到了市场力量的影响。由于在东部沿海主要城市的工资已经上涨，且由于工厂劳动力对增加工资的需求又已进一步上涨，这些工厂面临着对抗发达西方世界的竞争对手时他们拥有的成本优势的侵蚀。从逻辑上讲，管理层已经开始考虑搬迁到内陆。富士康公司在2010年春季被媒体广泛报道的自杀风波之后，宣布其在深圳的巨大工厂工资增长30%。富士康是最早，提出将其为苹果公司的分包工作的一部分转移到两个新地点——天津和河南省省会郑州的企业之一。这可能被视为一个特殊的情况，但每年两位数的工资增长现在已经司空见惯，导致了向内陆转移生产的普遍压力。反过来，在中部城市更高收入的工业岗位的增长将产生新的收入，引发新的消费。在中部城市武汉，开发商正在扩张一家大型购物城，拥有40万平方米的零售业面积[5]，他们声称这将成为世界上最大的购物中心之一。

宜居性的挑战与环境的挑战密切相关，因为在过去20年里，中国的许多大城市已经目睹了高密度住宅开发的不寻常增长形式，伴随着快速上升的汽车拥有量以及相关的雄心勃勃的大规模城市高速公路建设。

结果今天典型的城市形态——无论是在北京、上海、广州以及许多较小的城市——是高层住宅区遍布，主要干道穿插其间，有时在地面，有时则变成高架。此外，考虑到向城市迁移的规模，也存在着在主要城市非常常见的，城市边界扩张的蔓延趋势，这些城市边缘地带以中高密度为特征，但处于步行到达或城市轨道交通系统范围之外，因而高度依赖小汽车。

毋庸多言，无论就城市环境质量还是就可持续性发展而言，上述模式几乎都是不可持续的。因此，对中国的城市规划来说，存在一个迫切的需求——要吸收欧洲城市最佳实践的经验教训，并将它们应用于一个截然不同的经济和社会背景。新加坡的模式——尽管毫无疑问——高度适用于中国许多城市，但不是唯一的范例。特别是欧洲模式，以网络化的城市区域为基础，由中等密度发展的中等城市和较小的城市组成，并通过大容量运输和新交通技术的复杂系统连接，加上对步行和骑自行车的鼓励，可以证明这对富裕起来的中国人如同对欧洲人口一样富有吸引力。并且对于不同经验的实验设计可能将导致独特的中国解决方案的出现。

注释和参考文献：

[1]EBENEZER H.*Garden Cities of To-morrow*[M]. London: S. Sonnenschein & Co. Ltd. 1902.

[2] European Union Regional Policy; State of European Cities Report: Adding Value to the European Urban Audit.[R]. Brussels: European Commission, DG Regio. 2007.

[3] LAI H H. *China's Western Development Program: Its Rationale, Implementation, and Prospects. Modern China*[M]. 2002, 28: 432-466.

[4] LAI H H. *Developing Central China: A New Development Programme; China: An International Journal*[M]. 2007,5: 109-128.

[5] DYER G. Manufacturing Base starts to move Inland from the Coast; Financial Times, China Special Report[N]. 2010, 27 October: 3.

[6] FALK N, HALL P. *Why not here? Town and Country Planning.*[M]. 2009,78:23-28.

[7] Global Power Cities Index; Tokyo: Mori Memorial Foundation; Institute for Urban Strategies, The Mori Memorial Foundation[R]. 2010.

彼得·霍尔爵士，伦敦学院大学 教授
黄怡，同济大学建筑与城市规划学院 副教授，博士生导师

迈向和谐未来
成都"世界现代田园城市"规划解读

Towards a Harmonious Future
Interpreting Chengdu's Plan for "Modern International Garden City"

张樵　崔叙

ZHANG Qiao　CUI Xu

1 世界现代田园城市：成都迈向和谐未来的目标

中国城市在经济快速发展的同时，很多因素也在促发城市发展理念及方式转变。[1]城市不仅要保持经济的快速平稳增长，协调经济、社会、环境等方面的平衡发展，还应更好地满足人们对生活质量的追求，提高幸福指数[2]，使人们能够充分享受经济发展成果。在城乡规划层面，也应更多地关注"人"，制定规划时能够更多地从生活在城市中的"人"的角度去考虑，既要规划高效、集约的城市经济和产业空间，又要打造舒适、宜人的城市生活和游憩空间。以人为本建设城市，使城市经济社会全面发展，有产业支撑，有好的生态环境，能够充分就业，有安全感和归属感……成都根据自身的资源禀赋、发展历程和现实环境，以上述理念为城乡规划的重要出发点，提出了建设"世界现代田园城市"的目标。

1.1 城乡统筹：世界现代田园城市的科学实践

2003年以来，遵循城市发展的基本规律，成都城乡规划理念经历了三次跃升：从城市规划到城乡规划的跃升，从各自为政到全域成都的跃升，从区域中心到全球定位的跃升。城乡统筹发展方式及其实践经验[3]，是三次跃升的主要动因，也为成都"世界现代田园城市"长远目标的提出打下了坚实的基础。

1.2 田园城市：世界现代田园城市的理论溯源

埃比尼泽·霍华德于19世纪末提出了田园城市思想[4]。田园城市思想不仅描述了田园城市在规划意义上的物质空间结构和形态，而且倡导一种社会改革思想：用城乡一体的新社会结构形态来取代城乡分离的旧社会结构形态[5]。正如芒福德在1946年版《明日的田园城市》导言中所述："霍华德把乡村和城市的改进作为一个统一的问题来处理，大大走在了时代的前列；他是一位比我们许多同代人更高明的社会衰退问题诊断

家"。田园城市思想掀起了世界性的田园城市运动，除了在英国建设的莱切沃斯（Letchworth）和韦尔温（Welwyn）外[6]，在奥地利、澳大利亚、法国、德国、美国等国家都建设了田园城市或与此类似的示范性城市[5]。

1.3 世界现代田园城市：成都科学发展的战略选择

从战略性规划[7]的逻辑体系来理解，城乡统筹更多的是指城乡在整体观念指导下的实施路径和方法；而田园城市思想则代表着人们追求幸福生活的梦想和境界，是基于城乡一体化原则的城乡结构形态。在目标和概念层面对城乡统筹进一步提炼并使其成为完整的实践体系，同时以科学发展理念和功能提升为要求进一步诠释田园城市思想，是成都"世界现代田园城市"构想新的启发性要点。可见，世界现代田园城市既是科学发展的路径，也是科学发展的目标。在世界

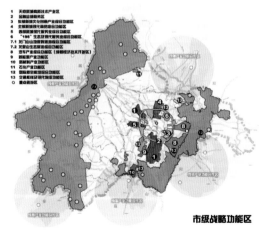

成都市级战略功能规划图

成都世界现代田园城市规划鸟瞰图

现代田园城市建设目标的指导下，一方面，要保持经济社会等方面的快速、协调发展；另一方面，面临新的形势，为世界现代田园城市建设提供了更为合理、有效的路径去实现目标。较之于霍华德提出的田园城市，"世界现代田园城市"更为强调"世界级"和"现代化"这两个层面："世界级"体现科学发展的内在要求和主动融入世界城市体系的外部需要；"现代化"体现功能提升和完善。

2 成都"世界现代田园城市"的内涵解构

成都世界田园城市的核心思想是"自然之美、社会公正、城乡一体"。此外，成都世界田园城市在体现"现代化"和"田园城市"这两个基本要素的同时，还应是着眼于全球定位的、融入世界城市体系的、充分国际化的大都市。

3 成都"世界现代田园城市"规划目标的诠释

结合成都世界现代田园城市的定位和内涵，其规划的具体目标可诠释为以下9个方面：

3.1 布局组团化

布局组团化是针对大城市、县城、城镇的盲目连片发展提出来的，要求城镇摒弃连片、"摊大饼"的发展模式，按照组团模式发展，组团之间的区域就是田园，体现"城在田中"。已形成的特大中心城市也要通过绿地和生态系统建设形成更好的人居环境。城镇的发展在形态上是组团式的，在功能上应是组合式的，每个组团在基本功能相对完整的基础上要成为多个组团构成的组合式功能体系的一部分。

3.2 产业高端化

产业高端化要求必须发展高端产业和产业高端。产业高端和高端产业体现在3个方面：第一是高附加值，第二是高技术，第三是从事工作的员工要中高收入。此外，还表现为产业组织合理，规模经济效益明显；产业结构水平高，联系紧密；以技术密集型为主体产业关联，产业之间的聚合程度和产业技术矩阵水平高。[8]

3.3 建设集约化

一是要节约使用土地；二是要通过农村土地综合整理，将原来农村低效率利用的集体建设用地释放出来，弥补城市建设用地和产业发展用地；三是要十分珍惜、合理、有效、重复利用水资源。对于集约的要求，第一是建设要集约化发展，要求相对高强度的开发和利用；其次，产业要集约化发展，产业布局要集中化、产业发展要集群化、产业用地要集约化；第三是农村发展也要集约化，农村集体建设用地要集约利用，农业本身要集约，要生产高附加值的农产品，推动规模经营。

3.4 功能复合化

功能复合化的第一个要求是城市片区功能的复合，不能把副中心、新城只建成单一功能的城区或社区，而是要求各个副中心、城镇的建设要功能复合化，实现产城一体；第二个要求是建设项目要功能复合，要以复合功能为前提高强度地利用土地资源；第三个要求是地上地下空间要充分利用，立体化组织复合性功能。

3.5 空间人性化

人是城市各种活动的主体，城市规划设计的最终目的是要满足人的需要，创造一个令人身心愉悦的环境[9]。因此，空间人性化也是"世界现代田园城市"规划建设的重要目标，主要表现在三个方面：一是空间尺度的人性化，路的宽窄、建筑的高矮等都应考虑人性化的要求；二是功能的人性化，是要满足人简单生

成都世界现代田园规划意象图

活甚至复杂生活的需要；三是设施要人性化。

3.6 环境田园化

环境田园化的首要工作是把龙门山生态旅游发展带、龙泉山生态旅游发展带这"两带"保护好、建设好，核心是保护好生态林地；第二是在市域层面体现"城在田中"，使城镇的建成环境以田园为基质；第三是在中心城区层面体现"园在城中"，这是最难的，一方面应调整思想，另一方面要重新斟酌经济利益格局，争取一个优化的格局。

3.7 风貌多样化

城市风貌的多样化要求对城市的软质精神要素进行充分的梳理、挖掘和提炼，从而对城市的硬质空间的建设内容和行动步骤进行有效指导并不断付诸实践，形成丰富的硬质空间要素[10]。风貌多样化包括城镇轮廓多样化、建筑风格多样化、文化多元化、打造地方标志四个方面。

3.8 交通网络化

交通网络化是要建成多层级、高连通度交通网络系统，支撑组团化的城乡布局。首先，在进一步完善公路网和市域干道网的基础上，形成以公共交通为主导的交通体系，市域重要节点应以轨道交通相连，突出公共交通引导和支撑城镇发展作用。同时，组团化布局形态会使OD（交通起止点）更有序，有利于提高公交出行比例，优化城市整体交通结构。第二，要强化枢纽建设，建成枢纽机场和中西部最大的铁路客运枢纽以及亚洲最大的集装箱枢纽。

3.9 配套标准化

配套标准化一是指分别把社会服务体系、公共服务体系配套好；二是指副中心、分中心、县城、重点镇、一般镇、农村集中居住区都要按照标准把教育系统配套建设好，而且要同步，甚至提前；三是按照标准把医疗系统配套建设好，还有体育设施系统、社区服务、基础设施等。

4 成都"世界现代田园城市"规划的多维度支撑体系

4.1 区域维度：构建区域中心，强化枢纽功能

在全国战略版图中，成渝经济区战略上升为国家级发展战略，以成都和重庆为双核的成渝城市群是引领西部发展的重要增长极。在成都经济区层面，成都是核心和引擎，在成都经济区范围内规划了成德绵、成资遂、成眉乐、成雅和成阿五个区域产业合作区。在交通方面，成都作为中国西部交通枢纽，将形成以航空、铁路、公路为主体的贯通南北、连接东西、通江达海、联系世界的综合交通运输体系。

4.2 经济维度：以功能区为载体，构建世界现代田园城市的产业体系

成都市域被划分为两带生态及旅游发展区、优化型发展区、提升型发展区、扩展型发展区四大总体功能分区，并在市域范围内规划了13个市级战略功能区和45个区（市）县级战略功能区，作为实现成都市总体发展战略和现代产业体系发展的重要空间载体。

4.3 社会维度：加快城乡基本公共服务和基础设施一体化建设，实现均等化

按照"三个集中"和"四性"原则，借鉴灾后重建的政策和经验，通过农村土地综合整治、农村产权制度改革、村级公共服务和社会管理改革、农村新型基层治理机制建设"四大基础工程"，实现城乡规划、产业发展、公共服务、市场体制、基础设施、管理体制六个一体化，全面推进城乡一体化和社会主义新农村建设。中心城、外围组团（新城）、重点镇、一般镇、农村新型社区按对应标准配置公共服务和市政基础设施，实现均等化。

4.4 空间维度：构建多层级的新型城乡体系

形成多中心、组团式、网络化的新型城乡体系，包括1个特大城市、14个中等城市、30余个小城市、150余个小城镇和数千个农村新型社区五个层级，形成"青山绿水抱林盘、大城小镇嵌田园"的新型城乡形态。

成都新型城乡体系鸟瞰图   成都世界现代田园规划意象图

4.5 时间维度：世界现代田园城市目标逐步实现的路径

第一阶段，用5~8年将成都建成中西部地区创业环境最优、人居环境最佳、综合竞争力最强的现代特大中心城市，成为城乡一体化、全面现代化的示范区和高端产业集聚、生态文明建设的样板；第二阶段，用20年左右的时间初步建成"世界现代田园城市"；第三阶段，用30~50年时间最终建成"世界现代田园城市"。

4.6 生态维度：以成都特色的绿道规划为亮点，塑造世界现代田园城市

成都将依托"198"功能区生态带的建设，形成贯通全城的环状绿道，并对内连接市区各大公园绿地等，对外连接世界现代田园城市示范县，逐步形成连接区域，覆盖全域绿道网络，并以环境田园化为原则打造慢行道，以空间人性化为原则建设服务驿站，以配套标准化为原则设计标识系统。

5 结语

在世界现代田园城市规划的引领下，未来成都将是一座城乡一体化、全面现代化、充分国际化的大都市，具有强大的产业支撑，充满浓郁的人文气息，并逐步建构现代城市与现代农村和谐相融，历史文化与现代文明交相辉映，城在田中、园在城中，多中心、组团式、网络化的新型城乡形态。

优势共享、支柱产业共造、生态环境共保、区域优势共创的统一体。

[4]1919年田园城市和城市规划协会与霍华德协商，对田园城市下了一个简短的定义："田园城市是为安排健康的生活和工业而设计的城镇；其规模要有可能满足各种社会生活，但不能太大；被乡村包围；全部土地归公众所有或者托人为社区代管"。

[5]埃比尼泽·霍华德.明日的田园城[M]. 金经元，译.北京：商务印书馆，2010.

[6]张捷，赵民.新城规划的理论与实践——田园城市思想的世纪演绎[M].北京：中国建筑工业出版社，2005.

[7]姜涛.西欧1990年代空间战略性规划（SSP）研究——案例、形成机制与范式特征[M]. 北京：中国建筑工业出版社，2009.

[8]韩振华. 杭州市产业高端化研究[J]. 现代城市，2009(02): 14-18.

[9]叶嘉安. 以人为本的人行系统城市设计[J]. 城市规划，2005(06): 58-63.

[10]段德罡，刘瑾. 城市风貌规划的内涵和框架探讨[J]. 城乡建设，2011(5):30-32.

注释和参考文献：

[1]单菁菁.城市发展转型的缘起、内涵与态势[J].城市观察,2010(03): 33-43.

[2]经济合作与发展组织2011年5月24日在巴黎发布一项名为"幸福指数"的在线测试工具。其"幸福指数"涉及的11个因素为：收入、就业、住房、教育、环境、卫生、社区生活、机构管理、安全、工作与家庭关系以及对生活条件的整体满意度。

[3]"城乡统筹"：城乡统筹是从历史的角度考察城乡关系而提出的经济与社会相结合的整体科学观念，其内涵是当生产力发展到一定水平时，城市和乡村充分发挥各自的优势和作用，在经济、文化、人口、生态、空间等要素上相互融合、协同发展，促使城乡逐步形成基础设施共建、资源

张樵，成都市规划管理局 局长
崔叙，西南交通大学建筑学院 教授,院长助理

景观都市主义实践的理论追溯
Theoretical Retrospect for Landscape Urbanism Practice

王衍
WANG Yan

1 前言

我们如今看到的许多城市设计实践的提案，多在城市设计基础上融合了景观设计，甚至进而讨论农业、生态、可持续循环系统在城市设计中的设置。这其中，斯坦·艾伦（Stan Allen）和詹姆士·康纳（James Corner）的实践更具有系统性。斯坦·艾伦作为20世纪90年代到2000年后美国东部的一位重要建筑学学者，他的著作和实践为我们深入讨论建筑学的当代意义提供了大量的参考。而早年与他合作的景观设计师詹姆士·康纳也帮助艾伦从景观学层面揭示了建筑学讨论的新视角。本文试图通过关注艾伦和康纳文本的历史关系以及对重要关键词的简单阐述，为中国同样做着"类景观"实践的建筑师和城市规划者们提供一个"为什么我们不得不这样做"的当代语境的论据。

2 关注城市基础设施的景观都市主义实践

2011成都双年展国际建筑展提出"物我之境"的主题概念。围绕着100年前霍华德的"田园城市"理念，参与展出的建筑师和艺术家们交出了自己的答卷。

然而，仅仅为一个理论上的城市模型给出付诸实践的战术是远远不够的，因为我们无从知道这从100年前的英国渡来，并且以英国浪漫主义的方式调整和反思现代主义科学城市规划的模型是不是会在当下的中国水土不服。我们需要进一步向"田园城市"提问。

在这百余份"答卷"中，我找到了普林斯顿大学建筑学院院长斯坦·艾伦的提案。他在这份提案中指出要回答在景观都市主义的实践中反思都市主义的问题，就需要把实践的着眼点落实到城市基础设施建设的设计中。基础设施建设是建筑师理解城市建设的复杂性以及设计自身意义的途径，基础设施建设比任何

其他设计都有能力引发出乎意料的城市效应。位于台北延平的水岸基础设施的设计，试图在淡水河边创造一个全新形态的公共空间。通过调整基础设施的形态延长了河岸边界，增加了湿地生态多样性，创造了新的水岸公园，同时在道路的端头设计了一个全新的地标性停车楼。

而在另两个城市项目中，艾伦也充分表达了对城市基础设施的关注。在韩国光桥（Gwanggyo）的水岸公园设计中，通过对两个现存城市水库的重新设计，不仅恢复了水库的原生态，也通过构筑新的公园连接人工与自然。而在更早完成的"台中之门"的规划项目中，通过整合城市基础设施创造了属于这个城市的中心公园的新形态，以缝补原有机场搬离后留下的城市空隙。

3 景观都市主义

无独有偶，艾伦早年的合作伙伴，场域操作（Field Operations 景观设计事务所，简称FO）的合伙人兼宾夕法尼亚大学景观系主任詹姆士·康纳从20世纪80年代起不断探索并讨论的景观都市主义（Landscape Urbanism）也热衷于在实践中讨论相似的问题。

在最近落成的纽约Highline公园项目中，康纳和他的合作伙伴迪勒·斯科菲迪奥（Diller Scorfidio+Renfro）建筑设计事务所将一个废弃的城市高架轨道改建成了连通曼哈顿多个街区的空中公园。在这个特殊的公园中，当植物被设定为自然生长在混凝土预制铺地夹缝中而不需维护时，它便不仅仅成为容纳城市公共活动的现场，同时也成为调和城市街区与自然之间的关系，由城市基础设施改造而来的新城市基础设施。

斯坦·艾伦的提案台北延平水岸基础设施城市设计

斯坦·艾伦的提案光桥水岸公园城市设计

2004年由景观都市主义的团队成员，现任哈佛大学建筑学院院长莫森·莫斯塔法（Mohsen Mostafavi）主编出版的名为《景观都市主义》（*Landscape Urbanism: A Manual for the Machinic Landscape*）一书，是英国建筑联盟学校（AA School，以下简称AA建筑学院）开设景观都市主义学科的理论宣言。书中收录了同为团队成员的詹姆士·康纳的《景观都市主义》一文。文中，康纳口号式地澄清了景观都市主义作为一门新的学科不是一种单一的图像呈现，也不是某种风格的确立，它更多的是一种对待都市主义的态度，一种思考方式，一种在实践层面对已然失败的传统城市设计和规划方法的回应。这种方法不再强调对设计的权威控制，而将设计和规划从实践中解脱出来。

康纳进而认为当代城市的无序、不受控制不再是弱点而是优势，需要通过景观都市主义设定的五个主题来挖掘这一优势在城市中的潜力，即设计问题的平铺性（Horizontality），城市基础设施的缝合功能（Infrastructure），演进发展中的形态（Form of Process），应对复杂现场的设计技巧（Technique），作为新型公共空间的生态系统（Ecology）。

《景观都市主义》一文正如AA建筑学院所出版的这本书的副标题"景观发生器的使用手册"一样，此文仍然更像是对工作对象的说明和阐述，这篇指导实践方向的"理论应用手册"般的文章，并未能直接回应艾伦和康纳景观学背后学理讨论的进行。尽管我们已能从他们的实践中看到他们所关注的对象，仍然需要再追溯两位学者早年讨论景观学和建筑学学理基础的文章并寻找答案。

4 图解、场域及成像术

要了解艾伦所坚持的这种城市实践方式的缘由，需要回到他于1999年出版的《点+线：关于城市的图解与设计》（*Points+Line: Diagrams and Project for the city,* 中文版于2007年出版）。

尽管这本关于图解的著作副标题为"城市"，但艾伦似乎并没有直面城市问题提出解决策略的意图。相反地，他从我们描绘城市的工具——图解出发，寻找缝合城市景观和建筑学的方法。

有趣的是，整本书中除了介绍和后记部分的讨论外，在对自己的项目进行分类展开分析时，艾伦采用了与康纳几乎一样的用词（这与两人1996年起合作创办FO设计事务所以及在学术上的合作有关）。文脉策略（Contextual Tactics）、基础设施城市主义（Infrastructure Urbanism）以及场域条件（Field Conditions），在这三个标题下，都配上了艾伦的若干个竞赛或设计项目。不过要注意的是，艾伦并非是对自己的项目进行严谨的分类，而是通过给项目贴标签的方式指出项目在具体条件变化时的恰当性。

发表于《时代建筑》2010年5月刊的书评《返向实践的图解》一文中，作者王家浩认为，艾伦在书中透露出这样一个"时机"，一种并非历史发展必然的而是对历史发展的回溯的时机，一次针对诸如"可塑性的和基础建设的、形式的和实践的、具象的和表现的"等概念争议的重新启示，图解式的实践提醒人们认识到"现实就是一个虚幻的场地"。

如果说《点+线》是艾伦初次通过自己的实践项目来搭建理论框架的话，那么2000年出版的《实践：建筑，技巧及再现》（*Practice: Architecture, technique and representation*）一书是艾伦通过编织文本进行理论延续的成果。书中文本既有关于建筑师的实践工具

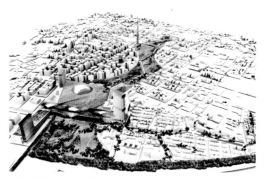

斯坦·艾伦的提案"台中之门"城市规划设计

詹姆士·康纳与迪勒斯考费迪奥＋雷弗洛建筑事务所合作的纽约 HIGHLINE 公园项目

即绘图的历史讨论，也有对经典建筑的案例阅读，同时对建筑师的工具媒介的变化也进行了历史叙述。而2009年再版时艾伦新加入的几篇文章可以被认为是对建筑学实践条件的再叙述。

其中，《从物体到场域：建筑与城市中的场域条件》(From Object to Field: Field Conditions in Architecture and Urbanism) 一文中，他引用了山福·昆特的论述：场域 (field) 是一种对于力的传播的描述。因此场域中不包含任何实或虚的材料与物质。场域是不可见的。就好比在军事行动中，图解和"脉拼"（笔者对mapping在建筑学工具中的翻译，后文同）所描述的敌人可能的动向一样，都属于场域（英文的"战场" (battlefield) 中的"field"的概念与艾伦的"field"概念完全一致）。我方应对的显然不能只是敌人的兵种、数量、军械等这些相对稳定的要素，而是必须寻找方法应对敌人的动向，而后者这一不可见的部分却决定了整个实践战略的调整和实施，这就是场域的力量。

于是对艾伦来说，基础设施和场域是他的景观都市主义实践中相辅相成的要素。在艾伦的实践方案的表达中，我们总能看到城市基础设施与场域叠合的图解，如在2011成都双年展国际建筑展中的提案光桥 (Gwanggyo) 水岸公园城市设计里，码头作为基础设施与场域叠合，是解释整个项目的重点。

同样的，康纳在景观学中也试图从再现的技巧出发，讨论一个相似的话题——成像术 (imaging)。在《论当代景观建筑学的复兴》一书 (Recovering Landscape) 的前言中，康纳首先反对布景化的景观。他认为这样的景观只是用以提供小资式的怀旧和伤感的物品，这种与现实生活分离的景观仅仅是一个

空洞的符号、一个已死的事件、一个深度美化了的不包含意义的体验、一个没有许诺的未来。

因此，在随后的《逼真的操作及新的景观学》(Eidetic Operations and New Landscape) 一文中，康纳提出如果要复兴景观学，将景观学作为社会实践的筹码，那么首先需要从景观学的再现手段去寻找新的实践策略，成像术作为区别与取景 (picturing) 的操作手段在这里被提出。成像术的手段需要不断地适应条件进行调整，如同蒙太奇式的拼贴是重塑场域并追问可能性的成像手段一样，成像术解释的是尚未到来的力的作用（这与艾伦的"battlefield"的概念一致），这显然有别于仅仅通过取景来抒发对物的依恋的操作手段。因此，成像术指向了更深层次的超越技艺本身的功能，而避免了图像再现工具仅为炫技和恋物服务。如同爱森斯坦 (Eisenstein Sergey) 的电影那样，在《战舰波将金号》中所采用的蒙太奇的技法是为意识形态服务，而不是为了炫耀电影的表现技术。

5 数字化焦虑和战略战术的提出

因此，从《实践：建筑，技巧及再现》一书开始，艾伦从未间断过思考建筑学因为实践工具变化而带来的条件改变。2005年发表在LOG杂志第5期上的文章《数字化复杂性》(Digital Complex) 一文为我们指出了当下数字化的条件可能给建筑学带来的焦虑和困惑。

笔者曾经在2006年撰文《数字综合战略》，除了简介艾伦对数字化的态度，也试图将他当时所提出的战略与战术的概念与数字化的现场做一个理论关系的整合。

战略具有一定的权威性，在于掌握、控制并实现

二战"市场花园行动"荷德边界的军事地图

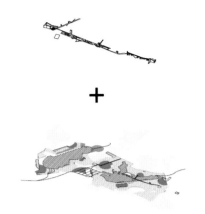

光桥水岸公园城市设计中的码头作为城市基础设施叠合场域的图解

目标，是一项关于如何计算结果、预知未来、建立系统结构等的工作。建筑师自身必须尽可能掌握更多的工具，并且学会如何与不同知识领域合作。因战略具有这种纵览全局的特殊性，它所要关注并再现的内容应包括距离、领域、地图、视觉、符号等；而战术则更多针对具体问题，它可以更多地融入个人的判断与喜好，具有即兴性、不确定性、直觉性等特征。对于建筑师来说，没有战略的战术极容易陷入局部战争游戏般的快感中去，尤其是在建筑师能掌握的工具越来越丰富、表现力越来越强的当下。因此，谨慎审视数字化为建筑师所带来的条件就变得相当重要。

正如艾伦所论述的那样，许多当代西方建筑师已经清醒地认识到建筑战略的建立对建筑师自身实践工作的重要性，并且已经在实践中不断实验并完善自己的建筑战略，以从容应对未来可能面临的不确定性。重要的是，建筑师所掌握的新工具，即数字化，也理应面对这种场域的条件，如同理查德·林克莱特（Richard Linklater）的电影而不是皮克斯（Pixar）的三维电影那样，去缝合虚拟与现实的裂缝。

6 结语

于是，我们可以绘制一个简单的关键词图表来观察艾伦和康纳不同时期理论和实践上的交集以及他们的态度。

艾伦从早年对建筑师的工具——图的研究出发，通过对图解和脉拼以及建筑学的再现技巧的讨论，延伸出他对建筑学现场的认知。对场域条件的论述，是他对建筑师所面临的实践现场进行的理论定义。在这个定义下，他在实践中试图通过针对景观都市主义的实践对象，如城市基础设施等，来讨论建筑师在建筑

学的实践现场中可能采用的战略与战术。面向现实的数字化应用以及由战略战术延伸出的投射理论是尚未结束的话题。

而有景观学背景的康纳从早年对景观都市主义的研究开始，试图确立新的、当代的景观学。他通过讨论景观学的逼真再现，试图揭开取景术与成像术之间的理论差别，并用成像术来应对不同的实践现场。而后，他应对场域的条件进行景观都市主义实践，并开始在AA建筑学院利用数字化工具进行该学科的理论和教学尝试。

在梳理这一复杂的理论关系后，笔者想起库哈斯1994年发表在《小、中、大、超大》（S,M,L,X,L）一书中的那篇檄文般的短文《都市主义曾经的事儿》（*What ever happened to urbanism*）。更确切地说，库哈斯用过去时态向过去的都市主义说再见。文中，他认为"1968年5月"那一代人对过去失败的都市主义所采取的两面派操作仅仅停留在保护外加戏谑上，太过于圆滑和战术化而缺乏想象。库哈斯指出，如果我们当下还认同一种新的都市主义的话，那么我们就需要描述当下难以描述的城市情境。他采用了一系列丢弃语境的、文学化的叙述来确认这种新的都市主义可能应付的对象，如关注可能性，建立场域适应变化，反对边界，对城市基础设施的操作。这些模棱两可的描述与艾伦和康纳的理论叙述是完全一致的。

这样说来，艾伦的实践尽管是根植于景观学的操作，但实际上仍然延续着库哈斯对都市主义的反思，而将这种反思置入全球化的实践现场中，衍生出适合当下语境的实践战略与战术。这绝不仅仅是在屋顶上种植蔬菜，或者创造富含农业消遣性的城市公共空间，又或者是逃离城市探索如何在乡村惬意生活那么

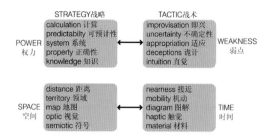

STRATEGY 战略   TACTIC 战术

POWER 权力

calculation 计算
predictabilty 可预计性
system 系统
property 正确性
knowledge 知识

improvisation 即兴
uncertainty 不确定性
appropriation 适应
deceptions 诡计
intuition 直觉

WEAKNESS 弱点

SPACE 空间

distance 距离
territory 领域
map 地图
optic 视觉
semiotic 符号

nearness 接近
mobility 机动
diagram 图解
haptic 触觉
material 材料

TIME 时间

斯坦·艾伦关于战略与战术的关键词描述

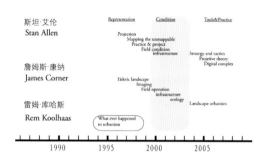

斯坦·艾伦与詹姆士·康纳的理论发展的关键词图表

简单。事实上，艾伦在库哈斯的宣言后编织起的这张理论和实践的关系网，帮助我们不间断地反复审视建筑学那种过于恋物的操作。当我们津津乐道于各种趣味的时候，还能不忘指着自己的鼻子质问为什么当下不得不这样做。

(感谢中国美术学院包豪斯研究中心的王家浩作出的部分文献阅读及讨论诠释的贡献)

注释和参考文献：

[1] James Corner. *Landscape Urbanism: A Manual for Machinic Landscape*[M]. London, 2004.

[2] 2011成都双年展国际建筑展提案

[3] 王家浩. 返向实践的图解——评《点+线——关于城市的图解与设计》[J]，时代建筑，2010(5):176.

[4] Stan Allen. *Practice—Architecture, Technique and Representation: Revised and Expanded Edition*[M]. Routledge，2009.

[5] James Corner. *Recovering Landscape: Essays in Contemporary Landscape Architecture*[M], New York: Princeton Architectural Press,1999.

[6] Stan Allen. *The Digital Complex*[J], Log 5. 2005: 93-99.

[7] 王衍，王飞。数字综合战略与中国建筑实践[J]，城市建筑，2006(4):51-53.

[8] Rem Koolhas. *S, M, L, XL*[M]. New York:The Monaceli press 1998.

王衍
同济大学建筑与城市规划学院 建筑理论与历史 博士生

对田园城市的继承性思考
Successive Thoughts on the Garden City

刘刚
LIU Gang

1 引言

19世纪以来人类对于空间理想和社会理想的探索，造成了有史以来最深刻的物质环境改变，现代意义的"田园城市"（Garden City）在此间应运而生。作为一种开放的思想观念以及仍在发展中的实践，田园城市试图结合现代人的精神向往和物质性的生活现实。如果现代主义确如波德莱尔（Charles P. Baudelaire）界定的那样，是一个空间片段化、时间瞬息化和创造性破坏的世界，则田园城市就是一个空间连续的、持久的、具有优美生命形式的世界。

埃比尼泽·霍华德（Ebenezer Howard）的"田园城市"理论被视为经典，使得这个概念看起来已经具有绝对性。他准确地归纳了工业革命以来的城市发展问题，还因善于吸收整合他人思想，针对城乡合作制定了意义深远的目标，并进一步通过发展方式的设想和空间图解，使其具有非凡的实践性。在现代理想空间的历史上，就影响力之广泛和深远的程度而言，唯有柯布西耶（Le Corbusier）可与之相比。

现代主义以来的建筑学被田园城市的人文色彩和理想主义深深吸引，但是本文并不希望仅在空想和批判中讨论它。这里把"田园城市"视为一个与自然平等的工作和生活的世界，并更乐于探讨这个概念的相对性及其与建筑学视野里的各种关联性。

以出发点各异的城市研究作为继承思考的对象，比如奥姆斯塔德（Frederick L. Olmsted）和巴奈特（Jonathan Barnett）等人分别在各自领域的贡献，本文选择四项议题作为针对田园城市的当代观察角度，它们是"城市的整体性"、"城市空间的分割与联系"、"田园空间与社会契约"以及"追求美学质量"。

本文就相关观察对象的建设性论述或做法，基于

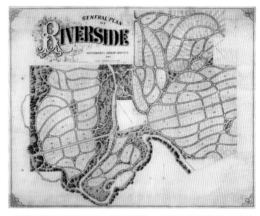

河滨社区规划总平面图，奥姆斯塔德、沃克斯景观建筑设计公司，1869年

已经存在的时空条件，在它们本着"改变世界"而发生的设计思考中，分析"田园城市"的机遇和发展，认识相关田园城市"建议"的可能性和意义。

2 城市的整体性

如同罗西（Aldo Rossi）对历史城市的评论，一切城市都在朝向一种整体性发展，田园城市也不例外，这是城市作为主体或者作为对象的最终结果。

霍华德把田园城市当作是一种可以复制的"社会—空间"自治单元，在一定的空间和人口规模上形成完整性，继而以异地复制、共组网络的形式继续发展，他为此提供了很多基于财务的发展建议，对与就业相关的城市功能也有大胆设想。这说明田园城市在最初就不是忽视社会进程的空间乌托邦。人们试图从过程和结果上，从空间、社会以及时间的综合维度

丹尼尔岛城市设计——景观保护与建设控制地带

上，实现对城市完整性形成的合理把握、实现对适中规模和裂变时机的合理判断，这是现代田园城市的划时代意义。

在田园城市后来的发展中，很少有人再重复霍华德提出的6 000英亩(约24.28平方千米)和30 000人的规模，但是关于城市整体性的想法经历了现代主义建筑学的重要探索。换句话说，一切进程都应在一个可以预测的、有形的范围内进行，工作、生活、交通和游憩将基于分区组织实现使用意义上的城市整体性。此外，这种整体性并不只发生在一个城市单元内，还应从区域层面上考虑如何建立基于快速交通连接的城市网络。人们从中逐渐认识到，田园城市空间图解里的图形关系远比其图形形状要重要得多，这也推动了城市研究从现代角度进一步思考好的空间形态和好的社会形态如何实现辩证统一。

自工业革命以来的城市发展中，两个事关城市整体性的问题得到越来越多的重视。首先是"资本不断吞噬空间"的现象，这意味着现代城市可能会无限蔓延。此外，根据哈维 (David Harvey) 的观点，"资本自身通过空间延伸来面对变化的经济时，会加剧不平衡的地理发展。"于是，在城市规模扩张进程中如何看待那个闭合的"绿带"，如何看待似乎必然发生的整体性与不平衡发展的局部关系，成为当代田园城市还在探索的问题。

确实，无论是技术上还是社会上，城市的空间演变都不是无条件的，空间的结构性是探究整体与局部辩证关系中的主要问题。结论是，它应具有动态的进化特征。卡尼吉亚 (Gianfranco Caniggia) 用一种有机的方式看待建筑类型与城市肌理的关系，将城市形

式视为"类型的进程"。建筑类型学因此可以通过研究建筑类型分布与空间密度的关系，对城市的整体性进行解构，得到与霍伊特 (HomerHoyt) 及其同道相互验证的结论。

麦克哈格 (LanMcHarg) 及其宾州学派在景观建筑学领域提出的生态整体性观念，也为当代田园城市发展提供了重要信息。基于景观要素的相互联系特征，他完善了重视过程的环境整体性分析方法，通过透视生态伦理，为当代田园城市超越早期的功能和美学发展思维提供了更多路径。

总之，基于对现代城市功能分区和社会空间分异的反思，当代设计理论正在发展空间概念的多向度研究，以期早日建立关于田园城市整体性的新认识。空间将更多地被看作是具有相关性和相对性的，而不是社会运动的绝对框架。进一步处理物质性进程和社会生活的各种复杂联系，让不平衡发展成为向整体性进化的一部分，这些建议正在使田园城市对于现代理想空间的探索实现延伸。

3 城市空间的分割和联系

在田园城市的早期概念中，永久性的公共绿带被用来限制城市规模，而在城市内部，利用宽阔的林阴大道分割出数个"邻里单位"，之后就只有"三磁体"理论的描述，所谓"自然美景、明亮的家和田园"等。显然这种理想空间模式需要进一步的空间设计来检证，人们必须考虑，在城市肌理上，不同功能空间和不同社会阶层的"自由和合作"是如何实现的？

画境式的景观和工艺美术运动对复古风格的热情显然是一种经典的回答。但建筑学历史中的更多经验

丹尼尔岛城市设计——土地发展：公共、邻里和公园规划，1997年（宾夕法尼亚大学设计学院课件）

提醒人们，仅用一种表现和固定某种精神秩序的方式去实现稳定的空间形态的做法将排斥许多其他可以形成秩序的方式，最终导致为了追求空间的条理而不惜把它封闭起来，而这在开放、多样的当代，事实上也做不到。

对这个有关空间具体状态的形成问题，应该尝试通过一种既是途径又是目的的设计思维来回应。观察田园新城、卫星城性质的田园郊区、新城市主义乃至更多城市设计的实践历史，比较其中跨度很大的事实，将发现一个实用的共同点：就准备付诸实施的理想空间来看，在田园城市之间及其内部，起分割作用的绿色空间，无论是城市边缘绿带、分区林荫大道还是中心公园，必须同时起到城市"联系"的作用，它关乎用地的经济性、环境可持续发展、合理的交通以及公民社会的活动形式等诸多现代城市关切的内容。

讨论和实践早期田园城市的时代，正是现代主义建筑运动在欧洲开始出现的时候。虽然魏森豪夫（Weissenhof）的住宅展暴露了早期现代主义在城市设计上的弱点，但是陶特（Bruno Taut）等人随后花了很大力气去研究继承的空间形态经验和现代邻里的关系，并以"共享空间系统"为对象实质性地发展了可以与花园城市共享的空间联系问题。同样的行动见诸贝聿铭在芝加哥南部海德公园区振兴中提出的一系列空间方案，更准确地说，是探索联立式住房在空间限定和公共庭院生成上的图形潜力。

随着现代建筑的传播，花园城市的"空间分割—联系"问题逐渐从特定意图变成一般主张，从区域性的热点进入全世界，也产生了更多有益的建议。特纳（John Turner）在1970年提出用"友好型"替代"操作型"来试图完善现代城市主义，巴奈特在近年提出的以"现代、传统、绿色和系统"四个方向来整合思考城市设计，则为人们思考田园城市提供了进一步的参照。考察他在南卡罗来纳州查尔斯顿进行的丹尼尔岛"花园式郊区"设计，首要的特点是借助地脉格局和保留部分自然环境来生成有机的空间框架，环境和生态可持续设计成为解决"空间分割—联系"这组难题的途径之一。这个方案同时解决了单一地块的切分和组团设计的用地效率问题。回顾莱切沃斯（Letchworth）和格林贝特（Greenbelt）等田园城市的历史，这些正体现了一个与自然平等的工作和生活世界的主要特征。

在2011成都双年展国际建筑展提案中，大部分作品都在空间的分割与联系性问题上着墨。比如TAO的"街亩城市"、阿科米星的"混合城市"以及袁烽提交的"林盘城市基础设施"等。它们都在思考如何通过再设计去促成城市的田园状态，而优化环境视效和叠加公共活动使空间原本的相互区别变成相互联系，无疑是基本一致的手法。司敏劼提交的关于崇州的想法，同时考虑了田园城市形态形成的过程和结果，在梳理各空间要素的关系、尽量促成城市空间的连续性方面令人印象深刻。

4 田园空间与社会契约

罗西指出，城市从来就不是实用和功能的集合。在最令人感兴趣的空间形式背后，田园城市等同于一种现代的空间社会机制，它不仅是各方面的理想主义者的集合，还必然存在围绕价值问题、旨在形成长期有效的社会契约。

田园城市意味着环境和谐和社会和谐，并且从霍华德倡导的第一代开始，就反对用集权化的社会管理来实现田园城市，以避免取消个性和自我追求。但是，作为田园城市本质的一部分，它是一场依赖总体规划的营销，财务模式经历过大胆的设想，在其后的历史发展中也发生过很多变化。本文感兴趣的问题在于，以社会自治来维持一个有条理的空间状况，这对基于空间设计的建筑学来说还意味着什么？特别是在资本主义城市时代，需要同时重视空间的"使用价值"和"交换价值"，如何回归田园城市在城市和乡村合作上的经典理想，对抗"投资—消费"的空间霸权倾向，避免花园城市变成单调的"增长机器"，对这之间有可能带来的混乱秩序，受到花园城市影响的设计者有很多认识和建议。

据巴奈特和霍尔（Peter Hall）引证，霍华德在土地问题和社会组织观念上受到贝拉米（Edward Bellamy）及其"社会主义公社"的影响。霍尔还认为，在芝加哥的4年生活里，霍华德一定熟悉奥姆斯塔德设计的德斯普兰斯（Des Plaines）河滨新田园社区。

19世纪后期的芝加哥德斯普兰斯河滨社区是一个教科书级的杰作，在画境式的景观之外，它的区位和规模，借助火车通勤的特点等，都使之超越了早前的新英格兰小镇风格而更具有现代田园城市的特征。河滨社区是一个借助自然地形设计的、充分开放的集合景观空间，统一的宅前草坪、房屋向街道退界以及蜿蜒的林阴道成为后来众多社区惯用的设计元素。充分结合地域景观特色的社区设计理念，实现了田园城市理想中的美好环境和完整的社区生活，但人们还应该关注其设计者在随后拟定并开始盛行的一个重要的"社会—空间"机制，即包含了土地利用和景观法则的"保护性限制"（Protective Restrictions）契约的应用。

关于"保护性限制"契约，弗格森（Robert M. Fogelson）在《布尔乔亚的噩梦：1870—1930年的美国城市郊区》一书中有精彩的研究。与本文相关的是这一社会契约和空间设计的相互支撑。如同本文在开篇中提出的，以认识具体时空条件下、相关田园城市的"建议"的可能性和意义为目的，人们需要发展对除了美学质量以外的景观价值的识别能力，避免将之简单归因于空间设计；如果那样，霍华德的田园城市图解很容易被视为空想的乌托邦。

奥姆斯塔德对政治和经济的深刻把握，使他既能用设计来满足回归自然的社会需求，也能通过精妙地处理复杂的社群利益，去发现伦理和社会事态中业已存在的长期价值机制，从而把维护田园特征的法则转变为公共责任里的行动。正由于他及同道的实践，花

园郊区的发展证明了一个重要事实，即现代社会的获益者更害怕文明的异化以及环境的异化。这一点反过来继续推动田园空间与社会空间的良性互动，以此为基础，使基于土地分散私有的城市也可以保证空间条理的长期性，从而实现一个"使用价值"和"交换价值"双重意义上的与自然平等的生活世界，一个既是优美的也是稳定的花园城市空间状态。

5 追求美学质量

观察田园城市的发展历程，无论是概念上还是实践上，空间的美学质量都具有重要的地位，甚至已经成了某种识别的条件。进一步说，评价田园城市的美学问题存在一个特定的标准，就是能否把自然和人工环境平等地结合起来，并使得自然环境具有的持久性、空间连续性和优美生命形式，亦成为城市的主要特征。这种因美的名义对自然环境的重视由来已久，但在工业革命以后其含义发生了根本变化，大范围的经济和社会变迁带来的过度冲击使人们普遍产生了环境灾难意识，其结果是越来越多的人在焦虑未来。

在市场经济主导的全球化城市时代，从实物资产角度去看待田园城市的价值，确可理解为美学质量在决定性因素中的比例在下降。针对上述情况，当人们从建筑学的角度去思考当代田园城市时，会发现另一个显著的问题，即现代主义之后的建筑学已经很少会专心地为某种稳定的美学象征而设计空间形式了。

问题的发生与当代城市化中的一些惯常现象有关。决策时间大大缩短、生活方式随科技和风尚而不断变换、空间关系总在激烈重组、新的空间形态预期不断加强等导致了强烈的"时空压缩"感，影响了文化和政治生活的取向，从而在根本上带来美的定义权的扩散。在一些经典的认识中，比如建筑和环境的关系上，库哈斯（Rem Koolhaas）等提供了极具冲击力的全新解读，城市、建筑似乎无法再成为稳定的图像。这些现象对田园城市强调稳定而协调的经典美学意象构成了挑战。

建筑学历来都处于力争把握未来又渴望回归的精神漩涡中，这不是我们时代独有的特点。从美学立场出发，或可认为田园城市代表了过时的浪漫。但从同样角度审视拉斯金（John Ruskin）浪漫、夸张的表达，也须自问：他是否已经回答了田园城市是否值得追求的根本问题？或者，在田园城市留给世人的美学意象中，有无存乎"大问题"的意义？结论是肯定的。超越现代主义对城市的功能关怀，需要利用美学在社会选择、个人表达和环境可持续方面的独立作用。

越来越多的人只能选择城市作为自己的生活环

境，因此，城市景观的重要性大大提升。但是现代社会的环境态度常常自我矛盾，为了实现物质和经济目标，脆弱的公共利益如自然环境总是首当其冲沦为发展的代价。

田园城市对结合自然和人工环境的美学质量的强调，恰是为当下的空间设计提供整体性的美学关怀。为此而努力，将有助于将城市从过剩的空间生产能力、泛滥的技术运用、非人性的尺度中解脱出来。至于如何为田园城市的美学象征设计空间形式，身为非建筑师的哈维再次提供建议："美学，特别是建筑学的绝大部分，都敏感于时间的空间化所带来的美的体验，建筑师不应该轻易放弃这部分价值。"以此为基础，在田园城市设计中强调感官印象的自然和人工环境的统一，这个目标虽然并非全部却也不肤浅。稳定而协调的经典美学质量依旧是生活世界的重要部分，这一点从不曾真的被改变过。人们终将发现，关于美的呈现和象征，其实是价值议题的另一种表现形式。如果对美学质量的追求是田园城市里非常普遍的社会自觉实践和自我教育，田园城市就能在很大程度上实现它的本质目的——对现代人居需求的创造性满足。

6 结语

2011成都双年展国际建筑展把"田园城市"作为主题，为在当代中国语境下思考自然、城市和人的生活提供了机会。恰如"物我之境"的写意，田园城市作为早期现代社会以来的"希望空间"，并非"过去"的乌托邦，它是一个从不会过时的目标。

田园城市的意义在于建立整体性的关怀，从自然到个人、从环境到社会。它促使人们反思现代生活的异化程度，把人类的进取心和自觉自由的创造力放在天平的两端，启发认识生活世界的价值，因此它并不片面。

田园城市一直在努力超越工业革命以来在城市功能建设上的成就，它鼓励探索重组物质设施、社会与自然的空间关系，在可触及的历史和技术条件下建立更便捷的通勤、更健康的环境、更平等的交往和更广泛的共识，它实际上是一次经验和智慧的总动员，是一种建设性的作为。

注释和参考文献：

[1] 埃比尼泽·霍华德. 明日的田园城市[M]. 金经元，译. 北京：商务印书馆，2000.

[2] 彼得·霍尔. 社会城市[M]. 黄怡，译. 北京：中国建筑工业出版社，2009.

[3] 彼得·霍尔. 明日之城：一部关于20世纪城市规划与设计的思想史[M]. 童明，译. 上海：同济大学出版社，2009.

[4] 阿尔多·罗西. 城市建筑学[M]. 黄士钧，译. 北京：中国建筑工业出版社，2009.

[5] 罗伯特·弗格森. 布尔乔亚的噩梦：1970—1930年的美国城市郊区[M]. 朱歌姝，译. 上海：上海人民出版社，2007.

[6] 大卫·哈维. 希望的空间[M]. 胡大平，译. 南京：南京大学出版社，2006.

[7] 罗伯特·戴维·萨克维. 社会思想中的空间观：一种地理学的视角[M]. 黄春芳，译. 南京：南京大学出版社，2006.

[8] BARNETT J. The Elusive City: Five Centuries of Design, Ambition and Miscalculation[M]. New York: Harper & Row, 1986.

[9] BARNETT J. City Design: Modernist, Traditional, Green and Systems Perspectives[M]. New York: Routledge, 2011.

[10] MALFROY S. and CANIGGIA G., L'approche norphologique de la ville et du territorie[M]. Zurich: Eidgenossicche Technische Hochschele, 1986.

[11] PREGILL P,VOLKMAN N. Landscapes in History - Design and Planning in the Eastern and Western Traditions (Second Edition)[M]. London：John Wiley & Sons' INC. 1999.

刘刚，同济大学建筑与城市规划学院建筑系 讲师

亦城亦乡、非城非乡

田园城市在中国的文化根源与现实启示

A Town-Country Hybridism
The Garden City Culture & Its Contemporary Implications for China

侯丽
HOU Li

　　畅想未来是一种人类的特质，然而人们对未来的预期又往往是基于既有的知识、印象和判断。看似前卫的乌托邦观念，无不带有对现实的批判或逃避，对过去的价值观的否定或美化以及新与旧的杂交。一个社会的理想，根植于其现实的困境和历史发展的路径。19世纪末，工业革命的影响在英国社会充分显现，人口爆炸和高度聚集、生产力的突飞猛进和污染、瘟疫肆虐并存，霍华德的田园城市设想体现了对典型资本主义城市的厌恶和逃离，是一种基于乡村生活视角的理想模式。就大的流派而言，田园城市是工业时代浪漫主义运动的一个分支，体现了在工业化进程中人们面临快速变幻的现实时的浪漫怀旧情绪以及回归大自然和乡村生活的渴望，这在那个时代具有一定的代表性。霍华德本人也承认，他的理论受到很多同时期哲学家、思想家和文学家的影响，如本杰明·理查德森（Benjamin Ward Richardson）1876年的"健康城市"（Hygeia，即City of Health）、威廉姆·莫里斯（William Morris）的"来自乌有乡的通讯"（News from Nowhere，1890年出版）、彼得·柯鲁泡特金（Peter Kropotkin）的互助理论（Fields, Factories and Workshops，1899）……

　　与同时代诞生的其他理论不同的是，霍华德既

1911年英国第一座田园城市Letchworth加冕典礼的宣传画。横幅设计表达了田园城市理想：一个典型的英国小镇被精心设计的树木枝蔓花纹所框定，中心的小鸟和鸟巢代表大自然，小麦、玉米和蔬菜瓜果等农作物占据了画面的主体前景，加上农业用具，说明农业生产是田园城市的主要功能之一。任何传统的英式园林符号都没有出现在画面中。（资料来源：Harvard Fine Arts Library, Visual Collections）

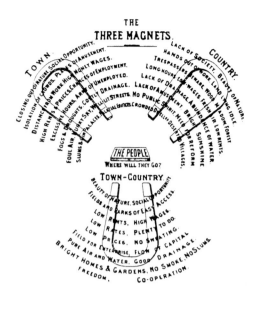
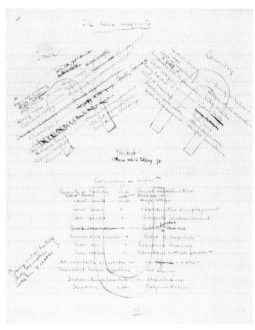

三磁铁图示。右图为霍华德1891—1892年的手稿，左图为1898年正式出版的版本。细看两者之间的差别可以发现霍华德思想发展的过程。手稿由霍华德档案馆馆藏（Ebenezer Howard Archive, Hertforshire Archives and Local Studies, Hertfordshire County Record Office)

不像戈涅的"工业城市"和后期柯布西耶的"光明城市"一样热情地拥抱工业化的到来、希望将工业时代的城市潜能发挥至极致，也并不希望将未来退回到过去的农业社会乌托邦。他的核心思想是希望实现"城与乡的联姻"（a marriage of town and country)，这种联姻的结果——"亦城亦乡"（town-country)的混合体将继承城与乡各自的优点而回避它们的缺点。

从字面上理解，中文译文"田园城市"比英文原文"Garden City"更好地演绎了霍华德的理想，因为在霍华德的设想中，围绕着城市的是具有农业生产功能的"田园"而不是纯粹美化装饰的"公园"或"花园"。在1898年原著《明日：通往改革的和平之路》发表之际，霍华德曾经考虑将其命名为"Rurisville"[6]。该词由指"农村"的词头"rural"和指"地方"的词根"ville"（由"村"一词演化而来，后常用于小城镇的命名）拼合而成，但最后正式出版时选用了"Garden City"，相对削弱了他希望以乡村为基底进行社会改革的意图。后期大多数田园城市实践慢慢转化为大城市的"花园式郊区"，更是模糊了田园城市在设计之初希望作为相对独立的社区能够融合城乡优点、结合工作与生活的特色。

从霍华德的人生经历可以看出"城与乡的联姻"的由来。霍华德1850年生于伦敦一个中下阶层家庭，

父母对他的期望就是成为一个公务员。他在21岁时选择与朋友一起移民美国。美国中西部内布拉斯加广袤无垠的草原和农场的重体力劳动给这个来自英国大城市的青年留下了深刻的印象。霍华德在返回英格兰之后一直居住在伦敦的郊区。[15]从大城市到农场再到大城市郊区，霍华德的居住选择多少折射了他的宏大理想，即靠近大城市的小型社区，亦城亦乡，兼有乡村中人与自然的亲近关系和城市的便利生活。与建筑师或工程师出身的其他城市规划学科的创始人不同，霍华德更恰当地说是一位思想家和社会改革家。虽然他的作品详尽地描绘了未来田园城市的空间形态，但他反复强调这"只是示意图"（diagram only)而不是规划方案，在后来莱切沃斯和威尔温新城建设中霍华德也给予规划师极大的物质空间安排自由。[2]笔者以为，霍华德的田园城市理念有两个核心观点，一是针对工业时代过于拥挤的大都市模式的空间疏散（decentralization)，相对集约的城市用地为大面积环境优美的公园、农田、牧场和森林环绕，正如他本人所说，20世纪应当是从"过度密集和拥挤"的"城市"中的"逃离"的时代[6]；二是这种2万~3万人规模的小城镇是一个独立、稳定、相对自给自足的共同社区，与冷漠、机械、没有安全感的大都市相对应。从他1892年完成的手稿来看（图2，图3)，在亦城亦乡

47

的结合体一端最后的两个关键词，他最初写的是"个人主义的社会主义"（individualistic socialism）和"自由而非管制"（freedom not regimentation），这比后期正式发表的"自由"（freedom）和"互助"（cooperation）两个词更准确地表达了他的真实意图。亦城亦乡的田园城市不但可以提供更加宜居的生活环境和充足稳定的就业岗位，而且是一个具有独立和互助精神的自治体。霍华德认为，城市形态必须体现社会公平的理想，而当时的城市社会"已经完全不能适应人们被认知、认可的本性需求"[6]，一个更小规模的、独立自主的社区能够更好地照顾到人们的社会需求。

　　霍华德的著作在同时代的中国引起的反响有限，由于长期的战争和意识形态纷扰，在20世纪上半叶的城市建设中也没有出现如英美的新城建设那样直接的新城实验。尽管如此，田园城市的众多理念，如疏散、绿带、小城镇导向、城乡结合等，在中国的城市规划和建设领域曾经得到广泛的应用，并且在很大程度上，这些理念的流行和实践并不仅仅与现代城市规划学科的传播相关，而且与中国传统文化价值观和政治经济条件有着更为密切的关系。霍华德基于乡村视角的社会改革思想在中国由农业社会向工业社会转型的100多年里屡屡得到呼应，这绝不是巧合。

　　尽管文化传统与英美社会大相径庭，但中国传统的城乡关系认知与田园城市理念有着众多共通之处，加上快速激烈的现代化进程使得城乡分化在极短的时间呈现出混杂交替的状态，前现代和后现代特征往往并存，城市和乡村　（以及市镇）是社会空间领域很难切割、划分清晰界线的连续体（urban-rural continuum）。较西方而言，中国城乡之间的联系无论是在封建社会还是现代社会都更为密切，悠久的农耕文明史使得这种视乡村田园生活为理想的渴望更为强烈和深入人心。中国作为一个长期重农务本的农耕社会，"耕读传家"是最核心的价值观之一。在乡间坚持耕读是传统知识分子的本分，无论是官宦之家还是士绅阶层都将"乡居"视为向往的居住模式。[16]"告老还乡"是官僚和商人共同的终极人生理想。在西方，几百年的工业化和城市化发展使得城乡分工逐渐泾渭分明，城市的优越感一直伴随着对城市的批判渐生渐长。即使回到中世纪的欧洲，城市是通过从封建地主手中赎买封建权利而形成的自治体，城市人拥有独立于封建领土（庄园）的特权——如谚语所说，"城市的空气使人自由"，城市之间结成的联盟——如著名的汉撒城市同盟（Hanseatic League）曾经对

《晓关舟挤》（袁尚统，1646年，北京故宫博物馆藏）以晚明时期的苏州市井生活为题材，近景中城关舟船拥挤和人性的浮躁与远景绿阴环绕、静谧祥和的乡野形成强烈对比

欧洲封建王朝的统治造成直接威胁，两者之间的战争推动了自由贸易和资本主义的诞生，这在传统中国社会是不可想象的。[1]

　　在传统中国人的观念中，一座真正的城市是建有城墙的县治、府治或省治，作为政治安排的"城"与商业浮华的"市"最初是两个不同的概念，而"乡"则代表了浪漫的田园情怀和清高的士大夫情结。相较之下，在中国是"乡村"而不是"城市"代表着人格的自由和独立——哪怕这种"独立"是以退为进的。在（城市）政治舞台上的人物遭受了挫折时，无论是陶渊明还是蒋介石，退居乡里是不约而同的选择，以划清与既有政权的界限。真正推翻既有政权的暴力反抗，也往往是从乡村开始的。因而在中国，乡村既代表了一种理想的

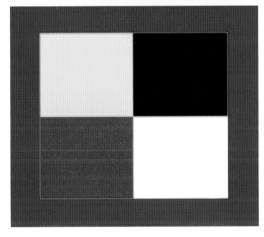

九州日向的新村，上为代表新村精神的四色旗（象征不同肤色的人和平地生活在一起），（资料来源：新村公共网站www.atarashiki-mura.or.jp）

生活状态，也是社会改革和进步的起点。

中国传统文化中这种强烈的乡村情结为新一代的知识分子所继承，对乡村的改革和建设可以说是贯穿近代中国现代化历史进程的主线，也形成了独特的中国发展模式。虽然大城市的优越感在当代逐渐发展成为主流，对乡村和小城镇的感情有所边缘化，但后者对于当前城乡鸿沟的形成多少起到缓冲的作用。在中国封建体制分崩离析之后，工业化——"实业救国"——是现实选择，而"乡村建设"在各个阶段都曾被看作社会改良的药方，中国现代化的第一步而被寄予厚望。经历了20世纪初叶各种"主义"盛行，激进派和改良派各行其道的时期，基于乡村的改革实验与马克思主义一起最终改变了现代中国的命运。

说起与霍华德提出田园城市理论时代、观点接近的，起源于东方文化的乌托邦，恐怕不得不提20世纪20年代的新村运动。同样是受克鲁泡特金的互助理论（也被称为互助社会主义或者互助无政府主义）影响，日本文人武者小路实笃在九州日向农村选了一个地方，组织了几十个人共同从事农业劳动、相互协作、平等分配，其宗旨称为"新村"（新しき村，Atarashiki-mura）主义。与霍华德不同的是，"新村"主义没有追求特定的空间秩序和改变社会的意图，而是强调自然、田园的耕作环境，更接近"超出现社会的田园理想生活"和"独善其身的个人主义"（胡适语）。[2] 周作人深受新村主义的思想吸引，在《新青年》上进行了大力宣传[3]，使得新村思想在中国得以迅速传播。如与李大钊等一起创立"少年中国学会"的王光祈提议建立"菜园新村"[4]；上海的墨西哥归国华侨余毅魂、陈视明等在昆山红村购得25亩地，组织了"知行新村"；河南王拱璧在家乡漯河创办"青年村"等。[5]

青年毛泽东也是当时新村运动的推行者。在1919年12月号的《湖南教育月刊》上，毛泽东发表了《学生之工作》一文，详尽地勾画了他心目中的理想社会蓝图。毛泽东评论社会上的"士大夫有知识一流"，"多营逐于市场与官场，而农村新鲜之空气不之吸，优美之景色不之赏，吾人改而吸赏此新鲜之空气与优美之景色，则为新生活矣"，体现了典型的中国传统文人思想，对"商"和"仕"的清高姿态和乡村田园生活的赞赏，与霍华德在《明日的田园城市》第一章中以诗意的语言劝导人们回归美丽的土地和自然几成呼应。[6] 从文中可以看出，青年毛泽东对新村的设想是以社会改革为目的，试图把传统中国的价值观与西方盛行的理论相嫁接，描述未来中国的改革路径和理想社会，以"模范村"的试验成功推至"模范地方"、"模范都"，最终实现"模范国"。在毛泽东的设计中，新村是一个互助自治的团体，共同生活、共同学习、共同劳动，其生产功能工农兼备。新村除了具有教育职能之外，还包含了幼托、养老、商业、金融、文化、医疗的"从摇篮到坟墓"的社会服务功能。

这种"乡治"而后"国治"的想法，在第二次世界大战爆发前的乡村建设运动中得到更为充分的讨

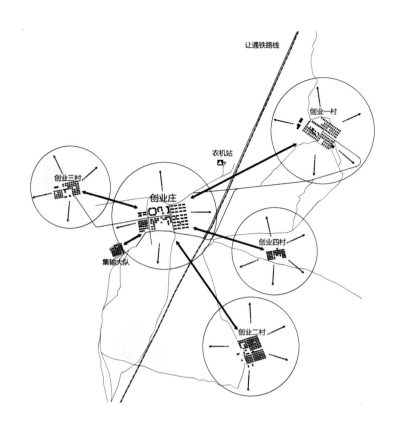

让通铁路线

创业一村

农机站

创业三村

创业庄

创业四村

集输大队

创业二村

大庆创业庄中心村及居民点，建设于1960年代中期。大庆地处松辽平原，没有明显的自然地貌限制，居民点规划考虑油田工人家属的耕作距离，服务半径不超过5里，来回时间不超过一小时的理想模式设计。截止1978年，创业庄中心村实际居住人口2 255人；其他几个居民点人口则一直保持在100~200户之间。示意图按照1966年实测地图绘制

论。"乡村都市化"（梁漱溟）和"乡村现代化"（卢作孚）的口号早在1928年前后就已提出。新中国成立以来，城乡关系和工农业平衡发展一直是国家发展战略中的核心问题，乡村改革和小城镇建设在不同时期都起到过重要的历史作用。消灭"城乡差别"、"工农差别"经恩格斯提出后，成为共产主义社会的特征和社会主义社会的奋斗目标。就城市规划领域而言，新中国成立之初的20世纪50年代专业导向以苏联模式为主，强调城市在工业化进程中的主导作用，控制大城市规模，疏散城市中心人口等英美的影响被刻意弱化。反而是在与苏联关系破裂的20世纪六七十年代，从当时人民公社和工矿区居民点的规划上可以明显看出借鉴田园城市理论的印记，如当时提出的"居住林园化"、"生产田园化"、"城乡结合"、"工农结合"，又如中心村的理想规模在1万人左右，便于提供丰富的公共设施服务，普通居民点选址考虑合理的农田耕作服务半径等。[5]

20世纪80年代顺应上层建筑对过去近20年的反思，规划模式更多地回归了50年代的做法；但是在现实中，乡镇企业的繁荣带动了十余年"乡村工业化"和"乡村都市化"历程，"严格控制大城市规模"、"积极发展小城市"的城市政策一直延续至20世纪末。只不过这种以乡村为基础的工业化和城镇化更多

的是来自市场驱动的力量和由下至上的改革，而非规划和上层建筑设想的引导。

就空间模式而言，中国持续六十几年的城市化、工业化进程并没有清晰地拉开城乡界限，尤其是对很难界定是城还是乡的庞大的小城镇群体而言。1991年，加拿大地理学家麦其（T. G. McGee）在研究亚洲地区的核心城市边缘及其间的交通走廊地带时，提出了"Desakota"空间形态模式。[11] "Desakota"是印尼语，"desa"意为乡，"kota"意为镇，因此"Desakota"又是另外一种"亦城亦乡"的称谓——"城市与乡村界限日渐模糊，农业活动与非农业活动紧密联系，城市用地与乡村用地相互混杂"——只不过这种城乡混合是现实的生成，而非规划的理想。这种形态特征非常适用于描述中国的许多大都市区域，尤其是较为发达的沿海地区。参照上文，由于历史的原因，城市规划在其中的影响非常有限，更多的是社会、经济、政治的现实生成。正因为如此，在中国的很多地区，与其说"亦城亦乡"，不如说是"非城非乡"，城不像城，乡不像乡。城市被宽阔的机动车道路和绿带分割，缺乏应有的城市氛围和便利的城市公共服务设施，成为居住区、工业区和城乡结合部的破碎拼贴，"都市里的村庄"的单位大院和真正的"城中村"屡见不鲜；而乡村套用城市的规划模式大肆兴

建兵营式的新农村住宅、设立乡镇工业园区，被称为"城市病下乡"。

进入21世纪，霍华德的田园城市理念对当代中国仍然存在理论与实践价值，还是已经成为"昨日的明日之城"（芒福德语）？再次回到他的两个核心观点，即城与乡优点的结合和培育小型社会的社会人文价值，应当说仍然值得深思并具有鲜活的现实意义。正如霍华德第二次不快乐的婚姻，联姻有时带来的是缺点与缺点的结合，"亦城亦乡"也可以走向"非城非乡"。新时期的城乡一体化精神——另一种形式的"城乡结合"——应当是建立在重新审视和判断城与乡的优点基础之上，是规划引导之下的理性组合；而如何重建乡村和小城镇的人文和社会价值，培育自治和民主精神，削弱城乡对立，避免快速城市化过程中的资源分配不平衡现象，对这一系列问题的解决更是刻不容缓。

（感谢研究生马健和张飞协助绘制图纸，感谢姚栋在写作中提出宝贵意见。）

注释和参考文献：

[1] 关于汉撒城市同盟，可参见Peter Taylor, World City Network，第一章；或黄仁宇的《资本主义与二十一世纪》一书。

[2] 引用语出自鲁迅和胡适对周作人热心于新村主义的批评，见胡适，《非个人的新生活》，1920年。

[3] 见1919年的《新青年》各卷和《周作人回忆录》。在1919年8月号出版的日本《新村》杂志也全面刊登了周来访的消息和感想，几乎可以称之为"周作人新村访问纪念专号"。

[4] 1919年的12月4日，王光祈在北京籍《晨报》发表《城市中的新生活》，他急切地呼吁："我们不要再作纸上的空谈了，赶快实行我们神圣的生活！"

[5] 见郑佩刚，1984年的《无政府主义在中国的若干史实》一书；笔者也曾在哈佛燕京图书馆看到20世纪20年代王拱璧编写的《新农村》一书，介绍他的青年村实验。

[6] 原文为"The problem how to restore people to the land – that beautiful land of ours with its canopy of sky, the air that blows upon it, the sun that warms it, the rain and dew that moisten it the very embodiment of Divine love for man"。

[7] 冯贤亮. 明清时期中国的城乡关系：一种学术史思路的考察[J]. 华东师范大学学报（哲学社会科学版），2005, 37(3): 113-120.

[8] FISHMAN R. *Urban Utopias in the Twentieth Century: Ebenezer Howard, Frank Lloyd Wright and Le Corbusier*[M]. New York: Basic Books, 1977.

[9] HALL P. *Introduction: Key Issues for Planning Futures and the Way Forward, 21st Century Society* [M], 2008, 3(3): 229-247.

[10] 侯丽. 粮食供应、人口增长与城镇化道路选择：谈小城镇在国家城镇化中的历史地位[J]. 国际城市规划, 2011,(1): 24-27.

[11] 侯丽.理想社会与理想空间：探寻近代中国空想社会主义思想中的空间概念[J]. 城市规划学刊,2010,(4): 104-110.

[12] 黄仁宇. 资本主义与二十一世纪[M]. 北京：生活·读书·新知三联书店，1995.

[13] 卢汉超. 略论中国文化中的小城镇清结[J]. 华东师范大学学报（哲学社会科学版），2009,41(6): 33-38, 45.

[14] 毛泽东. 学生之工作[A]. 中共中央文献研究室编. 毛泽东早期文稿[C]. 长沙：湖南人民出版社, 1995.

[15] MCGEE T.G.The emergence of desakota regions in Asia: expanding a hypothesis[A]. Ginzburg et al (eds). *The Extended Metropolis: Settlement Transition in Asia*[C]. University of Hawaii Press, 1991.

[16] SKINNER W(ed). *The City in Late Imperial China*[M]. Stanford University Press, 1977.

[17] TAYLOR P. *World City Network: A Global Urban Analysis* [M]. London: Routledge, 2004.

[18] WARD S. Ebenezer Howard: His Life and Times [A]. Kermit Parsons & David Schuyler (eds.) *From Garden City to Green City: The Legacy of Ebenezer Howard*[C]. The John Hopkins University Press, 2002.

侯丽，同济大学建筑与城市规划学院 副教授，硕士生导师

田园多棱镜折射的城市

2011年成都双年展·国际建筑展的主题——"物我之境：田园/城市/建筑"回应成都市"建设世界现代田园城市"的战略目标，让人不由联想到埃比尼泽·霍华德。

当代中国的现实情况和面临的问题，与19世纪末霍华德提出"田园城市"相比，有相通之处，也有巨大差异。相通之处在于都试图在城市化高速发展过程中寻回一些可贵的价值，这些价值曾在记忆中存在，但却在城市中失去。最大的差异在于面对当代中国特殊的人口压力和资源压力，霍华德以中小城市集群为主要解决方案的模式对于中国来说，没有足够的空间和资源支持。

很多参展作品以自己的方式对"田园城市"这个主题作了各不相同的回应。与其把这些不同解读和回应都理解为对霍华德理论的发展或再创造，不如认为大部分都是借用"田园城市"这个既有的词汇表达自己的思考，未必与霍华德存在明确而肯定的关系。所以，与其绘制以霍华德为源头的"田园城市"谱系图，不如将各种解读与回应放在当代景观、城市、建筑相关理论与策略的坐标系中考察其分布图谱。

实践

　　作为2011成都双年展国际建筑展重要的组成部分之一，实践板块以项目类型和实践地点的多样性保证了思路来源的博采众长。板块汇集了18个国内外备受关注的知名事务所和建筑师为参展主体，呈现当代国内外城市与建筑实践案例中具有前瞻性和指导性的实践作品。这些作品在不同层面、不同尺度、不同地点探讨了"田园/城市/建筑"间的复杂关系——它们或立足城市发展，从"田园"中追寻机遇与城市品质；或着眼于田园，通过引入城市的一些积极要素来更新乡村面貌；抑或固守建筑本体，探索结合景观的设计方法和语言。带着对田园的期许、对城市化的反思与对建筑的重构，这些作品充分展示了当代建筑规划实践对于"田园城市"这一命题的丰富回应。

农村都市主义的案例：玉山项目　马达思班　玉川酒庄　思班艺术

批判的田园主义——黄声远（田中央）团队的建筑在地实践　罗时玮

智能城市:成都　CHORA（英国）

对于行星田园的讨论　斯特凡诺·博埃里（意大利）

居住·食品·农业·生产·丰富的城市生活　MVRDV（荷兰）

创意自然　唐瑞麟（美国）

乡村城市架构　乔舒亚·博尔乔佛（英国）　约翰·林（美国）

有北本风格面貌的站前设计课题　犬吠工作室　筑波大学贝岛研究室　东京工业大学塚本研究室（日本）

TAO建筑实践——还原与呈现　华黎 | TAO迹·建筑事务所

情境的呈现——大舍的郊区实践　柳亦春　陈屹峰

新闰土的故事　URBANUS都市实践

平遥和太谷的可持续性发展规划　戈建筑建筑事务所

阿道夫·克利尚尼兹的城·图·底　蔡为

茨林围的保育——澳门的圣保罗教堂，城中村与田园肌理　王维仁建筑设计研究室

蓝顶实践——一个城郊艺术聚落的前世今生和未来　家琨建筑工作室 成都蓝顶创意产业有限公司

带坡道的竹子茶馆　马库斯·海因斯多夫（德国）　上海筑竹空间设计有限公司

景观规划基础设施　斯坦·艾伦 | SAA（美国）

农村都市主义的案例：玉山项目
A Case of Agri-Urbanism: Jade Valley

马达思班　玉川酒庄　思班艺术
MADA s.p.a.m.　Jade Valley Wine & Resort　SPAMART

作品名称：农村都市主义的案例：玉山项目
参展建筑师（机构）：马清运　陈展辉|马达思班　玉川酒庄　思班艺术
关键词：玉山；农村都市主义；建筑；红酒；艺术

马达思班建筑设计事务所创立于1999年，是中国建筑界在典型社会转型期间产生的一个非典型性实践团体。

马清运提出"Agri-Urbanism"，叫做农村都市主义。他认为，中国的出路不在城市，在于农村，但农村要都市化，中国人口的密度不能够再往城市加密，应该在农村加密。生产力的提高、每亩产量的提高会养活更多的人，而农村密度跟生产力有关，生产力提高，密度自然就加高。中国人的"智慧"，是农业的智慧。农业是面向未来的产业，耕耘的周期永远是由未来驱动的。今年收成再好，明年也可能会不好。今年再差，明年也可能会好。农业是把可能和希望永远留给未来的，而农业的智慧是建立在未来不断沿袭现在的过程之中。玉山项目便是农村都市主义实践的一个案例。

玉山计划涉及建筑、艺术、红酒、地产等产业实践，同时，它探讨了本土实践与全球化的关系。建筑形态上，玉山计划汲取了当地民居的鲜明特色，以关中民居的半坡顶庭院组织，采用当地传统建筑材料和

手工建造模式，结合现代建筑工艺，形成了独特的现代本土特色建筑。我们以此作为提案，参加成都双年展，而这个展览的主体构想源自简单的空间模型：被"L"形的背景围合着的装置可以使人们看到三个由立体拼图聚合成的面，既具备细节又十分整体。

你会很快地想到，这三个面代表着当代建筑学的三个维度——建筑、规划和艺术，但是我们认为还是感性地表达它们的区分比较好——它们代表着马达思班所赖以成长的三个地点：上海、洛杉矶和西安。上海是一个全然人造的世界，洛杉矶则呈现着后工业化时代的新景观，而西安在中国城市规划传统中的重要地位不言而喻。你也不妨将它们粗放地理解成经济学、空间结构和文化传统的魔方——这是当代中国建筑师或多或少置身其中的、从业环境的"立方体"。

其实，还有第四个面，它隐藏在笛卡尔几何学之外，因此不是前三个面的重复，或许是它们的化身甚至

玉山村规划图

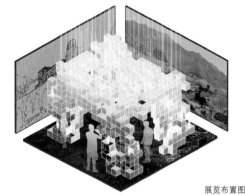

展览布置图

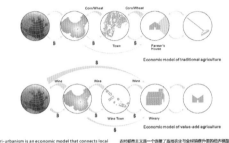

Agri-urbanism is an economic model that connects local farming to global consumption and appreciation. It is a model that benefits the local agricultural community and more importantly it elevates the sense of pride of local labors--an element which has been lost with recent

概况：农村都市主义

农村都市主义是一个连接了当地农业与全球消费界面的经济模型，该个经济模型便当地农业团体受益，更重要的，当地人引以为傲，这一点在近代中国城市化进程中已经丢失了。

现场照片

反面。它并不是某种具体而微的类型学，而是场所、愿景和机缘的光合作用，象征着对陷身于两难，甚至是多难处境中的中国建筑的换位思考。

在展览中并没有"展品"和"展览环境"的区分，"物品"和"创作者"的观念在这里被最大限度地淡化了。我们认为，建筑是不可能（也许是不需要）被展览的，被展出的只能是建筑赖以创生的情境，在这里展出的一切都构成了它们自身的情境——我们向我们展示了我们自己。然而，正如理性的"立方体"也有三个看得见的面，这个展览从各个角度观察都是不一样的。这种变化不在于静态的展览可以有各色声光动静，而在于观看者自身视野的移动。从正交的角度望去，三个面都是各自成立的，如同在现实世界中一样，你不可能只看见一件事的一面。

展览既没有开始也没有结束。我们的展览中不存在唯一性的展程和顺序。展览的载体是乐高（Lego）

颗粒状一样的标准模数的立方体，但它们不是"新陈代谢"主义者即插即用、彼此无差别的"功能单元"（module），因为改变它们的关系将构成不同的展览，因此这个展览便取消了通常的叙事结构。

但是，否认通常的秩序并不意味着规则的混乱。马达思班综合性的"实践"来自不同于寻常城镇化的开发策略，乡野但并不底层，它联系着城市之外的人们对待自然的基本态度：应时、顺变。如同紧凑而感性的展览本身，在空间（对应结构）、运动（对应形象）和事件（对应计划）的歧路口，人们需要的并不仅仅是"老马识途"，而是寻找或迷失的乐趣。置身其中，阅读与观看；更重要的，是体验和参与。展览是无中生有的一场派对。因此这个空间的最基本功能再简单不过：它是一个填词游戏，一份宣言书，也是一个聚会的场所。

批判的田园主义
黄声远（田中央）团队的建筑在地实践

A Critical Pastoralism
The Locally Engaged Architecture by HUANG Sheng yuan (Field Office)

罗时玮

LUO Shiwei

作品名称：原来
参展建筑师（机构）：田中央工作群+黄声远+江国梁
关键词：时间；表现主义的；地景；母体；批判的田园主义

黄声远，1986年毕业于东海大学，1991年获得耶鲁大学建筑硕士学位。曾于洛杉矶Eric O.Moss建筑师事务所任项目协理，后于北卡罗来纳州立大学建筑系担任助理教授。现为田中央建筑学校/田中央工作群主持建筑师。

黄声远的建筑团队似乎尝试以一种不太传统的建筑师执业方式来"做建筑"，他们花了相当大力气为自己经营出一种"有过程"的专业操作模式，他们经常为了要争取到有利位置及执行场域，将一个建筑方案设计与兴建的时间展开到相当长的程度，好像一群高手就要把时间耗上去，让时间成为他们非常重要的工作伙伴。这是理解黄声远团队作品很重要的切入点，时间不是他们的敌人，而是朋友。他们在宜兰落地——也几乎生了根，许多案子绵绵长长地继续着，盖到一半，经费无着就摆着，经过好多年，就在快要被遗忘时，又找到一些经费，工地又再动起来。他们好像在宜兰下一大盘棋，一步步地布整盘局，这边力气用不上时，就把力气用在另一边，等到一段时间后，棋局有趣的脉络才慢慢被看出来。

20世纪是都市建设的世纪，但也是人类历史上在最短的时间内消耗地球资源最多的时代，人类正面对着前所未有的地球生存危机，必须深刻检讨以往"压缩时间、扩张空间"的发展模式。当"城—乡"环境必须被重新纳入整体考虑时，与时间做好朋友的态度正标识着新的出发点。

1 诗意的地方时间建构

黄声远的礁溪林宅是会唱歌的房子，坐落在主人世代居住的老宅地上。基地有天然涌泉，所以首先要面对的就是水与宅地的转化问题。黄声远提供的是一种诗意的时间结构，在水边、窗台、阳台、屋顶、楼梯、过道等所有室内外交接处都埋下各种"人—景—境"的对话可能性，让时间在这些通过性空间留下褶皱。从玄关、客厅、茶间、厨餐厅、浴间、挑空到卧室内都塑造出独特的"房间氛围"（room

罗东新林场

atmosphere），这里是停留时间的所在。 但无疑地，这是一栋现代房子，因为它是混凝土加钢构柱梁结构，借着清水混凝土无梁（其实是反梁）板的延伸，让房间向外部伸展出去。

20世纪90年代，礁溪乡公所找到黄声远，想委托他设计新的公所大楼。 黄声远看到计划拆除的旧公所建筑后，反而积极争取保留旧建筑，并提出在旧公所旁边增建厅舍的构想。 除整修旧建筑成为新厅舍的正面中央建筑外，他在南侧增建一处乡民代表会办公与开会空间，后又在北侧增建一座档案馆，整体形成一个合院。

礁溪乡依靠温泉观光业蓬勃发展，都市化程度渐增，旧街上新大楼比比皆是，旧有乡公所的殖民建筑因其旧有的尺度以及那些已成集体记忆的风格元素，如直条窗、入口门廊、墙面装饰线脚等，反被衬托出

亲切又熟稔的场所感。新增两栋建筑的正立面也配合旧建筑，包括高度、开窗、材料等都保持整体风格的连贯性；但在后方院落就可看到三栋建筑形成的群落多样性，而大出挑水平板成为调和诸多差异形式的统合元素。

这两组早期作品显示出空间在舒缓的时间节奏中展开的从容形态，地方独有的条件被敏感地发掘并整理出来，以一种异质性的建构方式推陈出新，在清新中流露出掺杂着自信的建筑诗意。

2 表现土义的棚子、房子与村了

三星乡公所后面空地上搭建的葱蒜棚，对当地而言本质上是一异质物件，却又用当地盛产的葱蒜形象做视觉媒介。 黄声远以彩色钢管弯成一排大拱圈，搭配葱蒜模样的弯柱，盖上透明屋顶，以及不加掩饰的空

宜兰生活

中工作走道，创造出一种完全迥异于当地习以为常的空间感——厚重、低矮、粗实而又村俚风味的小尺度形态。他将当地特产的葱蒜形象大胆夸张、赋予色彩与新材料，化为乡里新的公共空间。

今天台湾的乡村面临农业转型，要发展精致农业和休闲产业，亟需建立自己的地方特色，又要有新的经营理念与能力，它要成为聪明的乡村而不是都市的笨拙附庸。它要的是一个能支持其健全转型的载体，承载起乡村的新欲望，棚子正是作为这样一个载体策略的概念。让它是一个棚子，一个随兴自在的棚子，又是一个端庄的棚子，不是只要求被"看"，还被要求人们能走过去"参与"，造就出一处诗意的聚集与连结的场所。

这样一种作为流通场所的棚子，正被运用在宜兰火车站仓库再利用的"丢丢铜计划"与罗东第二文化中心作为设计主题形式。前者高为15m、由十余座仿树形结构撑起的大棚子，还计划移植一片森林进来，作为火车站到旧仓库艺文区的连结与汇集空间；后者高则为21m，由十余支立柱撑起的正方形大棚子，下方一侧是高悬的空中展示廊与地表褶皱形成的文化馆，另一侧较宽部分为开放空间，向外延伸到水池（原贮木池改造）、草坪与运动场。这两个超大棚子胆气十足地重新标示城市的天际线，棚子被当作转变都市尺度的标杆，人们也期待其能成为超级人气聚集的场所。

礁溪乡的宜兰县卫生局（加上户政事务所）的异常外观，在周遭环境中显得像个怪物，以"构筑模糊又不失尺度"的策略介入这正面临街、侧面与天主堂教会为邻的基地，这个"痉挛"的房子以一条斑驳色带由侧面三楼流荡到二楼，再卷往正面，被包卷的立面不规则倾斜或变换材料，外露柱子倾斜、岔开、跨立到不同高度的地面，门窗就随着体量的变形开设，流线也依楼梯，沿着起伏的扶手栏杆，经由室外再爬上屋顶，屋顶像是山头，与市街外云雾笼罩的山峦相对而看。

如此对周遭环境的扰动真是"积乱之后、振之以猛"，对四周大家已经习以为常的环境、生活以及价值观念等，开了一个美学的玩笑，以"这是什么玩意，还居然被真的盖起来"的耳语，去颠覆所有临街房子的秩序观，让大家不得不认真思考，这个小镇的环境改造一定还有可以做梦的空间。

宜兰三星乡圣嘉民启智及中心教养院多了些村子的气氛，是什么构成一个村子的气氛呢？这个中心是一个庇护机构，如何做到"去机构"也"去庇护"，而让它像个"家"？黄声远团队用14年的时间，为这个问题寻找答案，而答案其实就是因为有这十多年。用十多年来设计一个机构，就可能达成反机构的意图，就有可能将一个庇护所做成一个家。

很多事情是必须用时间才能换来的，时间编织出一个村子的纹理。有人说一条街是设计不来的，街只会自己长出来。所以，要设计一条街或一个村子，就要用"非设计"的方式。村子里住的多是平凡人，那就不怕加上一些平凡元素；村子里不会有标准单元，村子没有树枝状层级管理组织。在这个作品里，黄声远突破了"部分—整体"复数集合思考模式，试验出另一种几乎设计不出来的集合关系。

3 网结建筑—城市—生活—地景

宜兰市社会福利大楼西北侧迎向从宜兰河入城的人车流线，有着错落突显的红砖体量，与周边小区的民房相协调。面向主要街道配置有桥、梯、廊、池、广场，形成轻松多样的亲切合院格局，但在东北角落，三楼表演厅却以折曲的大屋顶破势而出，是一个充满戏剧性的刻意安排的"意外"焦点。于是，新的公共性以多样"演出"的方式呈现，它所表达出来的是一种复合性表情——像是一种表演式的纪念性。

黄声远再继续争取往河边蔓延，以桥的形式漫步在街道上方，越过环河道路，在车道上方抖动出一座痉挛的"桥亭"（或称西堤屋桥）——一座飘浮在车道上空的塑性装置，然后再被锚固成河堤上的三层高的眺望塔。如此一来，借着这"桥—亭—塔"的蔓

现场照片

延，以全新的身体移动与驻留体验，再现了早先兰阳八景之一的"西堤晚眺"情境。

往相反方向，黄声远又找到原有岳飞庙旁空地的再公共化的发展机会，这是旧宜兰城的城墙遗址旁一块原来权属复杂的土地，委托黄声远将其设计为"杨士芳纪念林园"，内部是两个错开排列的矩形广场，各为一硬（石材）一软（草坪）铺面，外部则是可重现旧城墙记忆的沿路弧形地景。然后他再与所有位于林园到社福大楼间的"光大巷"居民沟通，修整他们家后的凌乱空间，并说服邻接巷道的台电公司拆除高墙，让公司的绿地开敞形成一个新尺度来与居民分享。

从社福大楼到杨士芳公园、又从社福大楼拉出步行桥到宜兰河边眺望塔，黄声远在21世纪开始时，就在跨越宜兰河的混凝土大桥边设计建造一座附挂的轻便人行桥，这是一系列蔓生的流动形态构成，形成一种地形学的构筑复合体（topographic-tectonic complex），衔接起宜兰城的历史与自然向度；在实质生活面上，更要把被汽车与速度割裂的城市碎片再拼凑回来，希望找回步行的生活节奏。这显露出为最下层小市民再造公共空间的专业热情——贴近平民生活末梢、而又在这末梢处预见新的邻里公共性的萌发。

4 建造地景城市

与此同时，宜兰城也在进行一项具有高度地方共识的"兰城新月"计划。为了迎接高速流动时代的来临，宜兰县政府于20世纪80年代即着手改造宜兰城南的半月形公共设施用地，计划移出区内的县政府、监狱等大型设施，于公园内兴建演艺厅，并再更新利用火车站仓库、酒厂厂房等。这项强化城市中心的计划，除激活中心区商业机能外，也希望旧城区持续保有文化魅力，以防止台北—宜兰间高速公路开通后，旧城传统生活纹理与尺度被快速商业炒作，从而被稀释或替换掉。

黄声远的田中央团队设计完成的宜兰火车站"丢丢铜计划"，包括车站前大铁树棚子及车站仓库再利

用，使这里成为更有魅力的行人与自行车族活动场所。他还进行了小学步道规划，并在旧城南路上将旧银行改建为博物馆，还加上兰阳酒厂改造，如此向经过绿化的宜兰河边堤岸延伸。

正在进行中的宜兰护城河再现设计，使被覆盖了半个世纪的水道重见天日。这项计划的执行成为一个分水岭，因为它将之前在"兰城新月"范围内的各个已完成部分串接兜拢在一起，一个新的都市尺度被开发出来。虽说是将旧的护城河恢复回来，但此水已非昔水，可以预期宜兰人将迎接一种新的由"宜人"地景所带来的都市体验。

田中央团队在2010年归结出从宜兰河长出生命树的隐喻，社福大楼—光大巷—杨士芳林园这一脉是第一棵树，"兰城新月"是第二棵树，他们从宜兰河边再拉出一脉由学校校园衔接起来的通学步道，成为他们为宜兰城"种"的第三棵树。他们说服各个学校拆除围墙，设计出更开放更受欢迎的步道，成为城市生活的绿色新动脉。

在宜兰南边的罗东镇上，"罗东林场"是一处超级地景化的都市公共活动场，黄声远以近十年的时间建造起超大棚子，再完成一条悬浮空中的超大管子，现正在建造隆起成一堆的展览馆。他从基地里引水进来，让人们在水上搭起的跑道上跑步，与旁边小学间没有隔墙，连成一片。然后，他再找出街廓里的弯曲步道，将他在这个镇上的其他建筑项目——镇公所广场与中山公园夜市整建、教会建筑及林业宿舍改造案——联结起来。他似乎总有办法把他的建筑设计在跨越漫长时间的布局思考中，逐渐变成一个整体的城市改造设计案。

5 地景成为新边界

最近，田中央团队提出美福大排水圳地景再造计划，要将9km长的灌溉水圳重新设计为未来的水生活圈。美福大排位于兰阳平原最中心的农业区域，从清代起即是美福地区初具规模的坤圳，也是台湾第一条

钢筋水泥结构的公共坤圳工程。全程各层级的水文地景丰富，包含溪、河、大排、渠道、平行水道、闸门、抽水站、鸟类栖息地、水边聚落等。这条水路贯穿都市、农田与原野，各种地景元素与水利设施密集交织，黄声远计划配合整治水患、防灾、改善水质等工程，从地景尺度上将它改造为都市生活的延伸、环境与产业教育场所、水边通学小径、自行车路网、划船体验水道、赏鸟活动区等。

他也提出北宜兰沿海地区的得子口溪水网整治改造计划，将山海之间的平原聚落与水文系统整合思考，再利用溪流水路与养殖鱼堰池，进行大区域的地景整理与生活产业转型规划。噶玛兰水路——水系计划更是针对兰阳平原上主要溪流——兰阳溪、宜兰河与冬山河的更大胆的提案，在近出海口处发展团体游客水路，走大船；在河道较窄处发展散客水路，走小船；希望深入地将水的记忆恢复到沿岸回游的经验，还更追回到泛舟的可能性。

另一方面，最近完成的樱花陵园却是坐落在山巅上的公墓设计，田中央团队以顺着等高线的方式分区配置，规则排列的骨灰匣成U字形小区间隔开，再以水平混凝土板连结成更大区间，一层层地依着地形成列展开。有时可走在这飘浮的顶板上，俯瞰兰阳平原，更可远眺太平洋以及海上的龟山岛。目前，这处陵园已经成为年轻人相约露营的热门景点，田中央的设计成功地挑战了传统的禁忌。

在进入陵园前，田中央团队"顺便"也设计完成了一座跨越山谷的桥，这座桥不是一片平板桥横跨两端，也不只是连续的二维弧面，而是有着强烈突显的、翻扭卷曲的三维"胴体"形象。这群山万壑间的混凝土栈道，除主桥面供车辆通行外，桥体弧面变化沿着两条步行流线的行进渐变，让人边走边进入混凝土胴体的变化当中。而且混凝土表面质感粗砺，除留下模板的木纹质感外，还错落排列一些整块模板大小的凹面，增加与天然山岩表面的对话强度。

"山—海—水—天"，城乡与田野，加上随处皆可见到的龟山岛，形成宜兰的地理叙事脚本。黄声远与他的田中央伙伴，正将他们的建筑实践扩展到更宽阔的山顶与平原上的溪流、水圳。对他们而言，建筑的新边界正以地景的形式浮现出来。

6 走向批判的田园主义

这个团队正在进行一项具有高度挑战性的尝试：建筑若不被设限，将可以到达哪里？建筑若不只是房子，不只是新建、拆、改、增建，不限于特定时间内完成，不限于城市设计，不限于地景再造——建筑可以成为什么？ 当建筑可以是棚子，可以是机堡，可以是桥，可以是步道，可以是自行车道，可以是厕所，可以是闸门，可以是公墓，可以是河流时，当它们都被赋予建筑的质量，甚至还获得建筑奖时，这时的建筑到底成为了什么？

这件事情发生在宜兰，对全台湾的现代化经验却形成一种批判，这种田园主义不是乡愁，不愿怀旧，只想拥抱大地，健康地对待环境，并且乐观前行。这样的批判性田园主义质问： 到底是"谁"的田园？乡村田野只能是都市中产阶级的休闲背景，或只是都市人算计的体验经济的消费场所？为什么不能就是世代定居在此的人们的田园？

批判的田园主义与景观都市主义（Landscape Urbanism）最大的不同在于，它彻底放弃以都市为本位的思考模式，而以大地环境为本位来思考城乡的未来可能性，它以开放的态度看待城市与乡村之间的非城非乡、亦城亦乡的田园或郊野区域，这种未名、无名状态的土地，正需要一种全新定义的建筑来撩拨它、来试探它的新机会。

宜兰这30年来的发展经验，正是低密度开发地区企盼往高度开发状态转型的极佳借鉴，今天，世界面对极端的地球环境转变与人类生活方式调整，落后与进步的价值判断可能在一夕间幡然改变。相对台湾西部的工业化与都市化，原本落后的宜兰，在21世纪的环境优先的发展评价标准上，被重新发现拥有不可替代的绿色资本。

今天的建筑可以感动人到什么程度？黄声远的田中央团队以不到20年的在地实践，终于摸索到宜兰大地经过几个世代所孕育的文化母体（matrix）。这大地母体始终是活的、开放的、成长的结构，总是不停地进行新陈代谢。它的基因本质不变，所以总是维持着可被辨认的文化基调，但外观面貌却永远不停地在变化，永远不排斥新成分。因此，对于现状，母体永远保有着一股新的批判力量，这是建筑师面临的挑战，也是愿景所在之处。

智能城市：成都
Smart City Chengdu

CHORA（英国）
CHORA（UK）

作品名称：智能城市：成都
参展建筑师（机构）：CHORA（英国）
关键词：智能城市；低碳；催化器

Raoul Bunschoten（白瑞华），CHORA的创始人，柏林工业大学可持续规划和城市设计教授，同时在伦敦城市大学担任高级讲师。他的研究主要包括城市策略与低碳城市总体规划等，并出版了有关城市理论的书籍。

1 背景介绍

2011年3月，中华人民共和国发布了"十二五"规划，气候变化成为其中的关键词，并对相关的城市规定了明确的目标。规划中提到，计划实现到2015年非化石燃料占一次性能源消耗量的比例降至11.4%，单位GDP中二氧化碳碳排放量下降17%——中国正向着2009年在哥本哈根提出的降低40%～45%碳浓度的计划努力着。这样的环保目标与预计的增长速度（超过9%），使城市尺度的低碳试点项目呼之欲出。

四川的省会成都是"十二五"规划中被提到的几个官方指定的开发区之一。目前，它正是国际大型企业争相投资的热土。英特尔、思科、索尼、富士康（生产苹果产品的厂家）和丰田等企业在此设立了装配和生产基地，而摩托罗拉、爱立信和微软则在成都设有研发中心。戴尔在中国的第二个主要维护运营中心也于2011年在成都开张。AMD（与英特尔并列的芯片制造厂家）也计划在这座城市建立它的研发中心。与此同时，还有由国家投资的生物制药和航天技术的产业园。

成都已成为创新和生产的发电所（以其每月120万台ipad的产量闻名）。商务局预计，成都2011年第三产业增长率将达到13.5%，消费品销量增长率将保持18%，出口增长率将达到44%。这座城市也被《福布斯》评为"未来十年发展最快的城市"，被《望东方周刊》评为"中国最幸福的城市"。到2011年底，成都生产1亿台电子计算机，占全球产量的20%。

历年来，成都的城市发展都是通过从中心向外环状辐射的方式，目前已发展到四环，而五环正在计划之中。二环以内是中心城区，包括公元前331年建造的城墙，其中居住着约96万人，为各环中最拥挤的一片

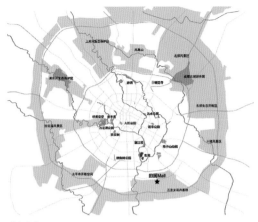

成都市地图

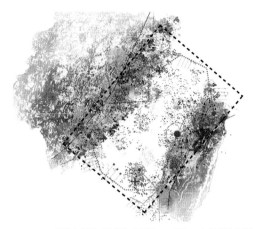

即将出版的《台湾海峡图册——迈向一个低碳孵化器》

区域；三环目前被用作城市交通运输线，四环为绿化带。随着城市人口即将达到1 400万的上限，五环高速公路的规划正处在运筹帷幄之中。内环中拥堵的路况使车辆不得不实行单双号限行制度，以减轻交通的压力。

成都五环的开发提供了一个良机。整个城市将因此步入低碳的轨道，摆脱那些停滞和笨重的公共设施。如今，建设如此大尺度的高速公路必须考虑国家规定的生态和环保目标。在50年内，由电力驱动且拥有智能导航系统的汽车将成为交通的主流。这预示着一个智能化的、可随时间更新和扩展的公共设施的出现，使人们能跟上城市发展的脚步。

一个真正智能的低碳策略的实现不只需要依靠科技、适应性和政策，还必须与新的生活方式相结合——一种产生于前述的成都、与中国发展同步的生活方式。GDP的增长创造了一个崭新的中国社会，使人们的生活方式焕然一新，这本身就能成为一种智能的生活方式。一座智能城市可以通过智能的公共设施整合所有系统达到这个目的。

五环的整体发展策略可以整合自然和城市、市区和郊区、高科技与低技术、内敛与外扩等，自然可以看做是一种资源——既是心理（康复与休闲）上的，又是技术（生物、水体等）上的。

上述因素意味着一个完美的乌托邦城市。通过审视西方的乌托邦可以发现，这种新的生活方式可以与新的建筑形式相结合。这样的建筑必须通过创造与人们相关的文化、社会和经济认同来起到示范作用。它的核心是设计，而不仅仅是计划。

2 公共设施的乌托邦

20世纪的思想家们构想的乌托邦中就有这样的例子——不断变化的公共设施、城市结构、生活方式和观念。下面通过三个实例来说明这样的规划如何在乌托邦中实施。

2.1 安德里亚·布朗齐——弱城市

安德里亚·布朗齐（Andrea Branzi）虚构了"弱城市"这一词汇来与他所见的现代主义强有力的、明确的规划法案相对抗。布朗齐重申了"变化中的公共设施"的理念，并认为：对于无法预知的问题，一个一劳永逸的解决方案是不自然的。更明智的做法是，创造灵活可变的、非永久的、过程化的方案——能够自身进化，倒退，最终衰亡。

使用"可在不同尺度升降、旋转的组件"这一理念通过他在2010年威尼斯双年展上展出的装置被表现出来——"为新雅典宪章而提的十条建议"，其中包括：

（1）作为一个高科技贫民窟的城市；

（2）作为每20m²一个电子计算机的城市；

（3）作为宇宙的客厅的城市；

（4）被一个大的空调系统覆盖的城市；

（5）作为基因实验室的城市；

（6）作为浮游生物的城市；

（7）"弱城市"的研究模型；

（8）消融和可跨越的边界；

（9）可拆卸的轻质公共设施；

（10）通过微小的物体实现巨大的转变。

布朗齐是智能公共设施最初的倡导者之一。虽然采用的是低技术的手段，但他激励了建筑师、设计师和规划师们思考城市规划的进化。

2.2 康斯坦的新巴比伦

康斯坦·纽文海斯（Constant Nieuwenhuys）经过20年的研究，为荷兰发展了他的乌托邦观点：新巴比

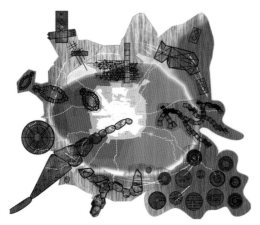

城市乌托邦构想下的智能城市

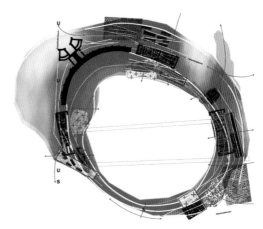

柏林滕珀尔霍夫，2010城市概念竞赛，一等奖滕珀尔霍夫机场将成为社区空间以及能源工厂

伦。实现新巴比伦的可能性取决于两个假设：土地社会化和生产完全自动化。康斯坦设想了一个全新的世界秩序，人们可以自由地进行社会活动。

在新巴比伦里，居民无需工作，过着游牧式的、没有历史背景的生活，一个人可以随心所欲地、最大限度地发挥自己的创造力——被称为"游戏者"（Homo Ludens）。

康斯坦的新巴比伦展现了一个由一系列单元组成的网络——一个"游牧者的帐篷"。这些被称为"分区"（sector）的基本单元从建构的角度上看是各自独立的，并且漂浮在现存的城市之上。地面主要由未经开发的空间构成，可以起到快速交通道路的作用。这样就建立了一套立体的层次，构成了整个空间的布局。

那些"自由的人们"必须对这种娱乐、冒险和机动的需求作出回应。这样的时空自由度形成了一种新的城市。人与人、人与物之间没有任何联系，在时空之中独立地任意穿梭，在他需要时使用这些"分区"，或把对这些"分区"的使用作为一种需求。航空是这种迅捷的运输要求的一大保障。

对非创造性但必需的产品的自动化生产是创造力自由发展的必要条件。因此，城市的发展是通过机器和机器人来完成的。构筑物都不是永恒不变的，发展是一个不断变化的过程，其中时间因素起到很重要的作用。那些基本单元被制造成平板家具的样式，当需要移动的时候可以随时拆卸与拼装。

就像未来的公共设施一样，康斯坦对"游戏者"的设想也充满了结构上的机动性和灵活性。正如他在设定的案例中说，乌托邦的公共设施可以随着社会和环境的需求在移动性、庇护性、能源产生和水处理等功能之间转化。

2.3 塞德里克·普莱斯——"陶思带"

普莱斯彻底重新思考了大学的本质内涵，设想了一个利用衰落的工业区内的公共设施构建可服务2万名学生的、可移动的知识宝库。普莱斯的提案将废弃的斯塔福德郡（UK）的陶器厂改造成一个提供高等教育的场所，以回应20世纪60年代期间大学校园的大量涌现。当地的失业现状、一个停滞的住宅项目、一段鸡肋的铁轨、大片未使用的空地、主要由煤矿和黏土矿坑组成的不牢固的土地和国家对科学家和工程师的需求——这些因素都促成了这项提案的诞生。位于铁轨之上的建筑，为那些对教育机构的需求提供了解决方案，营造了一个大范围的学习社区，同时也挽救了陶器厂在经济和社会两方面的崩溃，促进了经济增长。

"陶思带"在曾经生机勃勃的斯塔福德陶器厂中占地100m²。它被设计为一个可以无限延伸的网络以适应中心化的校园模式。支撑这一网络的框架是一套拥有100年历史的铁轨系统——这片废弃的铁轨如今承担人们在住区和学习区之间往返的运输工作。车厢是移动的教学单元——它们的使用寿命是有限的，将源源不断进行新陈代谢。铁轨和道路系统运载人们穿越这片区域，使教学单元能如需传输至各地。"陶思带"同时也促进了衰退的工业区的经济增长。

上述所有概念为城市这一全局性的项目铺平了道路。其适应性和多功能的结构也为低碳策略打下了基础——这一切都对成都五环的改革十分重要。

3 低碳计划

像这样的一个试点工程的基本原则是"领域"（territory），或限定域（liminal body），通常是关于两个或多个街区在一个充满张力、繁荣而重叠的区域相交的情形。在这个领域之上的是元空间

现场照片

(metaspace)，一个通过名为"城市走廊"（the Urban Gallery）的工具组将两边的社区连成综合体。

孵化器是新理念的出生地和新兴企业接受考验和证明的地方。成功者被激活，失败者被抛弃。关键的因素是，他们共享空间和资源，以相互借鉴、相互影响、共同发展。他们之间存在竞争的天性，同时也存在偶然的相互联系——这些联系对任何种类的孵化器都很重要。

领域和复杂性是低碳计划能够兴旺的必要条件。在这里，"领域"是指分隔城市生活和农村生活的五环范围，而"复杂性"是指公共设施的规划与实施。

下面介绍一些其他使用孵化器概念的城市设计项目，包括柏林滕珀尔霍夫的能源孵化器和台湾海峡的低碳智能城市孵化器。

3.1 柏林滕珀尔霍夫

由于空间尺度和历史上的重要性，原滕珀尔霍夫机场具有得天独厚的机会来展示我们未来城市的面貌：低能耗的结构、生产能源的系统和智能化的网络。

Chora提出了一个环绕中央公园的新型景观方案：在这个空间中，科技与自然融合，通过一系列不同的科技进行能源生产，同时进行学习与实验。

在国际建筑展的背景下，位于这条景观带周围的新城市中心蓬勃发展。提案的核心是创造一个创新的管理工具，将各种各样的居民和利益相关者的参与考虑在内。这一工具会不断进行动态调整，以实现能源生产这一伟大的目标。滕珀尔霍夫成为一个供人们交往的公共空间，同时为邻近地区提供能源，并且彻底实现了德国政府降低二氧化碳排放量的目标。

滕珀尔霍夫机场会成为一座通往未来美好愿景的桥梁——它向我们展示了低能耗和低碳排放量在一座城市中如何运作，如何为当地居民提供高质量的生活并成为城市希望和复兴的标志。我们的提案将地区特色和增值步骤结合起来——它们可以分别通过与当地社区和其他利益相关团体谈判来建立一套过程性的发展方案，一套不是凌驾于任何人之上而是邀请人们参与进来的方案。这样的发展方案将成为一个参与性的工具。由于它为住宅、城市设施和其他与绿色科技相关的工业提供能量，这一发展方案有潜力成为一个彻底的提案。它展示了一个为整个区域设计的、完整的方案是如何将经济、社会、文化和政治意义移入一个新能源发电厂。这一方案获得了2009年在柏林举办的滕珀尔霍夫城市概念设计竞赛一等奖。

通过一系列既改善当地居民的生活又惠及整个城市，并可以降低德国城市的二氧化碳排放量的措施，滕珀尔霍夫成为一个生产能源的场所。

3.2 台湾海峡

台湾海峡气候变化孵化器关注于海峡两岸两座城市的关系：台中市和厦门市。它们正齐心协力创造一个研究可再生能源和提高能源效率的试点项目——孵化器。台中市政府已经委任Chora和东南大学通过一个战略性的能源方案实现了这一孵化器项目的第一步。这一方案关注于发布规划和建设的新政策和法规。这两座城市都可以将这些政策转为强制性规定。

这一低碳城市的孵化器是一个为低碳方案量身定做的前瞻性提案。它将与两地的几个试点项目一起于2012年年初在《台湾海峡图册——迈向一个低碳孵化器》（*Taiwan Strait Atlas – Towards a low carbon incubator*）中出版。这一试点项目的真实性在于其限定域，即指的是福建和台湾之间的海峡。在这一人为的边界之上存在着人与人之间的交往，它促进了中国内地和台湾的贸易增长（2010年度的跨海峡贸易额增长率为36.9%）。

4 提案

如今，正如前面案例所述，乌托邦城市的定义已经向着低碳的方向前进。这是一个激动人心的想法，无论前方有多少未知的阻碍——中国承诺的降低碳排放量的速率实现起来会十分艰难，它的开端是一个大尺度的试点项目，这个项目将展示创造一个智能城市的可能性。它就像一个雏形，在学习曲线的影响下逐步完善。

五环必须满足四大目标才能成为一个智能城市：一是充分的品牌化；二是空间的明确性；三是占有一系列的流动资源（交通、能源等）；四是必须妥善管理以辅助以上的流动资源。

Chora的提案将五环看作一个雏形，在向外扩张的同时，既可成为一个可再生、高效和高科技的场所，又可成为最终为市中心和高速交通服务的重要公共设施。

成都的五环不可避免地成为生活方式的一道分水岭——自然与城市发展的限定域，因此它有机会成为一个智能城市孵化器。Chora已经开发了一套操作系统以激发和辅助这一"城市走廊"。这是一个计划支持系统，关注于信息管理和行为设定，它具有四个层级。

（1）压力（Pressure）

压力即是发展的动力。目前压力来自于成都的城市扩张和发展，对新的高速公路网络的需求，政府的气候变化目标和成为一个全球试点项目的动力。

（2）工具箱（Toolbox）

工具箱，即智能城市的组成部分——成为一个低碳城市必须采取的措施。智能城市在合适的范围内激活这些成分，以改善它作为低碳方案的状态。

（3）转身（Spin）

"转身"是指方案背后的故事以及故事的讲述方式和听众。它代表了利益相关者，如市政府、省政府、当地社区、新居民、当地投资者和开发商、外地投资者和专家。项目成果的关键在于支持这一项目的开发商。

（4）上台（Onto the Stage）

这里是孵化器的所在地，在本案中指的是成都的五环。它将会被划分成多个区域，在这些区域中，著名建筑师们的乌托邦设想将一一反映在规划中，成为"工具箱"的基础，并可以开始定位目标，释放压力，从而满足利益相关者的需求。

如果一帆风顺，那么成都的五环——"城市走廊"将成为一个国际性的试点孵化器。

5 Chora的CDB 11装置

Chora的CDB 11装置旨在展示和模拟成都的智能城市孵化器以及其对能源使用和碳排放的影响。

在这个装置中，成都五环以网格面的方式呈现，并附有各个区域的乌托邦景象。贯穿整个方案的雏形(prototype)采用一种幽默的繁殖方式——大量的骰子展示出来，骰子的每一个面都标有一个不同的城市雏形。就像一盘麻将的开始一样，骰子被掷到桌面上，代表为五环准备的各式各样的雏形。在这里，它们的位置并不重要，一旦达到临界值或满足有效的政策，雏形就会繁殖，最后达到目标。

这牵涉一个低碳策略得以实现和演示的两个方面。

5.1 复杂性

骰子各个面上的不同标记以及投掷骰子的随机结果确保了大量雏形的产生。

5.2 尺度

为保证雏形的数量达到临界值，骰子的数量将十分庞大。其中一个例子是使用$10m^2$的模型来代表$10\,000m^2$的太阳能板产生新能源。

这些策略和科技的影响力十分重要。它被展示在投影墙上——一是雏形数量的增减，二是一张实时显示在各种气候变化条件下这些变化的图表。这张图表是整个城市的3D动态数据网的一个断面，展示的是空间条件的变化。这些图表试图将碳排放和能源消耗等通常抽象的概念进行可视化展示，并且强调一个智能城市孵化器在这些测量标准下的直接影响。

这个装置的最终形态是一个封闭的空间，游客们可以在此使用骰子将各种雏形在智能城市中分布与传播，同时观察投影仪上的气候变化指示器上显示的潜在变化。

成都智能城市孵化器充当了利益相关者的指南的角色，在低碳科技的帮助下促进资本的增值，并使整个城市实现碳浓度降低的目标。

对于行星田园的讨论
Arguments for a Planetary Garden

斯特凡诺·博埃里（意大利）
Stefano BOERI（Italy）

作品名称：生态米兰

参展建筑师（机构）：斯特凡诺·博埃里（意大利）

关键词：生态多样性；城市；乡村；自然

斯特凡诺·博埃里，生于1956年。他创办了研究机构Multiplicity，并于米兰理工大学教授城市规划。他于2004—2007年在Domus杂志担任主编，并从2007年9月起担任Abitare主编。他的工作室Boeri Architetti致力于当代建筑和城市规划的研究与实践，主要侧重于为欧洲城市地区需要再生或者重建的用地提供新的设计。

1 当今欧洲的景象就像一只巨大的万花筒

城市、自然和耕地再也不能随心所欲地扩张了。在过去的30年中，它们通过一系列的合并与交叉，彻底地将景观的形象转化成大型的同类片段。因为工业离散化和低密度住宅建造对土地要求的推动，城市区域大量扩张——分化成数以千计的片段，并吸纳了乡村和自然的一部分。乡村在城市不加抑制的生长下变得支离破碎，变成了巨大的、单一文化的空间，耕地形式集中，缺乏生物多样性，植物的种类也十分单一。至于自然，海岸线和群山被日渐增长的人造空间包围，在许多情况下成为一种主题公园，但它在城市的去工业化和废弃的区域里找到了一处出人意料的生长空间——在此它可以以一种微小的、野性的、不受控制的存在方式重新安置自己。

就像万花筒中的玻璃碎片一样，当今世界的这三大环境不过是不断变化的表面上的片段。

2 美好的过去已不在

我们能回到那个土地只被划分为几个开阔的大空间的世界，这一怀旧的想法被城市人口日复一日增长的经济需求、文化需求、对移动性的需求和多元化的决定扼杀了。它们将欧洲变为一个由大量人和机构统治的复杂区域。所有的这些与大众共同承担职责这一简单的理念无法并驾齐驱。

如今，这三大环境内随处可见杂乱且被污染的地域：临时性的地景正经历转变，农业用地变成公园或城市的街区，工业区成为绿化广场，院落融入城市，临时的耕地将公共设施清除干净，自然被划分为耕地或牧场，而农村却成为主题自然公园。土地的转化清楚而强烈地反映出如今欧洲社会特有的政治和规划问题，标志着为公共利益进行未来规划的意愿不复存在，标志着与土地相关的公共政策的终结，标志着城市和土地规划这一学科的死亡。

2015世博会作品

这些占据着欧洲空间的临时性的地景产生于当地生产力、下层组织和城市与乡村间的自由贸易，分布零散且没有规律。可以将其看做是欧洲当地社会发展的新模式。

如果它们可以以资源的形式得以管理，这些变化的空间能帮助我们将功能与生态的多样性融入欧洲的历史文脉中。如果将其看做是被全球化激活的本土空间，这些没有明确未来的地景可以用来约束目前变化中的全球性能量。

3 亡羊补牢，为时未晚

此时此地的城市系统正处于生死存亡之际。这一万花筒般的自然景象将以一种相互重叠、相互包含的混乱形态结束，或者它也可以成为一种基于对这三大环境（城市、乡村、自然）的本质重新思考后的新型地理形态——这取决于我们是否率先在欧洲制定一个土地政策：依据每一个范围独有的特点为它们制定新的层级关系，而不管它们在已存在的演变中造成的变化、与其他范围的联系和那些与功能有关的临时性特点。空白的城市空间的再自然化形成绿地，可以成为新的不以人类为中心的城市伦理的温床，而其他的物种在人类的约束之外将重新找回尊严和自主权。对它们自己来说，那些被小尺度的农业活动占据的城市空间可以转化为城市内的零星点缀（小型市政用地、垂直绿化、绿色屋顶等），减少城市的工业气息，增加生态的多样性。那些环绕在城市周围的乡村区域可以成为欧洲各大城市周边的"行星菜园/田园" (Planetary Kitchen Garden/Allotment)。

4 2015年世博会

主题为"滋养地球，为生命加油"（Feeding the Planet,Energy for Life）的2015年世博会关注营养问

"垂直森林"鸟瞰

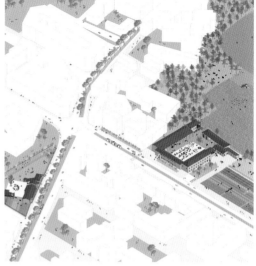

"田园农场"鸟瞰

2015年世博会鸟瞰

题、食品生产的相关政策、食品分配不均和与之相关的种子与所有人的问题。继上海之后，米兰这次世博会允许举办国决定创建一种新型空间来展示和讨论这些问题。这将不再是一系列简单的展馆和商业产品，而是一个浓缩了当今我们这个星球面临的最主要的挑战的场所。在2015年，米兰世博会将在一个大型的"行星菜园/田园"中举办，它将会成为一个地方化的空间，将土地用来展示全世界各地的农业和食物的习俗。在这块小型区域里，来自全球的积极的力量将对饥荒、食物浪费、不平衡和不公正发起挑战。这一挑战结合了富裕国家的科技资源和研究力量与贫穷国家的生态多样性。

"行星菜园/田园"中将展示新科技如何与农产品结合。在"菜园"中将展示各地的美食和烹饪习俗，在"田园"中，农村社区和农业公司将尽显其能，展示营养丰富的农产品。同时还将有大型的温室，其中各种人造的生物气候条件将展示动物学、农业和渔业的科技如何帮助人类战胜饥荒。米兰即将为2015年世博会建造的"行星菜园/田园"将成为一个欧洲高质量乡村生活的雏形——基于当地情形的多面性和全球式的乡村（事实上它也将受到当今在城市区域内进行的不同形式的农业实践的启发），并将推广到全球的城市领域。一种新式的农业即将诞生，它将成为欧洲社会和经济发展典范的重要组成部分。

5 将土地还给世界

这个"行星菜园/田园"不仅将成为一个既吸引人又具有社会功效的场所，还将成为一个启发和激励各地生产力的区域建设工程。都市社区提倡的日常食品生产和加工作为本土农业生产的一方面，将被证明在食物分配领域依然有用。与城市周边绿化项目和既存树林的维护工作相关的政策以及增加木材产量的决定一起为城市中心周边建造新型景观和振兴家具生产业、木材加工业做出贡献。生物质能生产的主体是木材焚烧和生物科技，如今新技术也将刺激新型能源的使用。此外，多功能农业也是阻止这看似不可阻挡的城市扩张的最佳方式。丰富那些可与周边城市交换经济和文化价值的农村形式是重建欧洲城乡关系的重要条件，从那些如今已形成的农村和城市地景的各种各样的元素开始。

由于2015年世博会，米兰将有能力创造世界上第一个"行星菜园/田园"。这将成为一个新型的景观，在盛会结束后仍会被保留，不会增加对它产生破坏或无用的建筑物。2015年世博会对米兰、意大利乃至欧洲的伟大贡献在于它将创造它将一个新型都市田园的雏形：一个独特的、革命性的实验场所——也将改变世界上许多其他城市的未来。

居住·食品·农业·生产·丰富的城市生活
Housing/food/agriculture/production/dense · urban living

MVRDV (荷兰)
MVRDV (Netherlands)

作品名称：居住·食品·农业·生产·丰富的城市生活
参展建筑师（机构）：MVRDV（荷兰）
关键词：食品；农业；生产；高密度城市居住

MVRDV 建筑设计事务所是由 Winy Maas、Jacob van Rijs 和 Nathalie de Vries 于1993年在荷兰鹿特丹建立。MVRDV在全球范围内，为当代建筑以及城市问题提供解决方案。

项目陈述：

1 市场大厅

市场大厅位于鹿特丹的发祥地，靠近古老的劳伦斯教堂，将成为一个新的都市类型。市场大厅是一个可持续发展的食品、休闲、居住和停车等活动的集合体。通过全面整合，以便利用各种不同功能的协同效应，这是一个从住房派生出来的公共建筑。

这是一个由228个单元组成的拱形建筑，其中102个单元用于出租，建成后将会创造出一个巨大的大厅，可容纳100个市场铺位、商店和餐馆以及1 200个停车位和一个地下超市。这些单元将有各自朝向外面的阳台和一扇朝向市场内部的窗户，并具有隔音隔热的效果。前后各40m高的天井将由一个灵活的悬挂玻璃面盖住，保证最大限度的透明和最低限度的建筑结构。拱形建筑的内部装潢将展示市场产品。

该项目是第二次世界大战后鹿特丹市中心复兴工程的一部分。开发商Provast负责修建这座建筑，Unibail Rodamco对商店和餐馆投资，住房集团Vesteda将成为出租单元的物业管理，让建筑成为城市整体的一部分。

2 食品生产

2.1 猪城（研究项目，2001）

根据1999年的统计，在荷兰住着1 550万人和1 520万头猪。它们总共占用了16 400座养猪场。其中，75%的养猪场位于上艾瑟尔省（Overijssel）、海尔德兰省（Gelderland）和北勃拉帮特（North Brabant）。如果这些养猪场分布均匀，那么荷兰境内每隔1.6km就会有一座养猪场。我们为未来养猪业设想了一种全然不同的场景。考虑到欧盟有机农业建议以及当前体系的

市场大厅（鹿特丹2014）

效率低下，我们设计了一座有机的养猪场，为猪的居住提供了诸多福利，空间更加充裕、以组团方式放养在自然的尺度中、享受更好的设施以及舒适的环境。在居住之外，一般还需要医疗保障、食物供给、娱乐以及监督管理，所有这些在提案中都得到了强调。在此基础上，得出了基本的有机养猪场模型。

功能以及所需面积：

交配区 81m²；

待产区 972m²；

分娩室 567m²；

专家中心 81m²；

小猪宅基地 567m²；

猪肉贮藏区 3969m²；

医院 162m²；

员工区 162m²；

麦地（室外） 729m²；

交通区域 1 008m²；

建筑面积 8 298m²。

基础养猪场解决的是福利问题，但是它怎样适应当前的交通运输、土地使用以及环境呢？所以我们试着把交通运输从猪肉生产链中剔除。当然，这只有在所有生产和屠宰的环节都集中在同一地点时才有可能实现。接下来，我们计划以一种共生的模式改变现有的集约型工业，以削减其对于土地资源的消耗。

我们需要从整个生猪生产环节的商业因素，即屠宰场的部分开始。一座屠宰场必须在生猪身上获取利益。由此，我们可以借助这样的商业效益，并以当下生猪生产作为参照系构造一个新的养猪场体系，让所有的猪肉生产都在屠宰场一处得到解决。

通过在屠宰场上层叠所需数量的养猪场，运输

城猪项目（2001年）   猪城项目（2009年）

的问题就可以集中在电梯上解决。由此我们减少了发病的可能性以及运输的成本。除此之外，由于尺度带来的优势，可以将所有副产品组织成为一个更好的系统。例如，可以进一步设置肥料生产、食品生产以及能源系统等环节。这样，整个系统在食品安全、环境以及产品质量等方面都能更好地运作。

猪塔总高为662m，由以下内容构成：

100m高的储气罐和肥料贮仓；

50m高的水产品生产间；

20m高的谷仓；

26m高的气体洗涤设备；

412m高的立体有机农场；

8m高的屠宰场；

6m高的卡车运输层。

为荷兰提供食物

31座猪塔就可以提供整个荷兰所需的猪肉。即使把周边谷物种植用地算在内，这些塔楼也只占用不到5%的国土。

为了将交通运输环节最小化，需要将塔楼设置在靠近城市的地方。每一座塔楼可以提供100万人的食物。这意味着将有10座塔楼位于"绿心"（Green Heart）以内，"绿心"是荷兰西部城市聚集带中的农业用地。而剩下20座塔楼会更加平均地分布在荷兰的其余地方。

为欧洲提供食物

44座猪塔就可以维持当前的猪肉出口量。如果将周边谷物种植用地计算在内，这些塔楼占用大约5%的国土。如果将运输问题最优化，那么这些塔楼需要被设置在靠近港口的地方，例如马斯（Maasvlakte）。想象一下，提供全部生猪出口量的44座塔楼都集中在

一处港口，超过400万头猪居住于此，这是一座名副其实的猪城。

2.2 城猪（研究项目，2009年）

生猪养殖曾经是城市生活的一部分。今天它已经作为一种工业生产被赶出城外，同时也走出了人们的视线和考虑范围。本项目探索了把生猪养殖带回城里的方式，让它可见、透明，并且成为城市生活中生态与自然的组成部分。然而，猪真的可以进城吗？

海牙的总体猪肉消费量

海牙每年消耗41 055t肉食品，按照每人每年平均消费41kg猪肉的数值计算，其中猪肉的消耗量为19 800t。由此，每年有282 900只猪用于满足此项需求。

生猪养殖所需面积

按照生态需求的标准容纳282 900只生猪，所需占地面积为0.6km²。其中包括一个沼气装置、饲料仓库、办公室以及屠宰场，它们加在一起占海牙国土面积的0.7%。

养殖生猪所需耕地总面积

所有生猪在一年内消耗76000t饲料。这就需要142.6 km²耕地，是海牙国土总面积的1.74倍。

养猪场功能规划

以平均每头猪分到2m²的面积计算，一座养猪场所需面积为6 400m²。这样的设置符合生态规范，其中包括一个屠宰场、饲料仓库、沼气设备以及办公室。养殖场同时提供畜栏的空间，容纳妊娠期的母猪、哺乳期的母猪与小猪、断奶的小猪、肉猪以及种猪。

海牙的养猪场总量

基于现在每人每年41kg的猪肉需求，海牙总共需要65座养猪场。如果荷兰的消费者采用更健康的饮食，那么猪肉需求量将减少至每人每年7.6kg。这样，

现场照片

养猪场的总量也减少至12座。

调查研究示范：

堆叠方式

畜栏相互堆叠构成的养殖场减少了占地面积和屋顶面积，因此形成一座紧凑的雕塑，同时也为海牙和布拉班特省（Binckhorst）设立了新的地标。

生猪街区

畜栏在布拉班特省占有一整块区域，并与环境整合在一起。相邻的区域发展成为行人和猪的地带。在其中广泛种植树木和灌木，以阻挡臭味和噪声。养殖猪的畜栏在真正意义上成为城市生活的一部分。相邻街区旨在服务于生猪生产，建筑可以被改造为屠宰场、饲料仓库、肉食品店以及餐馆。

办公楼

生猪养殖同样可以利用既有建筑。例如，空置的写字楼就非常适合为养猪场提供空间。现有的柱网让平面更加开放与灵活，在其中生猪能以更大的组团组织在一起。作为运输通道使用的电梯也是现成的。通过在建筑外部附加坡道，生猪组团可以在楼层之间移动。屠夫以及屠宰设施被设置在底层。周边的建筑可以用作餐馆或商店，销售相关有趣的产品。

3 食品城市（研究项目，2009年）

食品城市的调查对象是食品对文化、相关机构以及城市运作的影响。它展开了一场针对食品价值、食品生产的浪漫图景、具有创造力的城市农民以及城市里的猪的讨论。

这部影片关注全球范围内的食品消费、不同国家的饮食以及生产食品所需的土地，籍此来质疑传统城市农业生产的实效性。

将视野聚焦至海牙，并对它的食品生产办法进行评估。提出的问题是：难道自立的（self-sustaining）城市只是一场梦吗？

4 曼哈顿食品轨迹（研究项目，2009）

如果同时为整个曼哈顿的定居者和访客（包含往返的人与游客）提供食品，总共需要多少空间？如果以美国现有的产量计算，需要150块具有曼哈顿同等规模的土地。

相关的条件如下：

— 基于溶液的粮食生产效率迅速增长；美国航天总署已经实现了6倍于美国平均水平的小麦产量，而另一些粮食的生产效率甚至可以提高10倍。

— 有机的牲畜养殖在提高质量的同时，也提高动物的生活水平。由于美国有机养殖规范没有限定牲畜最低限度的生活面积，在这里采用荷兰的规范。

通过采取这些不一样的养殖办法，食品生产所需的总面积缩减到了曼哈顿规模的46倍。但是这些土地要从哪里找呢？如果将提供全部曼哈顿人食品的生产面积放进一幢塔楼，那么这幢楼的高度至少应该有23英里（36 800m），其中包括动物所需食物的生产。即使免去这一项，这幢楼仍然有8.7英里（13 920m）高。

如果让生产不同食物的塔楼分布在整个岛上——其中包括谷物塔、鸡塔、水果塔、鱼塔——那么自由女神像旁边将出现一座巨型的食品城市。如果要将这些塔楼设置在曼哈顿已有建筑的屋顶上，那么这个城市中每一幢楼都需要增高656层。

这个动画以生产动物食品所需的空间为思考对象，让食品生产为空间带来的巨大影响变得可见。

创意自然
Creative Nature

唐瑞麟（美国）
Paul TANG （USA）

作品名称：创意自然
参展建筑师（机构）：唐瑞麟（美国）| 北京大学 香港大学 逢甲大学 伦敦建筑学院 哥伦比亚大学 加州大学伯克利分校 圣约瑟大学 南加州大学 托尔夸托迪特加大学 多伦多大学
关键词：西安世界园艺博览会；创意；自然

唐瑞麟（Paul Tang），洛杉矶和上海的建言建筑的合伙人，1993年至今任教于美国南加州大学。2001年和2002年入选洛杉矶101位新千年新生代设计师。

当今社会，人类与自然不和谐的、不符合自然规律的相互关系普遍存在。从砍伐森林、筑坝发电，到充斥着工业污染物的空气，这些互动往往意味着破坏。即使破坏性的干预措施被更富有创意的措施取代，这种不和谐的相互关系仍然存在。纵观整个世纪——日本龙安寺、中国拙政园、法国凡尔赛宫、英国邱园、美国中央公园、盖蒂花园和西班牙奎尔公园，他们当初的设计并不是为了对既有环境的赞颂和珍视，而是作为设计者对景观理论及思想的实验和对于当时田园象征手法如何实现的一种思考。自然不仅在物质层面被改变着，同时其在精神层面的含义也已改变，使自然变得不再自然、不再和谐。正如西蒙·沙玛（Simon Schama ）在《景观与记忆》（*Landscape and Memory*）一书中说到："景观和人们的联系是密不可分的，自然决定着人类的性质，同时人类也决定着自然的发展方向。"

"创意自然"接受自然与人类不和谐，不符合自然规律的既有关系作为新景观设计的基础。它通过最大化人们对景观干预的可能性，来尝试重新定义我们的周边环境。该项目表现了人们对于"创意自然"的众多看法和回应，展示了当代景观相当自由和宽广的话语范围。在设计作品中着重探讨的议题包括土地与水的联系、对大自然的感知、区域特性的重新营造、自然与文化的关系、人类工程作为对自然图层的叠加、自然现象作为景观装置的表达形式和生态可持续性等。

这次以"创意自然"为名的展览所展出的作品是专为2011年西安世界园艺博览会设计的，主题为"天人长安，创意自然"。世界园艺博览会管理委员会预留1万平方米的开放空间作为大学创意园设计场地，创意园的设计来自全球顶尖的十所大学：伦敦建筑学院，

创意自然

哥伦比亚大学，逢甲大学，香港大学，北京大学，托尔夸托迪特加大学，加州大学柏克利分校，圣约瑟大学，南加州大学及多伦多大学。

"创意自然"还呈现了来自全球顶尖景观大师们为2011西安世界园艺博览会设计的作品。大师园由北京林业大学景观学系教授及《风景园林》主编王向荣主持。9名世界著名的设计师在9 000m²的空间中呈现了别具特色的9个园林：这些设计师包括多义景观的王向荣，西班牙EMBT的Benedetta Tagliabue，Gross Max的Bridget Baines，Terragram的Vladimir Sitta，Topotek 1的Martin Cano，Mosbach Paysagistes的Catherine Mosbach，Martha Schwartz, Inc.的Martha Schwartz，west 8的Adriaan Geuze和SLA的Stig L. Andersson。大师园中各园林的设计理念与大学创意园中的创意理念相得益彰。

这些大学的学生设计和9位大师的设计通过对中国古典园林历史的借鉴，对当地现场条件和植物资源的分析，以及在文化层面上的积极参与，来展现他们对这块处在六朝古都的特殊场地做出的回应。

"创意自然"给人们带来的认知是展览、实践，还是有历史意义的节点？

创意园将成为永久保留景观，也可能成为景观建筑思潮中有历史意义的代表作，它或许会出现在100年以后的书中供人们研究和讨论，也或许在10年后就被人们遗忘。但是，"创意自然"无疑会将人们引导到理解人与自然关系的一个全新的思想境界。

1 创意园

1.1 西安大学创意园—强化的河畔

英国伦敦建筑学院

Eduardo Rico（指导教师），Jorge Ayala，Minjoo Baek

被强化处理的河畔利用地处水边的优势和特点，探讨关于边缘的处理手法。边缘可以是位于水陆相交处的、严格的线形空间，在这里却是一段液体与固体轮流交替转化的过渡地带。混凝土和木材的基础设施、浮桥、陆地和水生植物，别致的水景，包括池塘和水渠模糊了湖水与庭院的边界。倾斜的空间形式打破了人们所熟悉的水平与纵向空间维度，并突出了整体的不明确性、模糊性以及透明性。由此，园林提供给人们多样的理解方式和体验，鼓励游客参与并丰富庭院的含义。

1.2 生态平台

美国纽约，哥伦比亚大学

Jeffrey Johnson（指导教师），Aidan Flaherty，Danil Nagy

景观设计是一种处于动态的设计，它的形式和想要传达的信息受昼夜更替、季节交替以及年度重要事件的影响。历史上的设计师们都试图"驯服"自然使之形成理想的构造与形式。"生态平台"则是接受由这个地块带来的不确定因素的变化，将之作为设计的重要概念。设计者通过构建一个宜居的滨水平台，创造生物系统多样性极为丰富的湿地。随着季节变化，水位也会随之升降，营造出水与平台间不同的边界形式。最终，植物和野生动物生活在不断适应和改造的过程中，将拥有该地块的"控制权"。

1.3 生态—节气

中国台湾台中市，逢甲大学

Lee Shwu-Ting（指导教师），Wu Chih-Wen，Wu Ming-Chung

相关作品照片

一些景观设计师将太阳视为热及光的代名词，并研究太阳对其设计作品的量化影响效果。"生态—节气"并没有强调太阳从数学量化方面的影响，却将"阴影"作为主要的关注对象。设计通过将影子的角度及长度相叠加，营造了一种基于太阳韵律节奏的形式。设计强调并引用了中国传统的二十四节气。不同的节气代表着不同的事件，例如惊蛰、处暑、大雪等，这些事件和现象使人们通过体验增加了对于节气表以及对天文自然现象的理解。

1.4 风的诗歌

中国香港，香港大学

Matthew Pryor（指导教师），Sissi Xie，Augustine Lam

一个庭园能否代表人们对一座城市环境的感受？"风的诗歌"恰恰为了做到这一点——重新创造香港的活力而设计。城市中恒定的能量流，被表现为不断流动的风。设计中的风车日夜转动，就像香港这座城市本身。设计主要营造荫蔽风和感受风的两种场所。萤火虫灯模仿香港街道的灯光，被雕刻在长椅周围的文字犹如香港路旁的招牌标志。

1.5 编织自然

中国北京，北京大学

Han Xili（指导教师），Tu Yi，Wang Dong

参观者主要通过行走于花园之上或花园周围来感知和体验环境。"编织自然"为人们提供了和花园互动交流的第三种方式。设计者在花园上铺了一层多

功能的薄网，形成一个存在于植物与参观者之间的图层。这个由网组成的平面把人们在花园中的活动转移到上部，照明系统被安置其下，绿色景观系统穿梭其中。通过使用不同尺寸大小的网格，设计者提供了多种活动的可能性，包括休息区、步行路径、休闲区。薄网的设计大大减少了人类活动对景观的负面影响，允许景观自然地成长发展。

1.6 潘帕斯印象

阿根廷布宜诺斯艾利斯，托尔夸托迪特加大学

Sergio Forster（指导教师），Silvestre Borgatello，Carlos Maximiliano，Rosas Arraiano

潘帕斯草原是阿根廷一片非常广阔肥沃的低地，看起来似乎与中国的庭院没有任何共同之处。但是了解它们的人们却能从中获得一种共有的影像——一种基于记忆本源而非仅仅对现实存在的景象的理解。"潘帕斯印象"试图在物理、地理、文化风韵等方面都与阿根廷不尽相同的西安重新创造出潘帕斯草原的感觉。在这里，人们可以行走在蜿蜒的小路上，穿梭于西安当地的高大植物间，光纤维植物在微风中摇曳，就像潘帕斯草原上金光闪闪的麦田一样。

1.7 流园

美国伯克利，加州大学伯克利分校

Karl Kullmann（指导教师），Eustacia Brossart，Amber D. Nelson

有些庭院给观赏者设置了穿过多个景点的单一路径，但是流园给人们提供了一个完全不同的参观方

式。人们可以自由选择参观的路线，同时由此产生不同的经历和感受。人流和水流共同从园林的一处涌进园中。水流沿着水平方向和垂直方向分支，再分支，一直到达多个目的地。参观者可以选择任何一种序列、任何一条路径作为自己的观赏线路。因此，这个作品表达了在当今社会，选择、路线、轨迹、逆转、反复无常已经不是那么单一和直接，这个作品是对生命的隐喻。

1.8 景观城市干预

中国澳门，圣约瑟大学

Filipe Braganca（指导教师），Manuel Correia, Nuno Soares, Nigel Godden, Yves Sonolet

6个世纪以来，澳门已经从一个依赖于自然资源的岛屿聚落转变成与自然环境相脱节的国际化都市。原有的可以代表澳门地域特色的渔村、棚屋、吊桥已被当今的高层赌场和酒店综合体取代和主导。这个名为"景观城市干预"的作品用抽象的景观形式反映了这种自然环境的人文化。庭院中重现了在澳门文化中曾经非常重要的建筑形式——竹制吊桥，引导观者参观庭园。吊桥的设计同时也比喻澳门与中国内地在政治、地理和文化上千丝万缕的联系。

1.9 天空之城

美国洛杉矶，南加州大学

Alexander Robinson（指导教师），Xu Bohua, Wang Rui

景观往往代表了对于自然的理想的美好想象。"天空之城"恰恰诠释了人们对自然的美好憧憬。景观不仅仅反映了文化理解，同时也决定着文化。这个作品折射出天空在文化层面上与生态层面上的内涵，对自然给出了更复杂深入的注解。它的三个主要特色元素——太阳谷、反射花园、云雾园，分别反映了三种人类与天空的关系——直接感知天空，间接反射天空，绿阴云雾荫蔽天空。"天空之城"意在让游客们迷失在"天空"中，通过感受参悟其中蕴藏的意义，思考如何改善人类与自然的关系。

1.10 芳香花园

University of Toronto, Toronto, Canada

Rodolphe el Khoury（指导教师），Drew Adams, James Dixon, Fadi Masoud

"芳香花园"会调动起人所有的感官。进翠的松树林、迷迭香和百里香建立起一个独特的嗅觉世界。当地的针叶林在嗅觉、视觉、触觉上建立了与西安的自然联系。芳香柱中放置来自不同地区的花粉香料，这些地区覆盖了中国的大部分省份。这样，香味通过

人工媒介表达出对自然的特殊关系。"芳香花园"是引人入胜的，同时又是与人亲近的。在夜晚，闪烁的芳香柱营造了令人难忘的景象，微妙的五感体验给人们提供了不一样的经历。

2 大师园

2.1 山之迷径

Benedetta Tagliabue, EMBT, Barcelona, Spain

"山之迷径"是基于中国传统二维山水画而建立起的三维景观空间。该设计利用场地的特殊位置及特点——一处斜坡来表现山水画中的多个图层的关系。一条迷径贯穿了整个庭园，强调了不同的图层。竹篱笆限定了迷径的方向。这种篱笆的形式参考了中国典型的篱笆做法，同时也与2010年上海世博会西班牙馆竹编立面相呼应。所有材料都是因为它们自然的纹理和外观被采用，这样会使花园的人工痕迹看起来尽可能自然。

2.2 植物学家花园

Bridget Baines, Gross Max, Edinburgh, United Kingdom

"植物学家花园"在空间上围合成两个独立的空间，寓意是东方和西方在历史上的交流。一个由陶制墙围砌的前庭是从西安兵马俑中汲取的灵感。这些文物在中国极负盛名，并作为中国符号被世界认知。庭园的内部又有一个院子，院中种植的草木是大不列颠最著名的植物引种家之一——E.H.威尔逊采集过的物种。他早在一百余年前，就来到中国采集了5 000多种植物样本，这些植物彻底地丰富和改变了西方的景观。21世纪初，这些植物的数据都被制成数码植物标签，永久保留下来。在英国皇家植物园中，游客可以通过它们的移动电话查找并了解这些植物的全面信息。

2.3 通道

Vladimir Sitta, Terragram, Surry Hills, Australia

今天，许多城镇居民仍然对花园着迷，尽管他们可能认为永远不可能拥有属于自己的花园。我们周围的环境里出现的混凝土建筑越多，人们对于自然的渴望就越急切。"通道"是一个花园，它时而城市人工化，时而自然化，时而形式规整，时而形式有机。它由一系列墙壁定义的空间组成，大体串联起三个不同形式和主题的空间。墙上的开口能让参观者从中窥视到下一个空间的景色，加强神秘感和好奇的游览经验。一条笔直的路径把游者引向园中的最高潮部分。

2.4 大开挖

Martin Cano, Topotek 1, Hamburg, Germany

孩童时代，大人们会告诉孩子，如果一直挖地洞，就会挖到中国去。这个"世界梦"实际上反映了人类的冒险探索精神和对地球另一端永无止境的好奇心。禁不住设想一下：如果我们一直挖地洞挖到中国去，结果将会怎样？我们创造了挖地洞的结局：即地洞到达中国的那一点。在这个地洞中，我们捕捉到精确的位置，这是世界两端交界的地方，游客在此可想象世界另一端的景象。来自阿根廷、美国、瑞典和德国录制的声音，传给地球另一边的地区和人们，成为他们生活中特殊的乐章。在庭园的形式上，地洞则是我们最终想要达到的目标。然而它的形式，洞从地上裂开，人造草皮的种植比喻着地洞的另一端。

2.5 5号园

Catherine Mosbach，Mosbach Paysagistes，Paris，France

许多园林从很理想、很抽象的概念中产生设计的形式。"5号园"从最具代表性的中国地图展开设计。该项目假定在地块上铺上一层地图。山与水在场地上留下了特殊的痕迹，花园显示了中国传统山水画对其的影响。所谓山水，即是一个"山"和"水"组合成的意象，这两个元素对于中国文化来说非常重要，特别是在西安。这并不意味着花园将中国地图的图景原封不动地再现。相反，自然痕迹与地块中抽象的网格线相互交融，产生了有机的形式。

2.6 迷宫园

Martha Schwartz，Martha Schwartz Partners，Cambridge，USA

"迷宫园"，顾名思义，迷宫成为景观特殊的概念。这个在形式上相对自然而言更强调数理的景观由一系列的游径、开口和死角构成。庭园表明，迷宫形式并不重要，真正的目的是对人们的行为的研究。参观者经过6个种满柳树的砖砌体块，寻找迷宫的出路。在旅途终点，人们会来到一个装满镜子的房间，使他

们产生了彻底迷失的感觉。他们可以通过黑暗的出口走廊返回到迷宫中，观察到其他参观者在未找到出口时对迷宫毫无防备的期待、好奇、失望与愉悦。

2.7 万桥园

Adriaan Geuze，West 8，Rotterdam，The Netherlands

万桥园将一些看似对立的景观融合成一个非常有趣的作品。它打破了人们对材料和形式的一贯思考和理解，从而认为庭园可以从复杂中创造统一。该园由一片竹林、一片典型的中国自然植物与混凝土预制桥梁、橡胶镶饰和红色环氧漆组成。然后，它营造出迷宫和混合观景平台游线，否定了惯用的路径。"万桥园"试图效仿自然山水带给人的视觉、尺度和心理上的冲击力。

2.8 黄土园

Stig L. Andersson，SLA，Copenhagen，Denmark

黄土在自然中可能被人们所忽视，但是，它却是很多艺术创意的来源：雕塑、砖、瓦、陶器和瓷器。此庭园颂扬了黄泥在中华文化中的重要性，并创建一个场所来向其致敬。在中央的较浅的水池中承载了来自中国各地不同的黄土。各种颜色和纹理的泥土形成一个不断变化的核心，因为它们被添加到现有的泥浆中并交替干燥和现场湿润。由于场地的湿度变化，中央黄土地的颜色和质地随之变化，产生出自然和奇妙的效果。9个兵马俑陶俑和3个砖制的供游人休息的地方都表达了对黄土的敬意。

2.9 四体块景观

Wang Xiangrong，Atelier DYJG，Beijing，China

中国园林的诗意特质众所周知。苏州网师园就是一个非常恰当的例子。"四体块景观"也汲取了其中的内涵和概念。庭园通过融合建筑与四合院的概念，和谐完美地诠释着春、夏、秋、冬的气氛。春主题体块布满了白色石子，并提供观赏竹林的视点；夏主题体块中建有葡萄框架；秋主题体块是一个爬满常春藤的石头建筑；冬主题体块覆盖了模拟雪景的白沙。

乡村城市架构
Rural Urban Framework

乔舒亚·博尔乔佛（英）　约翰·林（美）

Joshua BOLCHOVER（UK）　John LIN（USA）

作品名称：乡村城市框架

参展建筑师（机构）：乔舒亚·博尔乔佛 约翰·林

关键词：农村；城市；生态

乡村城市框架是乔舒亚·博尔乔佛和约翰·林联合创办的研究与设计
工作室，宗旨是理解与描述中国过去30年发生的急剧的城市化变革。

　　30年前，珠江三角洲的大部分人口是农民。他们住在简易的民房里，以集体所有的方式占有土地。今天，随着中国经济体制改革带来的巨大转变，农村人口的职业、收入和家庭结构以及他们的生活抱负都已被重塑。这样的变化导致社会阶层更加明确的划分——从富有的开拓者到新兴的中产阶级，再到未经变革、坚持农耕的人们。全新的社会结构的成型也带来全新的空间逻辑，让农村城市的传统二分法不再有效。许多区域的建成形式、密度以及人口构成尽管具有典型的城市特征，但仍然处在农村的范围内。20世纪形成的核心与外围、城市中心与郊区的关系已被这张经由城市化逐层摊开的"地毯"所超越。这并非传统意义上的拓张，甚至也不同于西方常见的、人口从中心迁移至外围的城市现象。因为在此情境之下，农村已成为推动城市不断更新进化的有力的发动机。

　　农村之所以具有如此深远的影响，其原因之一来自户籍政策。每一位公民都必须按照他们的出生地注册为城市或农村户口，而在土地使用权、医疗保障、教育等政策上，这两种户口之间具有明显落差。农村公民对土地的使用权归集体所有，这就意味着在农村的土地开发与城市相比可以更加频繁，也更具投机性；而城市中的土地是经由政府的执行机制预先规划而成的。

　　城市与农村发展进程的内在关联让那些处在转变中的土地成为模糊不定的领域，进而呈现出多样的景观。同时，也正是这些地区处在农民、开发商、当地政府、工厂所有者或外商多方纠葛之下，陷入当地政策、土地所有者、开发权益以及个人地产投资的论战中。这些地区反映出的正是眼下中国持续的经济复兴的临界点——它们让体系之下各种规范的欠缺和

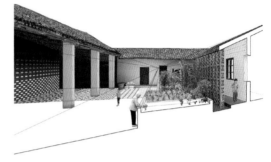

作品图片

漏洞、进行黑市买卖的灰色地带以及处在个人和集体行为之间、个人利益与补偿手段之间的矛盾——浮出水面。它们证明，城市化的特定形式造就了相应的、独有的特征。这些地区总是以中间态呈现：部分已建成，部分废弃，或者部分毁坏。由此看来，它们正是本土文明与全球化经济发展带来的强大力量交锋的例证，因而是具有生命力的。

从广东省的深圳市到琴模村，我们通过在城乡景观之间的穿行收获了许多观察。其中许多事物的邻接都出乎意料：鱼塘和工厂相邻，废弃的住宅隔壁是新建的住宅塔楼，违章搭建的居所紧挨着合法规划的商业区，而耕地的旁边就是高尔夫球场。通过对这些空间产品的研究，界定出五种不同的空间状态：城中村、城郊村、工厂村、钉子村以及乡下村。它们起初并无二致，因为它们都属于农村。

1 城中村

城中村属于一种飞地，是城乡土地权利政策上的差异导致的直接结果。形成深圳这样的城市的动力，一方面来自自上而下的正规程序，另一方面也来自农村的机制。通过企业的开发与投资，城中村描绘了处在广普城市之外的另一种现实——高密度的移民住宅；而像妓院这样的黑市交易常常有其他人种参与其

中。在城市的广普形式像海洋一般扩张的同时，城中村在其中就像岛屿。它们在某种意义上同样折射出中国"一国两制"的政策，就像用于香港和澳门非常规的政治与法律实体那样，它们借助公民权益、土地开发、政治机构、住宅类型以及经济交易的差异得以涌现。由此，正规与非正规这两种体系已经彼此关联，进而形成一种相互依存的关系。

2 城郊村

中国的中产阶级尚未被定义，但可想而知的是，它们不同于西方语境中的相对概念。因为，在1978年以前中国主张人人平等；而在此之后，经济体制的改革让很多人富裕起来，尽管其中出身为农民的一部分人并没有接受过多少教育。

高收入人群的涌现与迅速崛起促成了郊区开发的新类型，例如高尔夫球场、圈起来的封闭领地、主题公园以及大型商场。与城外开发模式不同的是，这些项目都处在城市发展的范围之内。对区域的"好"与"坏"的标准界定已经不再是地产投资的基本动力。而这一类人群生活的方式则对城市演进产生深远的影响，并戏剧性地关系到消费模式、能源消耗以及经济增长。

现场照片

3 工厂村

1978年后，全球工业重新定位在那些有吸引力的和资源丰富的经济特区。工业生产也由此紧紧握住土地和廉价劳动力，结果很多农村以田地换工厂。不同的范畴以及多样的形式让工厂村具有各种规模，从小型村落实体到生产单一产品，如厕纸卷的中型村庄，再到封闭化管理、容纳超过30万工人的城市规模领域。在东莞这样的城市中，城市肌理中不仅仅散布着工厂用地和工人宿舍，还需要接纳新兴的商人这一流动阶层。因此，城市还需要提供五星级酒店、SPA、第二套房产等一系列服务设施。这些城市拥有与伦敦相同规模的人口，却没有市中心和中央商务区，只有呈簇状分布的工厂、酒店、工人住宅以及投资地产。

4 钉子村

在开发过程中，合法的建设活动同样需要不断发展，并与各种全新且不可预见的状况同步。结果是黑市交易和灰色地带不断涌现，并进一步转变为全新的开发项目。尤其是那些原先用于刺激农村市场的机制已经开始与将耕地建成工厂、房产以及高尔夫球场的举措同流合污。由此，借助开发权益、补偿手段以及城乡用地情况本身的模棱两可的状态，那些数不清的握有筹码的人，包括村民、地方政府、开发商以及工厂老板之间展开了一场较量。

在某些地区，这些冲突因为村民对现有补偿手段不满导致双方僵持不下，彼此都在等待最佳时机。结果，耕地变得支离破碎，许多建设工地和新建的房产项目被废弃。

5 乡下村

初看来，位于乡下的村落并未受近30年来大事件的影响而改变，只是新建住宅和不断减少的人口之间的冲突日益显著了。由于青壮年的劳动力都离开当地去工厂寻找机会更好地生活，村子里只剩下老人和儿童。这种状况构成一条经济链将财富重新导向农村，以支持留守人口新建未来的家园。而新建住宅的规模、层数以及用料都将作为家庭经济实力与社会地位的象征。与此同时，土地使用却不需要考虑生产效率，因为耕种已不再是赖以生存的唯一手段。这样，维持着经济改革之前的生产状态又没有家庭的人成为这里最贫穷的人。

这五项分类描绘出一幅正在经历剧变的社会景观图。在这里，城市变革与空间生产的进程是独一无二且前所未见的。本文的意图在于理解这个背景，在它的语境下采取行动，并且思考它在未来有待施展的影响。

有北本风格面貌的站前设计课题
Kitamoto Face Project

犬吠工作室　筑波大学贝岛研究室　东京工业大学塚本研究室(日本)

Atelier Bow-Wow　Kaijima lab. University of Tsukuba　Tsukamoto lab. Tokyo Tech （Japan）

作品名称：有北本风格面貌的站前设计课题
参展建筑师（机构）：犬吠工作室＋筑波大学贝岛研究室＋东京工业大学塚本研究室
关键词：脸；车站大厦

犬吠工作室是塚本由晴和贝岛桃代于1992年在东京合作创立的设计事务所。二人的兴趣非常广泛，包括建筑设计、城市研究和公共艺术创作等。塚本是东京工业大学的副教授。贝岛是筑波大学的副教授。

1 北本市与西口广场

1.1 北本市

人口约7万人的北本市，位于埼玉县中心位置，从新宿乘坐湘南新宿线电车45分钟即可到达。绳文时代，人们就开始在这里定居；江户时代，作为中山道路边驿站发展起来；明治时期，高崎线电车开通；昭和三年（1928年），北本宿站（现在的北本站）建成；昭和四十六年（1971年）11月，正式形成有3.4万人口的北本市。

1.2 从西口广场的诞生到现在

过去，北本站只有东面的入口，西面是广阔的田地。随着北本市西侧的人口增加，在昭和五十年（1975年）建造了桥和西口广场。广场周边只有少许建筑，桥边成为人们逗留的空间。昭和五十二年（1977年）建成桥上的驿馆。平成十四年（2002年），建成有市政服务和店铺功能的车站大楼。另一方面，广场逐渐变小，在大楼与广场之间、广场的斜坡处搭建了阶梯。另外，广场的不对称外形、车站大楼偏南等形式，也能从历史中找到其原因。

1.3 发生变化的北本市

自西口广场诞生历经37年时间至今，城市发生了很大的变化。一方面人口和市区范围逐渐增加，另一方面田地与杂木林面积日趋减少。30年前迁入北本的东京周边企业的上班族一代，正迈入老年。现在人口平衡开始受到破坏，作为可持续发展的城市，建设能够成为人们生活纽带的区域可以说是一个很大的课题。

1.4 象征北本面貌的站前设计课题

从这样的背景开始，象征北本面貌的站前设计课题（以下简称"面貌设计"）开始了。设计需要思考建设一个能够挖掘地域资源和人才，能够让大家聚集

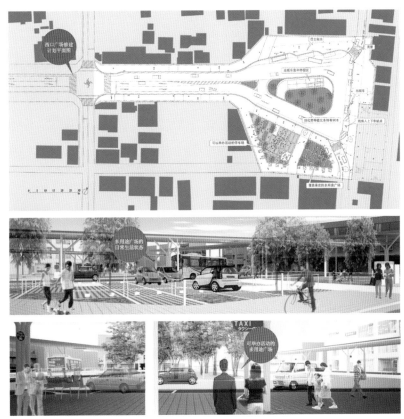

西口广场修建计划平面图与效果图

的，生气勃勃的广场，也要思考如何建立市民与行政机构之间紧密的联系。

2 西口广场修复计划的概念

2.1 面貌象征整体

车站是当地人迎来送往的场所，是招待外来人员的城市大门。"安心"、"有着故乡的感觉"、"地域的面貌"的站前广场该是怎样的？就像人的面貌能够表现一个人的举止和修为一样，在设计面貌之前，需要从城市整体开始调查研究。

2.2 作为面貌的绿化带——北本根株

直到现在，在北本还大量残留着武藏野都少有的平地林，高埼线沿线也有平地林作为公园遗留下来。

我们要积极捉住这样的特征，让它成为城市的面貌，就像过去将杂木林与农家生活相结合制作美丽的

风景一样。设计产生了这样的想法：在作为交通转盘中的绿化带里移植杂木林的木株，让大家进行培育。

2.3 从东京时间到北本时间

约占1/3的人口会使用北本站的西口广场，虽然早晚上下班高峰时间会比较拥挤，但其余时间均比较空闲。今后城市迎接超高龄社会时，车站的使用方法也会逐渐发生变化。不像在东京时人们匆匆走过，而是可以在这里获取城市的信息，与人们互相交流。只有在自然条件丰富的北本才有这样的时间，迎接人们在宽阔舒适的西口广场里追求一种新生。不是吗？

2.4 从交通到交流

对作为北本面貌的站前广场来说，应重新考虑车道和人行道的平衡。在将巴士、出租车、一般车辆的上下空间集约起来的同时，如何确保人们的集会场所成为主题？设计深入讨论和考虑了车道和人行道连接

现场展览

长度的花瓣方案、确保巴士足够的转弯空间的紧凑方案，进入西口广场的道路、停车场和出租车停车点的有无等可能性。

2.5 作为城市标志的广场

在这样的背景下诞生的多用途广场里，出现了提供城市情报的报亭、咖啡厅及平日购物、人来人往的等候场所，周末可以举办由市民团体等组织召开的各种活动。广场发挥着能够在每个季节都可以观看到市民活动的标志性作用。

2.6 迎送人们 的三个屋顶

将连接着交通转盘三边的人行道用长且宽大的屋顶盖住。在屋顶转化成雨篷的同时，也成为通往商店街的大门。顶棚由温暖的木板铺成，交叉路口附近开着透亮的窗户，立柱像簇拥的树木一样支撑着这些屋顶。

3 为成为面貌而进行的整体调查

3.1 交通调查

设计者从来到广场的目的、车站的利用状况、停车场利用的时间变化、北本站的迎送、雨天时的利用状况、北本站周边的停车场、北本特有的自行车停车场类型等多个方面，对西口广场的现状进行了交通调查。

3.2 商业调查

西口广场在城市中心地区。设计者把城市中心街区的特征与步行街的特征进行比较，并对北本特有的商店街类型、农家地区的无人蔬菜贩卖场所、具有北本风格的生鲜市场的开办方法等进行了调查。

3.3 照明调查

西口广场不仅仅在白天迎接着人们，在夜晚也迎接着人们，那时就需要必要的照明设计。设计者对该如何通过城市的光来制作欢迎人们的面貌，在城市中进行了实际的照明实验。

3.4 绿化调查

在绿化调查里，设计者对北本的绿化进行了各种各样丰富的考察。其中有关于杂木林的变化状况及其原因的调查，并提出了在广场设立新的绿色面貌的"北本根株"方案。

3.5 公共设施设计调查

为了设计简单易用、为大家服务的广场，设计者召开了关于北本的公共设施设计的研究会。

3.6 市民活动调查

北本有各种各样的市民活动团体。设计者一边介绍有关的活动，一边从关于西口广场活动可能性的意见中听取公众对广场使用的想法。

TAO建筑实践——还原与呈现
TAO's Practice: Origin and Presence

华黎 | TAO迹·建筑

HUA Li | TAO (Trace Architecture Office)

作品名称：TAO建筑实践——还原与呈现

参展建筑师（机构）：华黎 | TAO迹·建筑

关键词：田园精神；形式与建造；还原与呈现

华黎，TAO迹·建筑事务所主持建筑师，曾工作于纽约Westfourth Architecture和Herbert Beckhard & Frank Richland建筑设计事务所，2003年回到北京开始建筑实践，合作成立UAS普筑设计事务所。2009年创立TAO，从事建筑、城市、景观及家具设计工作。

1 田园——真实自由之路

田园是一种返璞归真的状态，还原事物本来面目的状态。它是一个去符号化的过程和一种抵抗异化与分裂的手段。田园不是概念的堆砌，而是事实本身。田园是一种发现，而非粉饰。

田园是一种自由精神，但不是浪漫主义，是对人作为独立个体的尊重，解除权威枷锁的奴役，而重新获得创造力的机会。田园可以让我们跳出资本、消费、话语、体制等圈套和陷阱，重新审视事实。

因此，田园并不限于场地或物理空间的概念，而更多是一种精神状态。身处城市，人亦有可能达到田园的状态，而不一定非要采菊东篱下；而身处看似田园的环境中，亦有可能并不真正自由，反成为欲望的奴隶。

建筑与田园的交集因而呈现在其精神层面，而非地理位置。城市建筑可以是田园的乡村或田野建筑反而不一定是田园的。建筑的田园精神状态或许可以理解为双重含义：还原并呈现真实，以抗拒事物意义的错位和乱用；对权威心存警惕，以避免进入无意识状态的媚俗和盲从。

2 "物/我"——形之上下

"物／我"可以理解为形而下和形而上，"物我之境"不割裂形而上和形而下的关系。形而上并不具有天生的道德优势，形而下往往蕴藏了朴素的真理。在建筑中，形式是形而上的，建造是形而下的。从建筑角度的"物我合一"之境即是不割裂形式与建造的关系。抽离了作为物质基础的建造内涵的形式营造，必然丧失其与现实的内在联系，走向纯然的诗化，这种不接地气的"我"境对社会只能从美学层面建立文

高黎贡手工造纸博物馆

水边会所夜景

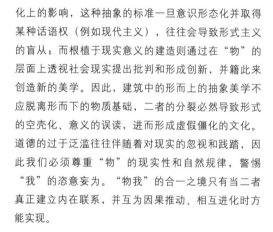

四川孝泉民族小学

水边会所

化上的影响，这种抽象的标准一旦意识形态化并取得某种话语权（例如现代主义），往往会导致形式主义的盲从；而根植于现实意义的建造则通过在"物"的层面上透视社会现实提出批判和形成创新，并籍此来创造新的美学。因此，建筑中的形而上的抽象美学不应脱离形而下的物质基础，二者的分裂必然导致形式的空壳化、意义的误读，进而形成虚假僵化的文化。道德的过于泛滥往往伴随着对现实的忽视和践踏，因此我们必须尊重"物"的现实性和自然规律，警惕"我"的恣意妄为。"物我"的合一之境只有当二者真正建立内在联系，并互为因果推动、相互进化时方能实现。

3 乡村与城市——重与轻

当下的中国乡村并不等同于田园，将乡村视为田园仅是一种带有浪漫色彩的诗化。乡村相对于城市是"重"的，"重"是接近真实的，但没有太多选择的自由，被束缚于土地之上。城市相对于乡村是"轻"的，看起来有很多方式可以选择，但实际上却很浮、很空、转瞬即逝。从另一个角度看，乡村又是轻的，它对于环境是尊重的，对自然规律是"知天命"式的遵从，是注重可循环和可持续的；城市是重的，它是傲慢的，基于不断扩张的欲望而蛮横武断地为所欲为，对环境持续地留下不可修复的影响。

城市与乡村的结合将具有重要意义，乡村通过交换将享受更多生活的可能，城市通过回归土地将找回失去的真实；乡村可以给人类发展提供休养生息的

广袤空间，城市可以学到如何控制人的欲望并保持与自然的平衡。这一结合将带来我们理想中的"田园城市"——内在融合的田园城市，其真正意义当然不在于只是田园要素与城市要素在表象上的混合，而在于一种健康的、公平有效的内在机制的建立，促使城市乡村通过互惠互利而共同迸发新的活力。

4 TAO的建筑实践——探索田园／物我之境的可能性
4.1 云南高黎贡手工造纸博物馆

项目位于云南腾冲高黎贡山脚下的新庄村龙上寨，一个有悠久手工造纸历史传统的村子。手工造纸的原料采自当地的构树皮，技术则为世代相传的抄纸法。以民间投资与当地村民合作成立造纸农村合作社的方式，共同进行手工造纸这一传统资源的保护与更新，而建设博物馆则是保护这一传统资源并促进社区发展的工作的组成部分。项目的出发点基于这样一个思考：正如手工造纸完全是当地环境和传统的产物，建筑亦应当是根植于当地的土壤并从中汲取营养的产物，当其开花结果后，反过来又可以丰富土壤的成分。这样，建筑也同手工纸一样成为延续并更新地域传统的载体。因此，建筑师希望博物馆的建筑活动能够让当地的人、资源、技艺以及意识充分介入，使建筑的形成根植于当地的物质、经济、文化基础之上，真正实现一个属于当地的建筑。基于对当地气候、建筑资源、建造传统的考察与理解，设计确定了充分利用当地的材料（如木、竹、火山石等）、技艺（如榫卯木结构），并以适宜的手段（手工与机器并用）建造的策略，建筑的营建完全由当地工匠完成。建筑的结果完全不同于传统样式，并给未来带来

现场展览

了新的可能性。"保护"并不是维持现状，而是通过与当下的结合，促发新的生命力。

身处乡村、民间驱动、公众参与、服务社区等特征构成了这个项目在社会学意义上的"田园"，可降解的自然材料、建构逻辑与建造痕迹的真实体现等特征则构成其建筑学本体意义上的"田园"。更重要的是，它一开始就拒绝了先入为主的、从天而降的外在形式，而是寻求从博物馆的空间内在需求和建造的内在逻辑出发自然而然地推导出的形式。这亦可说是一种物我合一的状态。

4.2 四川孝泉民族小学灾后重建

作为四川"5·12"地震灾后重建项目，该项目既是对建筑地域性及城市空间记忆延续策略的探索，也是对小学空间类型不同可能性的尝试。设计将校园视为一个微缩的城市，尝试在建筑中呈现基于自发生长形成的城市空间的复杂性。这种自下而上式的多元空间给予儿童更多的环境选择。在延续震前的城市空间记忆的同时，避免因单纯追求灾后重建的高效率而导致城市空间的单一性，以及外来援建因素导致重建与当地传统文脉的完全割裂。项目在低造价的条件限制下有效运用页岩砖、混凝土、木、竹等当地材料，针对当地气候，以适宜当地低技术的方式，有效解决了遮阳、通风、隔热等问题。建造——而非形式——成为建筑地域性更本质的出发点。

鼓励儿童个性的自由，强调地震前后城市生活记忆的延续，导致这样一个去中心化的、具有偶发性和复杂性的空间群落组合，而不是一个行政化的纪念碑式的单体建筑。这也是一种"田园"特征。来自全国各地的多方社会捐助使该项目不同于地区对口援建，使重建过程更加本地化。材料、技术、工人的本地化使项目更具有本地社会重建的意义，而不是仅仅接受了一个建筑结果。建筑本身遵循建构逻辑的清晰表达原则，构成了建筑本体还原的意义。

4.3 水边会所——拉长和起伏的范斯沃斯，江苏盐城

该项目是对建筑与自然环境相互融合的一种空间策略的探讨，"透明与游走"是其主要特征（通过拉长和起伏的空间手法）。透明使建筑的物质性被消解，取而代之的是对外部的水、竹林等自然要素体验的营造。所有竖向元素均被弱化，空间基本由水平的构件——楼板界定。建筑作为人工之产物将其与自然的关系还原为最简单、最根本的虚实关系。在构造层面，建筑师将梁、柱、吊顶厚度等建筑构件的尺寸控制到最小，加强其"轻"的特征，使建筑漂浮于环境中，实现其与自然的微妙碰触的一种形式意象（这也部分源于场地处于河边的软性地基这一条件）。白色铝板和超白玻璃等材料的运用使建筑的"物"性弱化，而环境的"物"性增强，建筑的实被空间的虚替代，而空间的虚又转化为环境的实，建筑籍此实现了与环境的合一。

在缺少地域特有记忆、文脉、材料的外部条件下，抽象化的形式成为一种自然而然的美学选择。这种弱化了"物"性的形式缺少现实批判性，更多指向一种唯美的"我"境。但它强调的仍然是与建筑、与自然的对话这一基本关系，而摒弃其他无关的符号堆砌。

情境的呈现—大舍的郊区实践

Embodied Localness — Deshaus, Practices in Suburban Context

柳亦春　陈屹峰
LIU Yichun　CHEN Yifeng

作品名称：郊区实践
参展建筑师（机构）：大舍（柳亦春+陈屹峰）
关键词：郊区；地方；边界；离；并置

大舍于2001年成立于上海，创始人柳亦春和陈屹峰分别出生于1969年和1972年，均毕业于同济大学建筑系。大舍自成立以来获邀参加了诸多重要的国际性展览。

　　大舍真正的郊区实践始于上海青浦的夏雨幼儿园。

　　之前设计的东莞理工学院的三栋教学楼尽管也在郊区，因为事先有着明确的规划，也就是说有着明确的（尽管是纸面的）邻里关系，所以具体的建筑设计更多关注即将被深刻改变的地形以及未来的邻里关系。

　　而夏雨幼儿园的基地则几乎是处于边缘的边缘，它坐落在上海郊区城镇——青浦的东部新城的东边。初次踏勘夏雨幼儿园的基地，那就是一片旷野，杂草丛生。看着手上的道路及用地红线图，也就能大约知道未来这房子的用地大概是在脚底下的那一块儿吧。还好，边上的小河多少给人一些安慰。至少，对建筑师而言，那是一个极好的参照。幸运的是，我们很多位于郊野的基地，紧邻或者不远处都会有一条河。对我们来说，由这条河引发的，并不是具体的场所感，而是倏忽而至的记忆，那个与更大范围的地方情境相

关的记忆。常常，我们因为身处的这个一直还被称作"江南"的地方，还有那么点偶尔回味一下诗情画意的满足感。那些自然风景、风土留存——水乡、园林、民居等在我们心中的位置很容易先入为主地把我们引向某种留恋的思绪中。在城市化这个看似人类现代性发展的必然过程中，这种思绪该以怎样一种情境呈现，也许是大舍的郊区实践中一个非常核心的内容。

　　以下三个关键词可以简要展现我们的视点及方法。

1 边界

　　在青浦的夏雨幼儿园设计初始，我们曾激烈地讨论过园林，但讨论最多的还是路径。幼儿园的两道曲线形的围墙，则是设计一开始的直觉反应，尽管由此构成的内向型特征在当时的设计说明里也与园林做过比对，后来我们将此确立为"边界"这样一个概念。

杭州西溪湿地艺术村酒店

嘉定新城幼儿园南里面夜景

螺旋艺廊

嘉定新城幼儿园坡道中庭内景

在设计初始，面对基地所处的郊野，那一片杂草丛生的景象时，建立一个安全的边界，在内部营造一个自我完善的小环境是最为简单、直接的策略，这与中国人传统的空间环境观是一致的。

江南园林，不管是在郊野或者是城市里，必然是要有院墙的。这当然与土地的人为界限有关，但形成的事实就是先有围墙后有园林或者庭院。中国人的"天人合一"是在院墙内完成的，这个院墙就是"边界"。台湾的汉宝德先生有个"轮廓为主体"的说法[1]，是用来讲解中国玉文化的，大致就是说中国的玉雕向来是先有轮廓的形状，然后再做设计。在这个轮廓里，总是利用挖空的观念来创造实体，所谓虚实相生、相互因借。玉雕活动和园林的营造有共通点，都是在轮廓的前提下发展出自身的存在特点。不过与轮廓或者边界直接相关的，就园林而言，是由此产生的内向性，

使得它与周边的关系因为"边界"的存在几乎是切断的，偶尔也利用"借景"突破"边界"，这往往就成为最引人入胜的地方。夏雨幼儿园二层出挑的彩色的盒体，正是对边界的一种"突破"。

事实上，中国城市化的过程就是一个始于确立边界的过程，就像院墙这样的"边界"，它让人们产生身在其中的感觉，是最原始的领地占有，它引导建造活动转向内部。然而城市一旦成形，现代生活又随时要求我们去感知超越边界以外的外部。这样，在我们的设计中，建立边界的同时也就意味着同时要作出超越边界的可能。这大概就是我们今天的境遇，如何从既有的生存状况中寻找并呈现价值，这正是机会。

2离

宗白华在《中国美学史中重要问题的初步探索》

现场展览

一文中认为，"离"的美学意义是中国美学史中一个值得重视的问题，这一度引起了我们的极大兴趣。宗白华关于"离"的论述源于易经的离卦，它基本包含四种含义，一是附丽（相互依靠而不离）；二是离合（分离又相合）；三是光明；四是迷离错杂。

"离"是对自然中物体间关系美的认识，这让我们产生了一个更为清晰的、关于建筑形式和整体性关系的认识。建筑之美，并不在于一个简单的立面形象，也是可以基于关系的表达。夏雨幼儿园被现场的树木"溶"解，在被分解了的彼此疏离的单元之间、树木之间、单元与树木之间形成了复合的关系。在建筑中回转，上部卧室群和下部院落群之间又展现出另一种关系，最终的建筑形象就是这些关系的总和。

一直以来，也许与大部分项目都处于自然郊野有关，在设计中，我们总是会下意识地去思考如何使建筑更好地融入环境，把设计的重点放在建立建筑与周遭环境的关系上。不幸在于，在这个人为的快速城市化过程中，周遭环境总是一个未知数，预见往往是靠不住的。谁都知道，即便是有规划，那也是处于难以预计的不断变动之中的。最终，只能求助于自身的完整性，更多的将建筑物根据预设的功能先分解、再组织，从而把设计的关注点放在分解后的各元素之间的关系上，这成为我们面对这种境遇时经常采用的方法。

3 并置

并置是一种建构关系的方法。

并置的方法在中国传统的诗歌、绘画、音乐等领域被广泛运用。叶维廉在《中国诗学》中多次谈到中国文言诗的不定位的并置关系[3]。比如"鸡声茅店月"或者"古道西风瘦马"，诗人并没有决定"茅店"和"月"的空间关系或者"西风"和"瘦马"的时间关系，正是这种灵活性导致简单并置关系，令物象或事件自然呈现，并保持它们空间与时间的多重延展性，令我们可以活跃其间，获得不同层次的美感。而董豫赣在《化境八章》之"经营位置"[4]中也看出了这种并置关系为中国文人留出了可用于位置经营的自由空间。

在夏雨幼儿园的设计中，我们首次尝试用并置的手法组织空间。幼儿园一层的空间内向，看不出去，而建筑密度大，尽管穿插了很多小院子，但感觉很"奥"；转至二层，景象完全不同，建筑密度变得

很小，分散的建筑体量若即若离，被浮置在屋面的栈道三两相连，如村落般友好相偎，视野一下子也放开了，感觉很"旷"，这是这栋建筑在空间节奏上的最动人之处。由此我们真正体会到并置带来的空间意象的复合与重叠所具有的"离"之美。

在夏雨幼儿园之后的大舍的大部分设计中，都能看到上述三个关键词的作用。这次展出的嘉定新城幼儿园是"内"与"外"空间的并置；西溪湿地E地块酒店则是建筑与湿地及树木的交织；青浦区青少年活动中心是游离体量积聚形成的具有多重外部空间复合尺度的小城市；嘉定大裕村艺术家村是由多个艺术家工作室构成的聚落，每个工作室均有明确边界，边界内并置了封闭工作室和开放的居住展示空间；鄂尔多斯P9办公楼方案则是在垂直方向上多重密度空间并置的一个尝试。

最近刚刚完工的，位于嘉定新城中心绿地内的螺旋艺廊，可能是上述三个关键词更为集中而抽象的一次表达。其边界是一个完整闭合的多弧圆形，由半透明的瓦楞穿孔铝板围合，在不同的天气与时间段展现出不同的内向性。在不大的250m²的建筑中，设置

了两条路径。一条路径由主入口进入，先由楼梯上至屋顶，空间由封闭转至开敞，在绿地风景中环绕一圈后，再由开敞转至封闭，钻入内部庭院再进入室内；另一条路径则由主入口就近直接进入室内，于室内环绕一圈后进入内庭院。两条路径既可螺旋连续，又是一种并置关系。而周边风景，正因为屋顶上那绕场一周的游弋，与建筑形成一个离合的整体。

近10年的设计实践，使我们得出这样一个认识：我们关注地方、关注过去，我们的设计也许就是简单地开始于对具体地方的留恋，最终却演变为在当下这个急切于新、于变的社会中，从对地方的个体经验持续累积的基础上，展开一个关注抽象性和现代性的实践。

新闰土的故事
The Story of the New Runtu

URBANUS都市实践
Urbanus Architecture & Design Inc.

作品名称：新闰土的故事
参展建筑师（机构）：URBANUS都市实践
关键词：漫画；城市农业；未来科技城

URBANUS都市实践是由刘晓都、孟岩和王辉主持的创作团体，始建于1999年。事务所的设计主旨在于从广阔的城市视角和特定的城市体验中解读建筑的内涵。

1 引言

人类进入工业文明，铸就了农村作为城市牺牲品的命运。在今天中国飞速的城市化条件下，农村、农业、农民（三农）问题和城市化问题的交集越来越大，甚至成为因果关系。从中国式的城市化本质上讲，城市不仅仅是在掠夺乡村的自然资源，还在缺乏责任感地滥用其人口资源。以往农民工进城，似乎是城市给予乡村就业的机会。但随着城市疯狂的土地扩张，被剥夺了土地的农民不得不"被城市化"。如何重新定义其社会有效身份、给予其社会积极角色，这些问题还没有自觉地进入大多数"土地经济"决策者、运作者和设计者的视野。忽视的原因一定程度上归结于执项目开发牛耳的人是"城里人"（即使原本是直接的农村生源），三农是其知识的死角。这种忽视不仅仅会带来巨大的经济成本，也会造成沉重的社

会成本。之如10年前，审批方、建设方、设计方都鲜有低碳理念一样，今天是应当向与建设相关的从业者灌输三农意识、以形成一个更宏观和综合的城市概念的时候了。

2010年，URBANUS都市实践有机会参与北京未来科技城核心区的城市设计咨询工作。在设计地块中，基地是现成的耕地。由于核心区总体规划中定义了相当规模的城市开放空间，这些条件启发我们去探索一种把农业耕地保留在城市中的可能性，并由此引发了对原住民转移为城市居民的社会问题的思考。

虽然我们的设计是观念性的，对三农的思考也是理念化的，但是这个题目有着广泛的意义，这个工作也可以引发更深入的研究。更为重要的是，如何将三农问题变成城市规划和设计的一个常数是一个意识形态的问题。我们希望借助成都双年展这个面向社会大

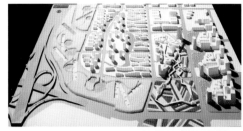

作品的漫画解说   "未来科技城"核心区设计

众的机会，用漫画的形式来解说我们的设计思考，其目的是使这种思考通过更好的媒介进行大众传播，从而进入更多人的潜意识。

2 农田走进城市

历史上，在城市中保留农田并不罕见，尤其是在有城墙的时代。城市中未被开发的土地依然用于种植的案例，中外均有，新中国刚成立时的北京城就是如此。历史上，城市人也习惯地把农村生活作为城市生活的补充，不大的城市尺度也使这种踏青成为生活的常态。这不仅能在唐诗中读到，也能在贝多芬的田园交响曲中听到。

人们对土地的陌生肇始于工业革命，它不仅剥夺了农民的农田，使他们成为工业和城市的生产力，还剥夺了他们的土地意识，进而使城市人彻底丧失了对农田的兴趣。

2.1 后工业化城市中农田的回归

当今中国城市化的一个显著特征是去工业化，将生产型城市转化为消费型城市。这种特征对于我们理解农田回归城市有重大的意义。

早在20世纪五六十年代，美国的一些经济学家就提出过"都市农业"的概念，它是指在都市化地区，利用和城市关系紧密的农田和自然生态资源，为城市人提供休闲旅游、体验农业的场所。在这种业态中，农业不是城市经济的主动力，而是城市劳动力再生产的资源，因此，其生产性功能弱化了，而其生活性功能和生态性功能被强化了。

这种西方后工业化社会中的城市元素，在今天的中国后工业化城市中有更积极的作用。长期以来，如果将中国城市的产业规划和空间规划重叠在同一张图纸上，看到的是自相矛盾。在国土规划中，一方面，中央政府提出18亿亩耕地红线的概念，作为国家生存的战略目标；另一方面，地方政府又在拼命修编更大规模的总体规划，以从生存战略上获得GDP的生长点。这种矛盾不是没有调和的机会。在现有的城市规划模式下，城市的绿地率水平相当高；在以居住为主体的城市中，日照间距的规定还使城市的建筑覆盖率很低；加之习惯于过多的退红线、过大的城市开放空间等因素，使城市保存了大量的空地，使农田有渗透进城市的可能，亦即农田红线可以和城市红线重叠。我们在一些郊区科技园区（如上海嘉定复华科技园）的规划中引进过这种理念，得到当地规划部门极大的共鸣，认为是走出耕地红线困境的一种途径。

农业问题更本质的问题是人的问题。我们的总体规划编制的基数指标是人口。人口从何而来？城市化的突进不得不加剧了农民进城的速度。2009年，中国的城镇化已达到了46.6%，规模居全球首位。这不是抽象的数据位移，而是复杂的社会变革。在城市中没有生存技能的农民如何适应城市环境？城市又如何避免这部分人口成为其社会和经济的负担？这些问题的答案不会是简单化的。把农田引入城市，让农民经营留在城市中的土地，至少给他们提供了一种在身份和角色转换过程中的保护和缓冲，使农民没有被彻底地剥夺生产资料，也不会因为一时难以适应城市而被城市边缘化。

2.2 以北京未来科技城为例

2008年12月，中央提出了引进海外高层次人才的"千人计划"，旨在为国家重点创新项目、重点学科和实验室、重点央企和商业金融机构等引进2 000名左右能突破关键技术、发展高新产业、带动新兴学科的科技领军人才来华创新产业。为落实这一战略目标，由中组部和国资委筹划，北京市政府在昌平建设"未来科技城"。规划用地面积约10km²，而南北两区间核心绿地面积也有2.8 km²。在"未来科技城"核心区设计中，我们充分意识到中央公共绿地在塑造城市理念和形象、推动城市运营和发展中的潜质，提出了保留农田的计划，并在农田中架起了一条有表现力和活力的步道，以期成为"未来科技城"城市结构中的一个重要的发动机，具有积极和有创意的功能：

a.水平的城市地标：在这个低密度的卫星城市中，一个水平方向上的地景无疑有更吸引眼球的表现力；而四季的物换星移又使之更有魅力。

b.让公共空间资源具有生产性：农田能够带来一定的经济价值和旅游价值。

c.推动新的生活方式和工作模式：和城市生活紧密相连的农田，会塑造新型的生活内容和工作模式。我们希望这条田间步道是一条"智者之路"，许多创新构思不是在实验室里冥思苦想出的，而是在这条路上的散步中拾到的，在池塘中垂钓到的。

d.重新建立人与人之间的关系和人与土地的关系：农田和步道成为未来科技城居民间交流的纽带。随着部分农田被出租给居民，成为他们体验农业和生产有机食物的场所，居住者和居住地之间建立起了感情的纽带。对于从泛义上讲都是移民、流浪者的当代城市居民而言，这种人和土地关系的建立使他们有了归属感。

e.降低城市运营成本：不同于维护成本极高的城市绿地，作为休闲资源的都市农业并不需要精耕细作的投入，甚至其产出可以使其运营可持续。

f.部分解决原住民的搬迁、安置和就业问题：这是这个计划最有批判现实主义意义之处。我们将用虚构的新闰土的故事，来形象地展开对农民进城的研讨。

3 闰土再生

鲁迅小说中的闰土是他少时的玩伴。在纯粹的自然状态下，他们的心灵是没有隔阂的。数十年后，当鲁迅以一个社会人的身份重新和闰土相会时，他们咫尺之间却隔了千山万水，再也找不到彼此间淳朴天然的关系，他们被隔在社会这道大墙的两侧。诚然，社会总是要把人重新定位，我们无法天真地幻想那种没有阶级、阶层和角色的纯粹的人。外在的自然条件是否能帮助人类的心灵重新找回那份纯真之在呢？

我们虚构的故事沿用了迅和闰土这两个人物，他们是北京市昌平区北七家镇的农民后代，从小在泥土里一起滚大，亲密无间。但这对发小长大后踏上了两条愈行愈远的轨迹：从小贪玩、木讷的闰土永远地被绑在土地上，成为地道的农民。他热爱种植，无心于城市生活，不愿像许多同龄的同乡那样去城里打拼。而从小聪慧的迅一路顺风，从国内名牌大学一直走到大洋彼岸的名校，最终成为一名科技英才。

这两条本不会交叉的轨迹又在他们的家乡会合了。迅被国家的"千人计划"引进到未来科技城，有了自己的团队、实验室和住宅；而闰土的土地被征用，不得不转身成为城市人。所幸科技城的核心绿地保留了农田，当地农民被吸收为园丁，他们依然可以利用农业技能在城市生存。这对于只愿意厮守在田地的闰土而言，生活并没有发生天翻地覆的毁灭。

迅在未来科技城找到了回归感，不仅仅是国家给

现场展览

予的优厚条件，还因为那条"智者之路"。作为从泥土草根里出来的科学家，一踏上这原生的土地，他就有无数的灵感火花。因此，他经常把团队带出来，在田边地头上的茶室做头脑风暴。而在这里认识的其他来散步的科学家，也让他受益匪浅。

闰土在这里也找到了回归感。他没有感觉自己是城市的多余人。相反，他有了更好的自我感觉。那些在这里租地种植的城里人经常来向他请教手艺。他觉得自己有价值，有尊严，是和城里人平起平坐的人。

有一天，闰土在"智者之路"上看到儿子水生带着一个同龄的小朋友在玩。儿子告诉闰土他叫宏儿，是随父母从美国回来的。他们在宏儿学校组织的采摘活动上相识，那时水生是一个从校外请来的小老师。这时，宏儿雀跃地扑向一个人，嘴里喊着"daddy，daddy"。一个中年科学家模样的人出现了。"这不是迅吗？""啊，是闰土！"他们拥抱了，相互叙述着别情，讲这块土地如何依然是他们自己的土地。仿佛间，鲁迅小说中迅和闰土相逢的故事不一样了。

4 结语

这个故事就这样开头，也这样结束了。迅和闰土都没有离开家乡的土地，又都在这个土地上得到了再生。虽然他们之间有社会属性带来的种种差异，但共同的土地没有让他们感到隔阂。他们的下一代更是有一个淳朴自然的交往环境。当自然属性淡化了人的社会属性时，在这个时代，人生活得更实在和踏实。

人和土地有了这份情感，城市对待乡野也不会那么粗暴了。我们的研究还展示了一组谷歌地图，比较了不同国家大都市的边缘。在这个比较研究中，我们会为中国城市在野蛮生长中对农村的漠视感到汗颜。也许，让更多的农田走进城市，让城市人有农田意识，我们国家土地的未来就会有希望。我们在成都双年展上的这个选题及其大众化的表现方式，也是为这个希望加一星火种。

鲁迅说：世上本没有路，走得人多了，也便成了路。

平遥和太谷的可持续性发展规划

Presentation of the Two Cities and Project

戈建筑建筑事务所（比利时）
Gejianzhu | Nicolas Godelet Architects & Engineers (Belgium)

作品名称：平遥和太谷的可持续性发展规划
参展建筑师（机构）：戈建筑建筑事务所
关键词：土地；山脉；古城；城墙；居民；漆器；民间节日

Nicolas Godelet， 比利时建筑事务所"戈建筑建筑事务所"负责人及主建筑师。

关于本次发展规划的讨论，主要涉及以下三个部分：首先介绍我们当代的环境及可持续性发展问题（建筑、景观、规划、哲学），另外分别会对平遥和太谷一古一新两个城市的规划、景观和建筑进行介绍，在这两个城市，我分别用了3年和4年的时间工作，包括对其规划、景观、建筑的研究以及工程计划、交通人流的分析。

2011年现代建筑和规划的时代还没有结束，但"现代"这个概念必将结束。我们现在是"当代"，我们属于一个时代，属于一个地方，"现代"这个概念是80年前开始发展的想法（人文、建筑、艺术等的标准化和国际化），让人离开自己的地方和环境，断开我们同自然的关系。我们从各个国家和网站可以得到大量（甚至是过量的）信息和参考图片，不经思索而直接地利用这

些结果，这种做法无疑是错误的。从现在开始要找一个新的方向来传造我们的城市环境：当代、当地、节能、富有文化内涵。

我们利用很多国际化的技术、建筑材料，建筑造型，那我们成都当地的建筑会变成什么样的呢？"我们在成都吗？"有时候我看到一些建筑，分辨不出它是现代还是当代的，美洲、欧洲还是亚洲的，属于北部气候还是南部气候的。这些是对的吗？

我认为一个很重要的问题，是要更新我们对建筑本身和设计逻辑的看法。比如在一些规划图或建筑图中，只能看到小块的现场地形图，看不到任何规划分析和环境分析。建筑是应该从城市整体地图和建筑大环境图入手设计，否则如何能同周边环境相协调呢？因此以上提到的分析需要时间，单纯求"快"是不该被提倡的，有时候"快"反而是一种退步。另外也注

98

平遥南部规划

太谷展览中心

太谷规划　　　　　　　　　　　平遥南部规划　　　　　　　　戈建筑作品

重安排单体建筑设计规定（材料、色调、形体，空调室外机位置，开窗百分比等）。

这个时代让我们离开自我，离开自己的地域特色、自然环境。为什么要强调"当地特色"这个概念呢？可持续性这个哲学，不只是具体的、量化的，也必须要包含不可量化的部分（文化、社会、艺术等）。建筑物不是因为保温层的厚度才变成可持续的！

以下是谢灵运的一首诗。这首诗写的是一个人到了大自然，不再有同类作为参照，好像不再是一个"人"而是环境的一部分。就像城市里的人也会变成城市环境的一部分一样。有一个理念：我是我自己，此时！此刻！…此地！

从斤竹涧越岭溪行

猿鸣诚知曙，谷幽光未显。

岩下云方合，花上露犹泫。

逶迤傍隈隩，迢递陟陉岘。

过涧既厉急，登栈亦陵缅。

川渚屡径复，乘流玩回转。

苹萍泛沉深，菰蒲冒清浅。

企石挹飞泉，攀林摘叶卷。

想见山阿人，薜萝若在眼。

握兰勤徒结，折麻心莫展。

情用赏为美，事昧竟谁辨。

观此遗物虑，一悟得所遣。

卡纳克巨石林有法国原始时代的一块石碑，距今约5 300年，可以被看做景观与建筑设计的雏形。这些图形表达自然肌理和城市结构之间的关系，我们可以从自然中体会并提取合理、舒适的空间结构和尺度，将其作为城市规划设计的出发点，同时将景观和规划结合在一起考虑。

我认为历史上的中国特别注意景观和城市的关系：如何将文化投射在自然环境当中，为自然刻上人类的印记，产生环境与人类共生的效果。

可持续发展可以这样解释：在一个特定环境中，所有领域所有能力的集合、交织、和谐、互动，穿越了时间和时代。和谐的社会，个人习惯、城市和自然环境的关系、政治、经济、法律、自然物种、建筑、历史及其延续性、当地文化、节水处理、废物和资源管理、交通、城市功能多样性、密度，节能……和技术。所有这些一个都不能少以实现可持续性发展。人和环境的平衡关系须要有四个要素：保护环境，利用环境，保护自己，改善环境。为了利用环境，首先要保护环境，反之亦然。

比如说一个塔楼，四个面的日照风向等都不尽相同，所以设计也不应该是一样的，设计师如果不考虑到可持续性，之后会浪费大量能源金钱来解决或弥补不可持续性设计引发的遗留问题。

1 平遥

对于平遥，我们的工作主要致力于古城和新城的关系，城外景观的制造和古城周边新城市圈的规划。古城内部的研究由同济大学完成，而我们也要研究怎样用传统类型学促成当代建筑，并使其适应各种功能需求。

我们采用的策略首先是理解城市整体，山西远处和近处的周边环境、居民、风俗习惯、当地特殊性，既包含建筑的也包含文化的。对于平遥，经过我们的分析总体建议如下：

现场照片

(1) 将城市与远处的环境相连接；

(2) 在古城周边重新形成起发自新城的绿带，将其延长至一个景观框架中；

(3) 重组与古城相连的街区，形成新城与老城之间的缓冲带；

(4) 建筑高密度及功能混合性，以及可以减少古城经济和商业压力的补充活动。

规划和景观是通过以下几个阶段完成的：

(1) 西城及其景观；

(2) 古城入口景观及人行和机动车交通组织；

(3) 南城和旅游接待中心。

西城规划建议采用混合街区（功能包括：商业、住宅、文化），密度很高，但建筑物不超过12m（与城墙的高度相同）。街区的景观和规划按照古城的结构设计，公共空间按照狭窄街道或是住宅院子的小地块来连接。建筑从传统样式中吸收灵感，更密集，寻找当地建筑的身份本质。

古城绿化带景观结合了两个思路：一方面表现山西农村景观特色的农业景观（田地，果园）；另外也要表现"野生的自然"，有机结构，不需采用过多灌溉维护的当地植物。但我们并不希望建一个"城市公园"，而是一个自然的环境。

水的处理运用对于当地来说是非常重要的，我们决定设计一个可以再造自然生物群落的水景场所带来昆虫、鸟、鱼、植物等，也要让当地居民重新认识到水这个元素的重要性。我们期望村民能在自己用过的污水流入城市前先对其进行净化。

对于南城，第一步是保护两个明代（也许更早）的古堡，重新设计该街区并提高其价值。包括密度和混合性，人行交通连接古城和新街区的人行桥和发展方式对我们的设计来说都非常重要。南部街区会是游客的新入口和景观场所，将在该处建造湖畔长廊、广场和接待中心，没有任何工作成果可以归功于一个人，所以在这里我们要感谢在这项长期工作中付出心血的每一位。

2 太谷

太谷城市发展和策略与平遥基本类似：首先理解城市所有基础参数与资料，对本地特色进行挖掘，对城市未来发展进行预测，对城市与其所处大环境需要考虑整体协调。

太谷的规划和城市设计工作基于城市总体发展规划，通过景观构建城市整体结构，通过布置新的城市公共设施，包括行政中心，新动车站，大学城，公园等。强调发展城市空间节点及轴线。尤其通过在新城和老城区的结合地带，形成城市公共空间。

规划主要目的：

(1) 将城市与自然环境和基础设施相连。包括河流、山、地质保护带形成的景观带，铁路和公路等；

(2) 重新调整交通系统和重点发展轴线建设（快速动车交通，文化发展轴线，自然景观经济发展轴线，通向省会太原的快速公路）；

(3) 塑造城市的特色；

(4)规划城市网络系统，是一个城市可持续发展的母体，为未来城市发展预留出空间。

在这个项目当中，景观设计和城市设计是同时考虑的，景观不是城市的附属品，城市就是景观本身。

阿道夫·克利尚尼兹的城·图·底
City/Figure/Ground by Adolf Krischanitz

蔡为
CAI Wei

作品名称：城·图·底
参展建筑师（机构）：阿道夫·克利尚尼兹（奥地利）
关键词：艺术；居住；城市规划

阿道夫·克利尚尼兹，于1970年和安格拉·哈雷特以及奥托·卡普芬格尔共同创建了建筑师联盟"迷失的联系"。1979年作为创始人之一，创办了奥地利建筑师协会的会刊《改建》，1982年担任该协会会长。1979年至今一直作为自由执业建筑师，在维也纳、柏林和苏黎世设有工作室。

　　从维也纳制造联盟住宅小区的更新项目（1983—1985年）开始，阿道夫·克利尚尼兹就致力于在已有的城市脉络中实现一种居住形态的范本。以"面向未来的现代化居所——小空间高效率"为主题的维也纳制造联盟住宅小区在1932年以1:1示范住宅的形式呈现在市民眼前。项目的发起人约瑟夫·弗兰克（Josef Frank）凭借自己的影响力，集中了一批在世界范围内声名卓著的建筑师共同参与这个项目，其中有赫里特·托马斯·里特威尔德（Gerrit Thomas Rietvelt）、阿道夫·路斯（Adolf Loos）、约瑟夫·霍夫曼（Joseph Hoffmann）、理查德·诺伊特拉（Richard Neutra）、雨果·贺临（Hugo Haering）、安德烈·吕尔萨（André Lurcat）、奥斯卡·斯特纳德（Oskar Strnad）、奥斯卡·弗拉赫（Oskar Wlach）、恩斯特·普利施克（Ernst Plischke）和奥斯瓦尔德·哈尔特（Oswald

Haerdtl）。在维也纳制造联盟住宅小区中，建筑师们仔细研究了单体住宅室内与室外空间的组织方式，其成果令人赞叹。这一住区与较早期斯图加特的魏森霍夫住宅小区形成有趣的对照。尽管住宅楼是平屋顶，制造联盟住宅小区在建造技术上更加传统，而在住宅设计类型学上则更加激进。魏森霍夫住宅小区使用了当时很高科技的建造材料（如软木和铝合金），而制造联盟住宅小区则使用了传统的双层砖墙构造，这种劳动密集型的建造手段对于第一次世界大战后失业率极高的维也纳来说是很必要的。约瑟夫·弗兰克尝试在维也纳建造一系列"高质量示范性"居住模式，而不是简单的标准化流水线住宅。但当时第二次世界大战迫在眉睫，纳粹宣扬回归乡土的建造风格，制造联盟住宅小区建成后没能得到大规模推广。因此这个住宅小区成为最后的自由精神之象征，被战后成长起来的一

飞行员小径住宅小区，维也纳　　　维也纳制造联盟住宅小区修缮更新，维也纳　　　斯贝尔住宅，祖恩多夫

代建筑师作为身份认知的标记。

在维也纳制造联盟小区，各位建筑师的作品被杂糅到一起。不同的建筑设计理念，改变生活方式的相同意愿，而其中的关联则是通过住区花园——自由空间来实现。在这些空间中，人们能够感受到日常生活的力量。

更新这个住宅小区的同时，阿道夫·克利尚尼兹仔细研究了参与项目的建筑师们各自的风格与手法。基于单一建造任务书的纯理性模式，并不能体现小区在城市规划区块组织上的品质。建筑师通过这个住区项目来表达对城市空间规划的反思，表现在带花园的低密度住宅充满节奏感的组织方式中。在此脉络中，每座建筑都既是独立有个性的存在，又是和谐住宅小区的一部分。

飞行员小径住宅小区是由阿道夫·克利尚尼兹、奥托·施泰德勒（Otto Steidle）以及赫尔佐德和德梅隆（Herzog & de Meuron）共同设计完成的。建筑师们试图通过这个设计寻找单一的联排住宅与整个城市空间之间的平衡点。这是一个市政范围内整体住宅开发项目的一部分，其中既有独栋住宅，也有联排住宅，它沿袭了维也纳制造联盟开发社会集合住宅的思想，保持项目的低造价。但与制造联盟小区不同的是，飞行员小区突出了不同设计间的共性，这种共性通过联排住宅平面轻微的弯曲以及总的色彩方案得以表达。

配色方案由艺术家奥斯卡·普茨（Oskar Putz）和赫尔穆特·费德莱（Helmut Federle）共同完成，这一点也让人联想到制造联盟住宅小区。建筑师邀请艺术家共同合作完成建筑项目，而在合作的过程中，建筑师毫不限制艺术家的自由。

除了弧形的联排住宅格局与放射状的小路形成的鲜明组团布局，单体建筑室内外空间的组织也是这个小区的独到之处。通过室内外空间穿插而成的建筑形态，将相邻的联排住宅和花园整合为一体，将城市空间感赋予小区。

在这个项目中，联排建筑的每个单体都拥有东西向的两个花园，屋前屋后的花园扩大了绿地面积，增加了功能可能性。根据居住者的具体情况以及一天中阳光照射的方向，住宅的拥有者有权自行决定花园的功能与植被的种类。建筑师所建议的植物目录在实际中几乎未被采用，居民们纷纷在花园的边界种植各种密不透风的灌木，将花园围合成为完全私密的空间。作为维也纳非常受欢迎的一片不动产，10多年后，人们不仅很难再透过这些灌木丛看到单个花园的使用状况，连建筑本身也快要被完全遮蔽起来了。

飞行员小区完成之后，维也纳市政委托阿道夫·克利尚尼兹为市区东部苏多夫（Zurndorf）区的弗雷德里西沃索夫（Friedrichshof）街区做整体规划。在这个项目中，建筑师对维也纳城市居住形态进行了更深入的研究。他没有简单地限定单体建筑的形态，而试图通过定义基地影响基地上的建筑。他将每个单独的地块设计得狭长而彼此紧邻。这决定了建筑将通过内院采光，并且使城市空间氛围延续至这个近郊的低密度住宅区。

遗憾的是，因为这个区域城市建设停滞，目前得以实施的实际建筑范例并不多，其中一个范例是施佩尔（Sperl）先生的住宅。

狭长的建筑形态决定了室外空间在基地上只能以内院的形式出现。因为屋主在内院中栽植了相当数量的植株与灌木，所以建筑师在内院中还增加了单层半室外空间，以便冬天将植物移到温暖的空间中。这个空间位于起居室和卧室之前，既是室内外空间的视觉屏障，又可以看作室内空间保暖隔热的滤网。

在维也纳苏多夫没有实施的构想最终在魏玛得以付诸实践。阿道夫·克利尚尼兹对魏玛安虹新区的规划同样没有提出固定的房屋样式，而是在每一栋房屋的基地地块设计上做文章。

在东西德合并之后，东德的土地不再属于国家公有，东德人第一次被允许自由买卖土地修建房屋。通

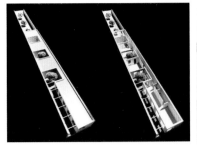

斯贝尔住宅扩建 展览照片

过国际竞标得到此规划项目委任的阿道夫·克利尚尼兹将这些可供购买的基地分割成不同的大小与形状，并限定了一系列基地与基地之间的组合规则以及建筑面积与基地面积的比例与位置关系，但将建筑样式的决定权留给了业主。阿道夫·克利尚尼兹定义了建筑高度、建筑与基地边界的距离和建筑的最大最小体积、山坡地形上的基地，还定义了其上建筑的斜率、层数以及具体位置。基地大小各不相同，但基地的大小决定了其上的建筑间距并不大。魏玛的城市形态比较特殊，城里的房屋并不像其他欧洲中世纪城市那样山墙与山墙相连，同时也不像乡村中的房屋彼此相距甚远而成为独立单体。安虹新区的基地沿袭魏玛城市的传统组织形态：既不完全开放也不封闭的城市空间结构。不同基地的宽度决定了房屋的位置。7.5m宽的基地上，房屋边界可以抵齐基地两端。而15m宽的基地上的房屋则只能抵齐基地的一个边界，另一侧到基地边缘必须保持一定的距离。在最宽的基地上，建筑两边都要留出一定的空地。不同的开合关系使这个小区的组织方式灵活生动。

每一块基地都拥有一定比例的外部自由空间。与基地上的建筑一样，基地的拥有者有权决定室外自由空间的景观设计。通过既定的节奏，多样的建筑和室外空间在整个住宅区获得了一种统一。

拥有了上述的建造和规划经验后，阿道夫·克利尚尼兹在维也纳哈德镇将他历年的思考和成果付诸实践。这个新的小区虽然位于城郊，却有城市的居住氛围，同时拥有大量宜人的绿化。小区的建筑形态与别墅区相似，不同之处在于这里没有别墅，每栋楼都是一座多户集合住宅。建筑与建筑之间的距离确保每栋楼既独立又紧凑地融入整个小区环境。这种紧凑不仅限制了建筑之间的植被，而且对建筑的形态、采光以及室内外空间关系都造成了影响。

具体建筑设计由大批欧洲著名建筑师（包括Hermann Czech，Diener+Diener，Max Dudler，Hans Kollhoff，Peter Märkli，Meili&Peter，Otto Steidle，Heinz Tesar等）共同完成。他们的专业和努力使每一栋房屋自成一体，空间质量很高，而互相之间能够得到协调。因为这个项目资金非常有限，最后在政府、工业界和合资建房机构的通力合作下才得以实现。在设计之初，建筑师就协商决定使用相似的建筑材料并确定了构造节点和建造手段，一系列外墙预制构件以及门窗由工厂赞助完成，建成效果也成为厂家最好的广告。在此基础上由政府进行住房补贴，最后进行标准化施工。项目首先以1:20的模型在维也纳建筑中心展出，再以1:1的形态呈现于市民眼前，展出后两个月内第一批居民迁入小区。

这个项目可以说是之前一系列项目的结晶，建筑师对住宅小区建造和使用过程的观察和思考都在这个项目的规划中得到体现。而在实施过程中，高水平建筑师的合作使规划的意图能够得到最大限度的体现。在对自由空间的运用上，紧凑的建筑单体相对集中地排列，围合出一个界限明显的自由空间。建筑师将植株控制在一定比例内，大面积的草坪上只留出必要的小径。简洁的室外空间更衬托出建筑体量的纯净与有力，也增强了清水混凝土作为建筑材料的表现力。

展出项目之间的共同之处在于：

（1）在城市边缘建造绿化程度高的集合住宅小区，以高品质的居住环境吸引维也纳的市民；

（2）对基地的研究与设计最终解决了为谁建造，以什么价格建造的问题；

（3）功能方面的可持续发展以及独立于潮流的艺术品质；

（4）对建筑主观（个性化）和客观（共性）的需求通过自主建造和共同的城市环境得到统一和实现。

茨林围的保育
澳门的圣保罗教堂、城中村与田园肌理
Sustaining Patio do Espinho
St. Paul Church, Urban Village and Landscape Fabric in Macau

王维仁建筑设计研究室
WANG Weijen Architecture Ltd.

作品名称：茨林围的保育：澳门的圣保罗教堂，城中村与田园肌理
参展建筑师（机构）：王维仁建筑设计研究室
关键词：茨林围；澳门圣保罗教堂；城中村；田园肌理

王维仁建筑研究室于1992年注册于旧金山，1994年成立于香港及台北。其设计着重人本精神与生态地景，强调与城市空间及地域文化的整合。

圣保罗教堂为16世纪耶稣会教士到远东传教的研习学院，1835年大火后仅存的教堂立面多年来成为澳门最具历史意义的古迹。教堂背后沿着城墙的后院，是教士们种植蔬菜和药草的花园。该处据说在16世纪末是澳门的日本基督教难民定居点，他们在此开垦农田，种植马铃薯与果树。20世纪初涌入澳门的难民们开始陆续沿着城墙兴建住屋，逐渐形成了茨林围这一片具有地方特色的违章住宅区，成为在高密度的城市中保持独特田园肌理的城中村。由于圣保罗教堂遗址与周围环境的历史意义以及茨林围配合文化旅游发展的潜能，澳门文化局委托王维仁建筑研究室对茨林围和城墙遗址进行了详尽的研究，从社会和自然生态的可持续性出发，提出一套有机保育与循序发展的策略，作为整体城市遗产保护与发展计划的一部分。

不同于历史主流论述保护的宏伟教堂或市政广场，澳门茨林围保存的是百年来依附城墙发展的违建棚户和边缘社区的庶民日常生活轨迹。相对于澳门近年来的高速发展，围里的城墙断垣和丰富而致密的建筑肌理，以及树木瓜藤棚架交错的田园肌理与四周的赌场酒店和高层住宅形成强烈的对比。茨林围的保育代表的不只是怀旧的情绪，更是一种活的建筑文化的延续与对弱势社群真实生活的改善。茨林围成为圣保罗教堂整体文化遗产的一部分，所代表的意义，是澳门的旅游在东西融合的主流文化论述下不可缺少的庶民物质文化基础与社会基础。而茨林围的规划策略所强调的循序渐进与社群尊重，更是后殖民时代建立文化身份认同的澳门在步入公民社会的过程中不可缺少的一环。

这个规划研究包括了六方面的内容：

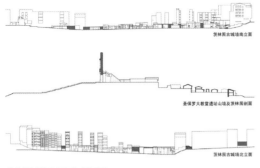

茨林围城墙立面图与剖面图

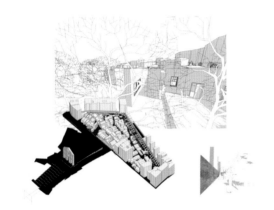

茨林围社区肌理图

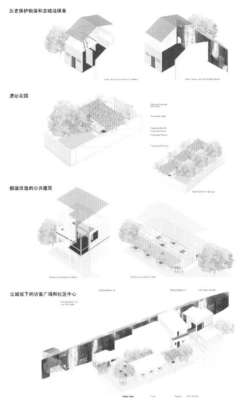

保存与规划的设计策略

1 城市图析

通过组织一系列系统分析图面的方法，建立了如何理解茨林围的架构。图面分析成为研究基地的有力工具，帮助我们在更全面、客观的层面上理解茨林围。涵盖了历史、文脉、基地、遗产、建筑等方面的一系列分析图，使研究由历史文化和大尺度的区域关系开始，逐渐进入城市空间、自然环境与建筑形态以及特定的公共空间与微观的材料构造。 通过传统的图底分析，掌握了茨林围建筑肌理的基本形态以及各单元和它们之间的组织构架关系：地块边界、巷弄结构、出入系统、朝向开口等；通过调研测绘与影像记录，建立了围内每一栋建筑物的数据文件，并对建筑的类型和状态进行了系统的分类；通过测绘推测与重构，了解了城墙遗址的实际状况，并建构了对城墙位置的假设；通过人类学方式调查参与了文献资料的收集，接触到茨林围的居民，并初步掌握了茨林围的社会组成。

这些基地和建筑的分析图也逐渐界定出我们对规划的基本态度，并暗示了可能的保育策略与规划方案。我们希望保存并强化基地的潜在物质与人文特色，并将它们转换为未来组织设计策略的基本资料。

2 议题

茨林围的未来包括实质和社会两方面。详实而系统的分析除了延续我们对基地的态度和理念，更有助于建立规划的议题和基本立场。经由分析和阐释图面，形成了一些重要的观点，并确立了六点共识，代表了规划在理论和执行面的基本原则：

（1）以尊重的态度来改变：尊重茨林围在历史价值上和物质上的意义，确认它是圣保罗遗址的一部分。

王维仁建筑设计研究室作品

茨林围的现状是一个活的文化与建筑遗产，需要以尊重的态度来保护和改善；

(2) 城墙的象征意义：城墙是一个历史纪念物，是圣保罗学院和茨林围的重要组成部分，必须保存它的完整性，它需要被看到而成为城市空间的一部分，并且彰显其原有的意义；

(3) 对历史真实性的期望：茨林围的原真性是城市的遗产，必须同时从旅游者的眼光和居民日常生活实践的双重角度来叙事；

(4) 旅游活动设施的尺度：规划中的任何新设施设计，包括门厅、通道、庭院、古迹等，都应保持它的小尺度，与现有基地的模式协调，减少对现状的冲击；

(5) 对场所地点的经营：这个场所必须在不同的层面，透过细致的调控机制，进行审慎和循序的环境管理。基地内必须严格控制商业活动的规模和参与者，要以保护和维护的视角来经营；

(6) 调整街区的周边尺度：街区的周边是发展压力所在，是维持茨林围环境品质的关键。对于街区周边的建筑转变与发展，必须以谨慎的态度明确并加以调控。

3 策略

就上述的六个共识与议题，提出了5个规划的目标：

(1) 彰显基地的文化价值与历史价值：城墙、田园和建筑；

(2) 发展能够维系现有基地特色的规划设计方法和管理机制；

(3) 推广有文化意涵与历史意义的旅游观光活动；

(4) 维系整体社区的社会关系和人文参与；

(5) 控制建筑物的视觉品质和整体环境关系。

我们也提出了分期发展的规划策略，以确保茨林围的环境能缓慢而适度地改善：前三年，初步建设和维修；三年后，协调机构和可持续策略；后六年，新设施的准备与建立。在每一个阶段中我们列出了具体的目标与行动，以模拟在不同阶段的环境改变。根据不同的社会条件和管理机制，我们提出了三个策略方案，确认了茨林围主要的设计主题，彰显初步的设计构想：城墙花园；通道；建筑物的可持续保育；旅游者的地点；社区的空间；基地的完整性。这些方案或者由"旅游者的凝视"出发，或者由"居民的主体性"出发，反映了不同的观点与价值，也是对原真性的不同解释。

4 规划

茨林围的具体规划根据上述的规划策略发展而成，并通过分区发展的计划来执行。具体的规划将通过分期计划逐步实现。同时，以具体的公共设施计划作为规划的基础，提出了在基地中必须供应基础设施，以改善居住环境和公共空间。规划的具体内容包括：

(1) 界定了访客旅游和社区生活分别的巷道动线，期望居民生活不受旅游的过度干扰；

(2) 利用现有空间，形成社区和旅客共享的广场；

(3) 收回建筑损毁的空地，栽植树木，使其发展成为田园肌理的遗址花园；

(4) 利用现有建筑，将其改造成访客中心、博物馆、咖啡馆等公共设施，并逐渐开放沿着城墙的建筑，成为展示城墙与居民生活历史的公共设施。

现场照片

希望新的布局能够保持现有的社区生活方式，特别是那些在那里度过他们大半生的人们的生活方式。由于政府控制了大多数土地的所有权，特别建议成立一个半政府性质的机构组织来控制每一栋建筑的使用方式、公共空间的保养以及结构物和基础设施的升级。通过利用这样的机制，希望可以避免将来的城市绅士化以及商业化，以便于调控这个地方的实质性改变，并且保持现有场所的品质。

5 都市设计控制

茨林围的都市设计控制大纲是作为策略计划的法律基础拟定的，以此作为控制茨林围实体环境的策略计划的执行工具。围内所有建筑用地都以色彩编码和标识来表明每栋建筑用地控制使用的方法，或者给予重新开发的体量控制。都市设计控制大纲主要用于规范建筑的体量、尺度以及他们的实体外表面和使用情况。在了解了每一栋建筑物的土地所有权、控制权、居留状况、建筑类型、产权状况和使用改变状况后，我们制订了茨林围的控制规划图。调节茨林围的城市设计控制，基本上以两个方面的控制为主：

（1）调控周边街区：虽然围内周边建筑大多数是由私人所有或政府出租的，但是这些建筑作为茨林围的组成部分，应该在形式上成为大三巴遗址整体的组成部分。对于建筑高度和体量的控制是保证街道景观和立面尺度的必要工具。目前位于周边的部分大体量建筑，已经达到破坏基地整体尺度感的临界点，政府能否成功调控建筑尺度的大小是非常关键的问题。

（2）可持续性地维护围内建筑物：我们认识到茨林围在历史和地点上的重要性，其建筑物现状——它的尺度、肌理和特征，无论是传统街屋还是铁棚屋——都是需要保存的无形文化遗产，并且只能以具有环境敏感度的设计来重修或改造。大多数在茨林围内的建筑用地都是属于政府的，为了尽可能地从可持续性的角度维护社区和建筑，政府应收回这些历史建筑的结构物业权，以便更好地管理和维护。

6 建筑设计控制

都市设计控制大纲规范了业权、体量、实体改变和茨林围内所有建筑的使用情况；而建筑设计大纲是在建筑物需要进行实体改造时提供外形设计的规范指导，这个准则的主要目的是保护地方特性的可持续性和调控茨林围的视觉品质，而不是为建筑的保护设定严格的修复标准。

根据茨林围内建筑类型的现状，此建筑设计控制会根据它们的区位分布原则和建筑形态与建造方法拟订，并分为以下四种类型：街屋，棚屋，混凝土/砖屋以及多单元式公寓。建筑设计大纲的控制程度也根据建筑类型和历史遗迹的重要性而有所不同。对于茨林围内不同类型的实体结构物，完整的设计准则需要对所有将要保存的建筑实物的建造方法和材料进行详细的调查。设定了建筑物的控制和保护政策之后，应该对次林围的设计、重修和重建进行更深入的研究。

蓝顶实践
一个城郊艺术聚落的前世今生和未来

The Practice of "Blueroof" Project
About a Suburban Artist Settlement, its Past, Present and Future

家琨建筑工作室　成都蓝顶创意产业有限公司
Jiakun Architects　Chengdu Blueroof Creative Industrial Co.,L td.

作品名称：蓝顶实践——一个城郊艺术聚落的前世今生和未来
参展建筑师（机构）：家琨建筑工作室　成都蓝顶创意产业有限公司
关键词：创意激活；共生共享；文化引领

刘家琨，家琨建筑设计事务所主持建筑师。主持设计的作品多次获得国内外大奖作品被《A+U》、《AV》、《Area》、《MADE IN CHINA》、《AR》等出版，并应邀在美国麻省理工学院、英国皇家艺术学院、巴黎夏佑宫及中国多所大学开办讲座。

1 "蓝顶实践"的缘起

自20世纪80年代以来，中国的社会经济发展取得了举世瞩目的成就并改变着世界经济的格局，中国已经成为国民生产总值世界第二的经济强国。中国近现代以来追寻现代化的百年梦想和民族复兴的宏愿正在变成现实。与此同时，我们也遭遇了巨大的发展瓶颈。进入21世纪以来，在高速发展中积累的各种经济社会矛盾日益突出。"世界工厂"与之相伴的缺乏创新、粗放生产和资源短缺、城市化进程与农村的衰落、新型建筑的诞生与传统文化的消失、经济的增长与环境的破坏以及体制矛盾、社会保障、贫富不均等问题正困扰着当今中国。改变发展模式走可持续、创新型、资源节约、环境友好、城乡共同发展的道路是当下社会的共识。

作为国务院城乡统筹试验区，成都市在推动新一轮农村土地制度改革、实现城乡统筹一体化发展等方面走在了全国前面，同时，提出了建设世界现代田园城市，建立创意产业鼎立之都等新的发展思路。这一切为在成都进行新型发展道路的实践打下了坚实的政策基础。而这一实践不仅需要政府的推动，也需要全社会各个方面和各种力量共同参与、共同探索。

2003年8月，周春芽、郭伟、赵能智、杨冕4位艺术家找到成都机场路旁的闲置厂房，将其作为自己的工作室。因为厂房是铁皮蓝顶，所以将其命名为"蓝顶艺术中心"。随后，蓝顶的影响力、凝聚力逐渐放大，100多位艺术家聚集于此，成为中国著名的当代艺术群落。由于规划与自然环境的变化，2007年在政府的支持引导下，"蓝顶艺术中心"向东迁移到成都市锦江区三圣乡荷塘月色与双流、龙泉交界之处，并逐步在其周边形成蓝顶二期、蓝顶青年艺术村、栀子街等

用地规划图

上海市青浦区新城建设展示中心

鹿野苑石刻博物馆

艺术家工作室

胡慧姗纪念馆

新的艺术家聚集群落和散落的艺术创意机构。

蓝顶实践，正是要通过对蓝顶艺术群落在新区域的形成和发展加以规划、引导和总结，探讨在当今现实境况下如何实现创新型、可持续、资源节约、环境友好、城乡共享、经济社会同步发展的新途径，并探讨规划与建筑在这一实践中的介入和作用。蓝顶实践的意义在于它是一个在开放性的社会环境中现实的、具体的、正在进行着的实践，而不是一个乌托邦式的、特区式的、封闭的设想。它在具体实践中遇到的一切矛盾和摩擦，都是中国城市在发展建设中的普遍问题。因此这一实践的成果，包括经验与教训，思考与感悟，均具有广泛的社会借鉴意义。

2 "蓝顶实践"的理念与路径探讨

人类的创意是最根本的经济资源，工业社会之后，创意经济时代的到来正在改变整个社会和文化价值观。创意产业每天为世界创造超过200亿美元的价值，以高于传统产业数10倍的速度增长。创意产业已经成为美英等发达国家的支柱产业，中国未来的发展方向必然是在完成工业化的过程中同步跟上创意时代。

创意产业的发展和区域形成需要创意人才的聚集，而首先是超级创意核心的聚集，即由艺术、建筑、设计、教育、文学、音乐、娱乐以及前沿科技人才组成的群体。超级创意核心的聚集是创意产业区域发展的根本，而这类人群有着鲜明的工作生活文化特点及区域要求；如SOHO式的工作方式、LOFT的空间要求，个性化的工作特点、自由的文化氛围、时尚前卫的生活方式、兼有城市与乡村的区域环境、群落式的聚集与交流等。

当这些条件逐步成型，超级创意核心逐步聚集扩

蓝顶艺术中心艺术家与艺术家工作室

展，必然吸引更多的创意人士和机构聚集，并沿以下3个方向形成产业链和区域文化特征，带动当地经济社会发展、农民增收和文化共融：

（1）为创意阶层生产与生活服务的产业链——家政、保安、衣食住行、种养殖业等服务业、加工制造等；

（2）超级创意核心的衍生和下游产业——影视、动漫、广告、建筑、工业设计等；

（3）文化的扩展和影响——时尚、娱乐、休闲、会展、教育、体验式旅游等。

新蓝顶艺术中心（蓝顶2号坡地）及其周边状态的发展已经具备了形成以当代艺术为引领的创意产业区、创意产业发展轴及产业链的必备条件，合理引导、充分运用将走出一条创意聚集发展、城乡共享、资源环境友好的发展道路。其具体表现为：该区已经聚集了以优秀艺术家为代表的超级创意核心，其生活方式与工作环境的示范效应强大；青年艺术家及其他创意人士、机构已经开始聚集，艺术群落进一步形成；成都市城郊结合的地理位置、自然生态环境提供了优越的环境；城乡统筹土地流转带来发展机会；周边自然村镇的原生态的生活与文化为之提供了支持。

"蓝顶实践"就是要在这一基础上进一步稳固和扩展超级创意核心，形成特有的创意工作和生活的聚集地。创造条件，吸引更多产业链上的创意人士和机构进入，形成链式发展通道，同时为原住民创造更多的工作和发展机会，走出一条共生共享、环境友好的新型发展道路。

3 规划与建筑在"蓝顶实践"中的介入

规划与建筑的介入在"蓝顶实践"中有着重要的意义，它是"蓝顶实践"的物化体现，它要在硬件上引导和完成"蓝顶实践"对超级创意核心形成和扩展的作用，满足创意产业链式发展、区域文化与生活方式形成的需求，并处理好人与自然的和谐相处、新老社区人群共融共生的环境。

"蓝顶实践"的起步区规划100公顷（1 500亩），其总体规划原则是充分尊重自然生态环境，遵循田园城市发展理念。规划采用间隔性林盘式发展，保持林盘之间的农田，尽量利用原有建筑和建设用地，减少新征新建，最大程度地保留农田、维护农村自然与人文生态。区域规划要与乡村规划相结合，自然要与建筑相融合，产业扩展要与农田保护相统一，原有生产方式、生活方式、传统文化要保存和延续，使新住民与原住民共融共生。

在区域规划中的功能布局采用关键点引导，抓住产业链式发展的节点，渐次满足产业发展的硬件需求及人文氛围和生活方式的需求。具体而言，首先，在已经形成的超级创意聚集区——"蓝顶二号坡地"的基础上将规划扩展放大，形成具有强大爆发力的超级创意核心区；其次，改造农民住房及拆迁安置点，形成青年艺术村，"腾笼换鸟"计划，将搬迁企业、遗留厂房改造成创意工作空间，吸引创造多层次艺术创意人才、创意机构的到来，形成聚落；规划"蓝顶论坛"，兼顾会议、展示、酒店三大功能，形成国际性的学术高端论坛、艺术展示与交流、时尚产品的发布中心，占领产业制高点；规划艺术小镇兼具大众休闲与体验式旅游功能，工业设计中心则把原创艺术与应用型的产业设计相结合转化成生产力；充分保持和展现庙山村原生态的文化与生活，使其与艺术前沿生活互为补充、互为营养，形成同一区域内层次丰富的生活。

在具体的建筑介入操作层面，尽量使新建、改建建筑物与原始风貌统一协调，使其具有自然生长性，而不是突兀的天外来客式的建筑。在功能性上，建筑根据创意人士工作与生活的特点设计，采用低层高密度的大空间，满足创意阶层工作空间的特殊要求，建

现场照片

造更多交流空间，以便形成其特有的生活氛围和交流方式，聚集更多艺术创意人士和机构，同时实现高效率地利用土地。

4 实践进程和现实的矛盾

2007年5月，新蓝顶艺术中心在成都市锦江、双流交接的三圣乡荷塘月色二号坡地上动工，拉开了"蓝顶实践"的序幕。2009年初，蓝顶艺术中心正式落成，周春芽、何多苓等14位蓝顶重要艺术家入驻，蓝顶美术馆亦同步开馆。新蓝顶的建设不论在工作室的建设方式、组织形式、环境和条件上都创立了一个新的模式和标杆，受到业界普遍好评和政府的重视和支持。它的落成是"蓝顶实践"的一个重要标志性结点，随着这一制高点的形成，一批批艺术家及创意人士在附近聚集，逐步形成和祥苑、小酒馆、樱园、浪琴艺术会所等一批艺术家聚集地、具有文化特色的休闲场所以及散居艺术家群落。

2009年9月，成都蓝顶创意产业有限公司与成都市双流县政府正式签订合作备忘录，联手打造蓝顶当代艺术基地。同年11月，蓝顶当代艺术基地总体规划通过政府规划评审。基地位于双流县新兴镇庙山村，衔接已建成的蓝顶二号坡地，规划总面积100公顷（1 500亩），在充分保持原生态自然与生活环境前提下，将改建与新建相结合，打造一个集当代艺术、创意产业、时尚休闲、体验旅游、生活方式、自然与人文于一体的当代艺术与创意基地，"蓝顶实践"进入一个新阶段。

随即，作为基地发展引擎的5.33ha（80亩）核心区进入实质性的工作阶段。2010年土地流转指标及规划建设方案获政府评审通过，同时面向艺术、创意界征集预订得到积极的响应，至年底，核心区工作室预订结束。多名著名当代艺术家、建筑师、创意人士和机构，如罗中立、张晓刚、方力钧、刘家琨等确定入驻核心区，2011年2月核心区建设正式动工，计划年内建成。

与此同时，2010年6月，在租用和改造农民安置房的基础上形成的"蓝顶青年艺术村"开村，受到青年艺术家热烈追捧，30多位青年艺术家入驻。青艺村设有展示空间、流动艺术家工作室以及食堂、保安等，为年轻人提供发展空间和生活保障，是"蓝顶实践"的一个重要组成部分。2011年7月，在政府的引导下，在规划区内"腾笼换鸟"迁移部分乡镇企业，对厂房式工作室的改建工作开始启动，"蓝顶实践"正在向纵深发展。

作为"蓝顶实践"下一阶段的核心工程，蓝顶当代艺术论坛及艺术小镇在双流、锦江两地政府的支持下已进入规划设计，为"蓝顶实践"进一步深化做好准备。

"蓝顶实践"是一个在开放性的社会环境中现实的、具体的实践，在实践过程中遇到大量具体、现实的困难。它能走多远，能否被复制，都有待于实践的检验。在规划进程中，很多问题都是必须面对的：如何与政府的GDP目标及政府诉求对接；如何处理与原住民文化、思想、生活方式上的相互冲突及促进相互的积极影响；如何保证规划与用地的合法性，以维持艺术家聚集地常驻；如何在现实中实现发展与农民增收的统一、眼前利益与长远利益的统一；如何处理必要的拆迁过程中与拆迁户的矛盾；如何处理好经济运作的可持续性与艺术群落形成的草根性的矛盾；如何保持原生态自然环境与工作、生活的便利性；如何处理满足工作室大空间大面积需求与艺术家经济能力的矛盾性；如何实现节约土地与高密度建筑环境舒适性的统一等，这些问题都需要纳入思考并审慎对待。

带坡道的竹子茶馆
Bamboo Tea House with a Ramp

马库斯·海因斯多夫（德国）　上海筑竹空间设计有限公司
Markus Heinsdorff　Shanghai Bambuspace Design Ltd.

作品名称：带坡道的竹子茶馆
参展建筑师（机构）：马库斯·海因斯多夫（德国）+童凌峰 + 张恒
关键词：竹子建筑；设计结合自然；装置艺术

马库斯·海因斯多夫装置艺术家从1997年起就在其建筑设计中应用竹材，挑战传统的建筑材料。2008年起在上海与建筑师童凌峰合作创立筑竹空间，致力于在中国推广竹建筑。

假如自然界中不曾存在竹子，材料科学家也一定会发明它。竹子是一种令人惊叹的植物，作为一种天然的、可持续不断迅速生长的原材料，有着极其广泛的用途。专家们视这种快速再生的原材料为未来的材料，它更是亚洲文化和东方智慧的象征。

在所有陆地植物中，竹子的单位面积产量是最高的。根据竹子的品种与产地的不同，每公顷年产量达15~25吨，而欧洲云杉每年每公顷的木材产量仅为6～8吨。竹子每5~8年可以收割一次，而树木则要40年的生长期，有些甚至要100多年才能生成木材。世界上很多地区对木材的需求持续增长，竹子作为一种可持续发展材料成为热带木材的替代品，可以起到保护树木森林的作用。竹子是大自然赐予人类的、不同寻常的材料，其特征可以与现代高科技材料相媲美。竹子结实耐用，而且由于中间空心，质轻；竹子具备良好的力学性能，这方面性能比木材还好，有时甚至与结构钢不相上下，甚至更好；竹子很轻，具有良好的弹性性能，而这正是地震区建筑最需要的理想材料，因为它能承受地面震动，而不像那些由石材或者混凝土建成的"僵硬"的房屋常常会在地震中倒塌。竹子有时会被称作"穷人的木材"，但如今在奢华公寓中却越来越常见。随着生产成本的降低，竹子会越来越普及。在资源日渐稀缺、人口日益增长的今天，只需应用适当的加工方法，竹材能以其可持续性成为一种新型的先锋材料、未来的材料。竹建筑在演绎亚洲文化的同时，也成为可持续的绿色建筑的象征。

竹子建筑渊源颇深。中德两大工业国联合推出的超轻型竹子结构，在2010年上海世博会上展现出非同寻常的可持续设计和施工。竹建筑的设计，只有很少的建筑师和高级工程师敢于挑战这个向未来迈进的生态

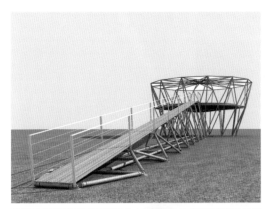

马库斯·海因斯多夫的竹子装置作品

型建筑。尽管欧洲、美洲、亚洲的许多重点院校的教授们研究过建筑替代材料，包括竹子，但是这些材料的应用规则仍有待建立。

马库斯·海因斯多夫是一位来自德国的艺术家、设计师、摄影师、设计工程师。在来中国之前，他已经在亚洲做过有关竹子的不同层面的实验，并把这种材料用最优美的艺术手法展示出来，可以说已经运用自如，同时达到了技术上的最高要求。马库斯·海因斯多夫是世上为数不多的、在建筑作品中使用原生竹管和竹集成板搭建而成的自支撑结构的设计师之一，由他亲手设计的名为"德中同行"的巡回展览在中国五大百万人口城市的"德中大道"相继举办，这是竹子被用作建筑结构材料的又一次展示的机会。这次系列活动的内容是，为未来环境问题提供解决办法。许多德国大公司也就新技术的发展和保护生态环境的可持续生产流程表达了看法。活动由德国政府发起、歌德学院组织，随之还举办了很多文化活动和学术座谈会，整个系列活动异彩纷呈。中国歌德学院前院长，迈克尔·卡恩·阿克曼（Michael Kahn-Ackermann）将此次展览设计和视觉设计交付给来自德国慕尼黑的造型艺术家马库斯·海因斯多夫先生。今日人们只能用"幸运"来形容这一选择，尤其是在竹展厅在世博会大获成功之后。可以说，竹子是一种无与伦比的建筑材料，成本低，符合生态环保理念，可多次循环利用，并且从某种角度上说有利于抗震。而这样一种材料却在中国现代建筑实践中几乎消失了。用竹子修建需要在一年内多次拆卸、运输、重组的各种展亭，马库斯·海因斯多夫的这一决定取得了一次辉煌的胜利。自2008年起，他在上海与建筑师童凌峰合作创立筑竹空间，致力于在中国推广竹建筑。在他13年坚持不懈的研发

现场照片

和实践过程中，不断涌现出了各种多功能的艺术装置以及展览建筑作品，面向未来的现代化设计形式与材料的使用正是以此为基础。此外，采用新的连接技术，以竹子为原料，达到连接的效果，也成为中德双方院校合作研究的课题。

此次成都双年展艺术装置"竹坡道"构筑物就采用了这种新型技术。也就是说，竹管之间的节点是由钢构件和混凝土构成的，用钢连接件连接、优化竹子和混凝土共同工作的性能，使竹竿可以抵御来自连接处的拉力或压力，除了能保证上述性能的提高之外，对外观产生的影响很小，甚至可以忽略。

采用钢连接件，以保证能够最有效地将来自支撑构件的拉力或压力传递到竹构件上。这些钢连接件通过插入竹管两端灌筑的混凝土中，在混凝土凝固的过程中跟混凝土牢固地连接在一起。由此，竹竿的承载能力不仅由竹子自身的强度决定，同时也由该连接部位的连接强度决定。为了达到竹材与混凝土连接的预期粘结强度，达姆施塔特工业大学所做的试验特别采用了一种新型的混凝土配合比，即使在含水率比较低的条件下仍然能很好地混合，而且这种混凝土配合比的确定还有生态学上的考虑。因此，安装钢连接件的时候就能较快硬化。此次艺术性装置构筑物——竹坡道以及竹子茶馆向大众很好地诠释了这一新型节点技术。当然，这些节点与竹集成板结合使用，便有了独特的由自然材料构成的高科技设计作品，竹子成为整个建筑中最具艺术表现力的元素。

竹坡道的设计实现了最少的材料使用，并遵循了可持续的设计原则。竹子体现了传统艺术与现代艺术的结合，最显著的就是它的审美感和可持续性，几乎没有一种材料能与之相提并论。因此，采用竹子这样的天然原材料构建坡道是非常好的构想。竹子生长在许多国家，这些国家不仅能负担起这一廉价的原材料，同时只需购置少量在连接点必须采用的水泥及钢质材料即可。为了这件为临时展览创作的艺术性装置构筑物在展览后可以持续发挥其用途，筑竹空间团队构想了一个与坡道相匹配的二层圆形茶楼。该茶楼是一个圆筒形的两层式主体建筑。这座两层茶楼连接着一段长30m的斜坡。主体部分同样由原生竹管构筑而成，并由对竹子建筑感兴趣的客户继续投资建造。它将与坡道一起作为独一无二的竹建筑，放置在风景秀丽的自然环境中，成为游客休憩和登高的景观建筑。

竹子就是这样一种能将传统与现代相结合的材料，并且能够带来独特的美学感受。没有任何材料能够代替它在可持续建筑中的地位。这座茶楼以及它的楼层和斜坡道设计，正是实现现代化与天然材料相结合的一个实例。

环保与高效、高科技与高质量、抗震性与前瞻性，这些都是马库斯·海因斯多夫对设计的要求和最终目标。这些目标不仅在竹子茶馆这个作品中得以付诸实践，而且也成为马库斯·海因斯多夫竹子建筑作品的特征。

景观规划基础设施
Landscape Infrastructures

斯坦·艾伦 | SAA（美国）
SAA / Stan Allen Architects（USA）

作品名称：景观规划基础设施
参展建筑师(机构)：斯坦·艾伦（美国）
关键词：景观规划；基础设施；生态多样性

斯坦·艾伦是美国著名建筑师、理论家和普林斯顿大学建筑学院院长，于布朗大学获得建筑学士学位，于库珀联盟和普林斯顿大学获得建筑学硕士学位。他曾工作于理查德·迈耶和拉斐尔·莫内奥的事务所。他与景观设计师James Corner合作经营Field Operation事务所并担任总监。他的独立事务所——斯坦·艾伦建筑师事务所(SAA/Stan Allen Architects)总部设在纽约布鲁克林。

1 从生物学到地景学

如果我们所在意的仅仅是事物原始状态的存续保留，那么坚硬的石头，如花岗岩，将是所有可见实体当中最符合此特质的物件。但是无机岩石能保留其存续状态的方式，并不同于其他有机生物赖以延续其存在的方法。岩石，我们可以说，它是以保持原状、固定不动的方式来抵抗改变，而有机生物则是以修正外在环境条件之改变，或是以改变自身的方式来迎合外部环境之变迁，抑或是以将外部变迁的状态并入自身的生存条件的方式来确保自体的生存延续。

葛瑞利 贝特森（Gregory Batocon）

过去20年来，主导前卫建筑思潮的隐喻修辞都是生物学式的：这是一种企图让建筑更为有机且生物化的研究进路。也就是说，建筑朝向更为流动，更能适应环境，且更能敏锐反应外部环境变迁的发展前进方向。从达西·汤普森（D'Arcy Wentworth Thompson）将自然形体描述为"原力的图式"（diagram of forces）的概念出发，先进的电脑科技已经在模拟这些塑造自然形体的动态原力。这些运用拟生形体与参量设计的当代设计策略，已经超越了1950年至20世纪60年代所采用的生物型态主义（biomorphism）的设计方法。也就是说，建筑师如今已经不怎么再去直接模仿自然的形体，而是直接去模拟自然界形体的生产过程。透过当代的数位科技，如今我们可以直接面对特定的结构、气候或是建筑计划的力量条件与限制，进而生成或是演化出新的形体结构。当我们惊艳于这些技术所带来的丰硕成果的同时，我们也应当注意到这些技术本身在概念上与生产程序上的限制。这些运用新科技所生产出新型态建筑的设计过程或许是动态性的，但是最终建筑物本身却是静态的——如果硬要

台北延平水岸基础设施城市设计

说它们本身会有所运动，那也是在一种极端缓慢的状态下。即使数字化制造技术已经相当进步，在由电脑软体程式所生产出的液态流量线的造型与物质及构造物流的可互动性之间，仍然存在着相当巨大的落差。将建筑视为身体的概念依旧停留在作为设计隐喻修辞的层面，而人与建筑间的代谢性交流，或是随着变动的外部情况一起共同演化的可能性，依旧是受到相当限制的。

基于类似的愿景出发，另一种不同于主流的思潮选择不采用单一物种的生物学形体演化观点，而是透过生态系统中的集体行为模式来模拟城市、建筑与地景的研究进路。

地景，随着时间而变迁、演化，并在各种力量的作用与抵抗下形塑其形貌。但是地景，或是一个生态系统，其变迁的时序则是远比个别独立的生物个体要缓慢许多。建筑则是介于生物与地质这两种体系之间——它远比生物个体的演化缓慢，但是相较于地质的变迁，则要快速许多。从地景与生态的角度——一个描述在长时间序列下物种与环境间的复杂互动关系——来作为操作的概念，则为建筑与都市研究提供了远比当前所风靡的生物形体与运动轨迹的进路更为适切的分析研究模型。抵抗与变化，这两个因子共同作用在现今的设计生产当中：它们分别表述岩石的坚

固不变的性格与生物对环境的流动适应性。

从这个观点（追随贝特森的理论）出发，我们可以发现，所有的演化其实都是一种共同演化的过程。个别的物种与他们的生存环境是在一种平行发展的状态下，持续地相互交换信息来进行各自的演化与变迁。生态圈，并不似建筑物，他们不重视边界的存在。相反的，他们跨越不同领域，从微环境到整个地域范围，同时间在不同尺度的环境下建构复杂的"生物－环境"间的交流互动关系。因此，这个演化进程的问题，便从设计过程——在建筑领域中一个短期且局限的时序部分——转移到讨论建筑、城市或是地景被身处之复杂社会、文化成形过程纠缠的长期生命周期。

为了要规范出有效的生态模型，一个新的研究疑问产生了。简单的说，在复杂且动态变迁的当代城市中，所设计出人为介入的方法在实践上与现实中的限制表现于何处？城市，不似建筑物，要即时划出并定其界线是非常困难的事。如今，建筑师们更着迷于大城市的问题，但是却越来越无力去控制城市的形体发展。在此，贝特森提出了进阶的课题。像城市如此这般复杂的系统，在定义上是无法被设计的。在某种程度可以说，如今我们认为城市中所真正具有价值的东西，都是来自于那些超越当初设计意图或是规划功能下所产生的事物。因此，当前的问题便是如何去设计

台北延平水岸基础设施城市设计

不可预期性与未来进一步超越的可能性。当代都市学需要新的研究工具来介入研究城市中现实的复杂性问题，像是科技、政治、社会生活以及推动城市持续改变的经济引擎等因子。城市是一个极度创新发展的地方，它的集体创作力与发展总是远超过于试图控制它的建筑学科或是都市学科。

如今我们逐渐认识到，要成功面对今天复杂的设计挑战，只能仰赖跨多部门领域的资讯分享与交流。我们需要在一个扩大的领域中共同合作，其中包括建筑、都市计划、地景、公共基础、生态环境和建筑计画等学科，并且我们需要将政治与经济视为重要的共同影响因素。至此我们可以轻易地发现，建筑的具体专业性在如此离散的领域里仅仅占有其中的一小部分。在某种程度上，这是地景都市学所创立的前提：它位于地域生态学、公共基础建设、开放空间设计和建筑的交叉点上。由于缺乏一个坚强的学科历史之故，地景都市开拓其自身来作为一个"次要"的领域，并将自身定位成一个综合性的学门，是位于各个相关领域的专业边界之上的。

地景都市学不仅仅在研究那些介于建筑物、道路与公共基础建设间"空"的空间。作为一个研究领域，它本身也介于各个相关联的学科之间。然而，如同这些观念在理论上所昭示的一般，地景都市学的具体实践依然落在传统地景建筑的边界里面，主要是讨论城市中公园与滨水区域的设计议题，并借此强化补充地景建筑师的专业能力。然而，地景都市学仍然需要一个扩充的机制性定义，用以打开通往设计规划整体系统与公共基础建设的道路：一个从地景都市学到公共基础建设地景学的转变。

2 重访公共基础建设都市学

环境生态学有一个主要的原则：不管是最恶劣的灾难或是最具灵活性的演化过程，任何事都有可能。

以地景都市学发展10年的历史脉络来看，如今重新审视这个位于都市学、地景与公共基础建设交叉点的学科，这个进程发展出了一个更具生产力的前瞻性研究方向。藉由从地景都市学这个离散的领域所学到的跨学科合作经验，由这个研究进路所再度兴起的重视公共基础建设的观点，则是再一次确认了建筑专业对于设计大型系统与结构的贡献。藉由公共基础建设的设计，我们提供了一条通往介入都市系统复杂性的道路。在此，设计占有重要的角色：没有人会去质疑设计公共基础建设的必要性。我们当前所需要的是一个新的心态，一个能够不将公共基础建设的设计视为仅需要满足最低的构造标准的心态，而是将它视为能够驱动复杂且不可预测的都市效应，并产生超越原

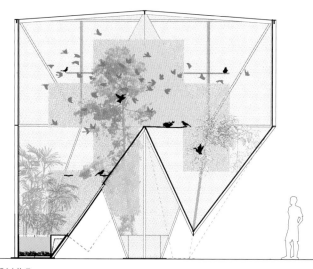

SAA作品

现场照片

始设计的发展潜力。40多年以前，汉斯·豪莱（Hans Hollein）拼贴了一张军舰的影像到自然的地景图像中，借此批判自然与科技间的彻底断裂。如今，他当年的洞见可被视为对当今环境僵局的预言，或者，换个角度来看，也可以视为是在当代生态理论这一新领域中提出一个反思自然与文化关系的新起点。

过去5年来，这个新领域一直是史坦·艾伦建筑事务所（SAA / Stan Allen Architect）在面对大型都市计画案时的工作焦点。即使并非十分全面，其中有三个主要的工作策略可以被连结回至过去对于公共基础建设都市学的早期推展研究，同时也开拓了新的设计技术与城市规划的可能性。

3 连结性：延平河滨公园，台北，2008—2009年

连结性是公共基础建设的主要操作模式。公共基础建设的主要工作是运转流通货物、人群、能源和资讯，并建立通道与节点来创造连结性。公共基础建设本身是静态的，但是它们却服务于动态的流动。因此要将注意力转移到设计公共基础建设上，设计本身要从捕获运动形式与拟生造型的双重捆绑中解放出来。

如果传统的公共基础建设之构造设计方法是奠基在线性系统上，并遵循动线的分流与降低冲突的原则来考量，那么地景工程学系带给我们的珍贵教训便是：连结的潜力并不是透过线性，而是透过扩张性的地表环境来达成的。这些地表环境可以使连结性成倍增加。地表是地景的领域，而这些弯曲或是折叠的地表环境是相对于建筑的垂直性面向，并得以将分隔开的空间重新联系起来，从地表连结性上操作，垂直轴线的具体物质化便是建筑物，而水平轴线的具体物质化则会是地景与公共基础建设。这个概念将基地视为一个连续的矩阵系统，每一个局部则可被区分成动线、建筑物、公共基础建设或是开放空间。水平向度与垂直向度彼此相互编织在一起，而两者都被视为是建筑的素材。

在基地个性主要是由大尺度公共基础建设所定义的延平滨水区域一案，我们主要的工作是在于创造新的公共河滨公园。这样的设计企图是无法藉由传统的地景设计策略来完成的。反之，我们提案重新整构这个都市公共基础建设中的一项重要构成要素——一座目前将城市与河水切分开来，高约8.3m的防洪堤防。在靠近都市侧的单面墙上，我们提议组建一个架高的堤防结构系统，借以塑造出新的地表层以打开通往河滨区域的通路，并建构出无障碍的可接近性。同时，亦于滨水区域的边界处创造出各种不同功能性的空间。我们在维持堤防原本高度的同时，亦增加了通往河滨区域的进入点，并且强化了河滨公园与城市间的连结性。一方面，我们新建构之地表层所创造的连结性开发了城市通往河滨区域的空间潜力；同时，亦尊重了该大型公共基础建设系统在原本建桥时的防洪本意。这个提案的规模是巨大的，其延续性的构造提案是在都市的尺度下运作其建筑功能。

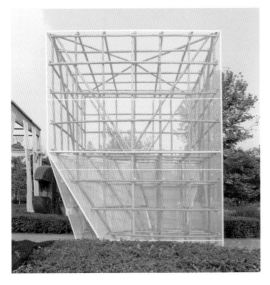

4 建筑明确性/建筑计划之不确定性：光桥码头湖滨公园，韩国

地景提供建筑一个新的模型来思考关于基地与建筑计划间的关系。在第一个案例中，其开放的场域几乎保障了任何事情都可能发生。运动、庆典、示威活动、集市音乐会、野餐以及各种非正式、随机即兴的事件。某种程度上，这是尺度的效应——地景远比建筑物要大上许多——但是这也与地景场域本身的开放性息息相关。但是"开放性"这词是具有蒙蔽性的。场域本身，借用库哈斯（Rem Koolhaas）所建议的语汇，是必须"被灌溉以各种潜力"。这也就是说，公共基础建设创造了密度的集中化，并以此驱动了活动的集中化。计划是无法自己规范出来的；都市场域中必要的自由度并不是仰赖自上而下的硬性规范，而是通过由下而上、自发的集体形成的。设计的限制必须策略性的重建、借以影响建筑物去容纳特定活动产生的可能性与潜力，创造能吸引人注意的物件以及规范较松散、具引导性的建筑计划。场域本身从来就不是中性的，是公共基础建设创造了差异与可能性，并以此服务且刺激当下与潜在的居民群众，一起共同组织充满活力的生活。

光桥码头湖滨公园是一个国际地景竞赛的邀请提案。市图最简报扩展中要求要为拥有16 000位居民的计划城市规划出一个都市公园来作为该城市主要的开放空间。两个现存的储水区域是基地范围内最重要的地标。然而，围绕在储水区域旁、可被利用规划的基地面积不大，而且在平面上呈现出断裂且不连续的状态。大规模的开发可能将此开放空间边缘化，并让已经非常脆弱的生态圈有更进一步破碎化的危机。为了回应韩国水原市官方，意图建立可被利用且具城市代表性的新公园空间的需求，我们提出一个整合"原野"的地景修复策略，试图沿着新"码头"结构来连结土地与水的关系。

最终的设计规划综合了地景、公共基础建设以及建筑，赋予该城市公园一个清晰而明确的新认同身份，并使它拥有足够的自明性来对抗该基地范围内已规划好的开发案。码头规划有周密的计划功能，意图促使该基地充满各种活动并容纳各项新颖的使用方式。借由把所有活动机能都规划局限于一条长带的范围内，并以码头的设置来保护基地内的生态圈，该案试图为当地的生态圈提供了一个安静的休养环境。通过地景修复策略的设计，扩充并丰富多元化了基地范围内的地域生态圈。公共基础建设地景化的设计策略不仅降低了对环境的冲击，减少公园与其附属设施对于能源的使用，同时还原清净的水源到原本的生态系统，修复自然地景，并生产新能源，以期未来能提供满足公园自身之所需。

策略

如果将本届国际建筑展的参展作品置于时间轴上——考量，那么策略部分无疑将位于整个区间的最前端。较之实践板块，策略板块更为前瞻、开放地表达了对未来"田园城市"的设想。这一板块共计展出27份作品，囊括了国内外具有代表性的年轻事务所和优秀建筑院校，这些作品从景观、产业、人工自然等多种议题切入，以丰富的展览形式（视频、模型、装置等）、操作方式和互动模式，呈现时代前沿的建筑与城市理念，描绘了真实可触的远景。

东村：集体发声

    平行东村　刘宇扬 龙怡

    居住区破墙开店申请指南　卜冰

    林盘城市基础设施　袁烽

    空中多层公寓——献给未来新城的住宅原型　祝晓峰

    街亩城市　华黎｜TAO迹·建筑事务所

    看不见的城市　陆轶辰

    不确定城市　直向建筑

    离合体城　阿科米星建筑设计事务所

    城市绿色网络　伊娃·卡斯特罗 普拉斯玛建筑事务所及大地景观研究公司（英国）

    成都工作坊　EMBT（西班牙）

装置：人工自然

    纤薄一层绿　偏建设计

    罄竹难书　卜冰 李子剑

    菜单　司敏劼 温珮君 黄旭华

    易云建筑　苏运升 张晓莹 胡俊峰

自拟：多元命题

    竹云流水　刘宇扬建筑事务所

    过去未来——水平面密度　周瑞妮（美国）

    轨迹的跳跃　WW建筑事务所（美国）

    液体生态　MAP事务所

    都市领域：扩展的日常生活地理环境　麦咏诗 邓信惠

    建筑　思锐建筑（英国）

    自然2.0　KLF建筑事务所（加拿大）

    命·运·脉：田园+城市+建筑的过去、现在、未来　朱成 吴天 鲁杰 季富政

    田园城市——城市田园　童明

平行东村
Para-Village

刘宇扬　龙怡
LIU Yuyang　LONG Yi

作品名称：平行东村
参展建筑师(机构)：刘宇扬建筑事务所
关键词：新城；碎化；生态链；公共性；社区空间

刘宇扬出生于台湾，毕业于美国哈佛大学设计学院，师从荷兰建筑家库哈斯，参与完成了中国珠江三角洲城市化的研究，先后工作于美国及任教于香港中文大学和香港大学。曾受邀策展第二届深圳香港城市/建筑双年展，并担任本届成都双年展国际建筑展的联合策展人。

　　基地处于成都建设新区，面临大量建设带来的城市生态与社区破碎的问题，方案策略试图通过对十字路口这一城市中常见的单元空间进行缝合来避免已经或即将在该片区发生的城市破碎现象。通过对基地自然条件及本土生物习性的调查与研究，方案引入"生态空间环"的概念以缝合生态破碎现象；同时通过对基地社区需求的调研，将公共功能重新组合，提出"社区公共走廊"的概念，使社区归属感得以加强，将社区的公共配套设施作为城市生态与生活断裂带的连接插件来应对成都东部新城建设中的巨大变化。

　　基地地处成都南三环路以外，处于"成都—龙泉驿经济发展走廊"上，紧邻城乡一体生态农业示范旅游区——成都三圣乡旅游风景区，该片区大量用地处于待建状态，小部分已建高层呈岛状零星分布，该区发展潜力巨大，将迎来大规模的城市建设。该区坡度局部较大（高达10%），这在成都平原是少见的，起伏舒缓的步行体验值得保留与引入设计。基地位于成龙大道旁栀子路与喜树街相交处，该十字路口四角地块差异明显：东南地块为高约10m的土坡，上有灌木生长，呈现自然的丘陵形态，自然度为四地块中最高；路口东北角较为平整，自然程度与东北角相仿；西南地块为10m高的土坡，上部植被已被清理，该方向视线所及之处几幢高层住宅正在建设，该地块自然度较低；西北地块北向与西向被已建高层住宅阻挡，该地块自然度为四地块中最低。四地块集成了自然土地、待建用地、建成区域这些建设过程中的不同阶段呈现出不同的自然度，这引发了我们对城市基本节点——十字交叉路口的关注。路口分割了城市地块，也分割了城市生态地块，由此产生了不同质感的地块，同时带来了生态的割裂。于是我们提出，是否可以

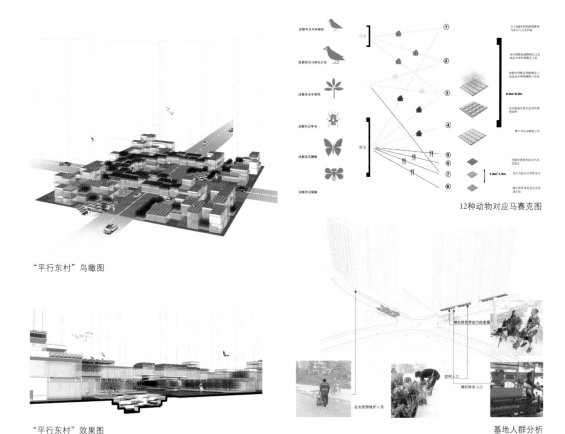

"平行东村"鸟瞰图

12种动物对应马赛克图

"平行东村"效果图

基地人群分析

由这一分割点开始缝合当前破碎的城市，将破碎转化为连接。

基地周边用地的自发使用情况相当有意思，同时也颇具研究意义。基地区域的人群集合了城市化过程中不同阶段的群体，从农民、刚农转非的人群到城市人口，人群混杂程度较高，伴随的人群活动也很多样化，且有许多自发活动产生，如自发的种植活动、临街摆摊活动、车辆街边停放活动。这些活动增加了社区的邻里感，但由于缺乏组织安排，形态凌乱。该区域在建设的过程中应尽量保全这样的邻里氛围，并使其更具组织性。

街道空间的使用上，北向机动车道的两侧车道被停放的小型车辆占据，原本的四车道只有中间两车道用于通车，两侧车道转化为停车场。人行道被沿街餐馆用于室外用餐空间，因为北向道路人行区域被中间

的绿化带分为靠近高层与靠近机动车道两个部分，且靠近建筑的部分较为宽敞，约7m宽，在绿化带灌木的荫蔽下形成适于停留的空间，沿街餐馆便利用该空间扩充实际使用空间。靠近机动车道的人行道部分则被小商贩作为摆地摊的空间。因为该处车流量不大，同时商业配套不完善，消费水平不高，老街巷中的卖花摊、修鞋摊在此依然存在。

西向机动车道自发形成沿街菜市，西向机动车道为四车道，其中三车道被蔬菜商的摊位占据，只有一个车道用于通行。市场形成的原因可能是该路段的通行车辆较少，且同时该区域缺乏蔬果供应的专门市场，同时周边的农田区域与农民人口为货源与交易提供了可能性。

西向机动车道南侧围墙根部有一条宽约3m的土坡带，现被北侧沿街商铺的店主作为种植蔬菜的自留

地。该"菜园带"长约300m，种植了该季节可生长的所有品种的蔬菜。据店家说，他们没有特定地分割该种植带，都是有兴趣与有时间的店家自行随意分割的。商家在照看商店的时候可以同时照看街对面自家的小菜园，也让自己之前作为农民时习得的种植技术没有完全被废弃。基地内部依然存有一幢临时搭建的小屋，被园艺师用作种植花卉的工作与生活空间，该小屋的有机感与相邻高层住宅楼的秩序感形成强烈的对比。

关于人口分布情况，由于该区域处于城乡空间的过渡区域，基地片区中有来自周边农村的农民：周边有大量生产蔬菜等农产品的农田区域，而新建居住区人口较集中，有销售市场，于是一部分农民到此销售果蔬等农产品；有刚由农村人口转化为城市人口的新市民：该地区农民在其土地被政府收回后大多被安置在附近。年轻人大多到外地打工，老人或不外出打工的闲置劳动力在该片区经营小商店或销售蔬菜。

由于该片区正处于大量建设时期，人口中有周边建设工地的农村户籍施工人员，由于工地数量较多，其中的施工人员常到此用餐或置办生活用品，同时小区内还有部分房屋在进行装修，装修队伍未完全撤离。城市管理配套方面，该片区的管理方式已经纳入城市管理体系，已经配有城市环卫人员。

基地周边业态主要有蔬菜售卖业、餐饮业、居住区配套功能的小商业、运输业。蔬菜售卖业主要分为两类，一类为西面机动车道上长约100m的集中搭建的售卖小摊群；一类是沿街零星分布的用筐篮售菜的菜农。餐饮业主要位于北面高层沿街一楼，用餐面积84~150m²不等，为中低消费水平的餐馆，适应当前周边的消费群体。居民生活配套小商业主要分布于西面街道北侧高层底层商铺，有小食品店、五金店、窗帘制作商店等满足装修以及日常生活需求的小店。互惠连锁超市已经在该区域存在，人们生活必需品在该区已基本可以购买得到。运输业基于机动三轮车、摩托车、小型机动车等多种交通工具。

1 原型生成与规模

基地位于十字路口四角而表现出来的自然度的差异引发了我们对于十字路口与城市生态及城市邻里之间关系的关注。城市被城市道路划分为分裂的地块，城市道路对于机动交通系统而言为连系体，而对基于步行系统的社区活动和基于生态连续性的生态系统而言则是割裂体。十字路口在此意义上是四周地块社区与生态层面的分裂体，我们力图改变这一现状，将十字路口作为城市生态与邻里层面的联系装置，像图钉

模型照片

一样将破碎的城市地块钉在一起。

根据中国常规的道路网间距，我们建立了街道宽为20m、地块边长250m的城市道路网。将十字路口四角各划出一个50m×50m的地块作为公建地块，4个公建地块与其围绕的十字路口作为一个整体公建群看待，在这样的划分下可以保证居住用地开发的方便性。起初我们每隔一个路口设置这样一个公建群，该公建群将承担4个社区地块（14000人社区）的服务量，公建区域的容积率将会达到4.0，明显过高。于是我们调整为每一个路口都设置这样一个公建群，十字路口针对邻里单位服务3500人的居住小区，容积率为1便可满足要求。且成都本土常见鸟类与昆虫的活动半径为500m，在自然生态上该区域为一个生态小组团的中心。该公建群与其服务地块形成一个自我在社区与生态上都完整的城市组件。该组件并非孤立，而是如同马赛克一样可以与其他组件无缝连接构成连续的城市拼图。

2 生态连接策略

通过对成都本土化生物的调查，我们选取成都本地具有代表性的物种，对其生存条件与生活习性进行研究，将物种类别锁定到植物、昆虫、鸟类上面。结合成都的地形，选取成都分布较广且在基地大量看到的陈艾、金钱草等中药植物作为植物代表种类，以蜜蜂、蝴蝶作为昆虫代表种类，以成都数量排名第一的白头翁与排名第五的麻雀为鸟类代表种类。

陈艾、金钱草等中草药生长区域为向阳，但不曝晒的区域，与之对应的生存单元为其他高大植物遮蔽的树阴下空间，结合建筑则为建筑灰空间。其繁殖过程受昆虫、风向的影响。

现场照片

蜜蜂的栖息空间为有遮蔽的缝隙空间，可为建筑缝隙，也可为树阴下的缝隙空间。蝴蝶活动主要的影响因素是气流方向与汲水区域，所以会常常看到蝴蝶在山谷地带成群飞舞的景象，微气候中的风和水对蝴蝶的活动影响较大。同时蝴蝶与蜜蜂都以花卉植物作为食物来源。因此，与昆虫对应的生存单元是花卉灌木种植区、浅水区、缝隙空间和气流流速较快的风带。

麻雀与白头翁的栖息区域为城市的缝隙空间，在自然环境中高度范围为3～6m的区域。在城市空间中可以扩展到更高处的缝隙空间。因此，鸟类对应的生存单元是城市建筑形成的缝隙空间与乔木形成的自然缝隙空间。

上述物种均不是单独存在，而是相互依存的，许多因素会影响该生态区域的运行。在上述物种中，鸟类与植物的受限因素较少，而昆虫对于飞行的要求较高，因此营造一个气流通畅的风带便成为实现生态连续性的主要的控制要素。由此引发了设置类似山谷的风带来应对十字路口生态断裂的想法。结合成都的主导风向为北偏东，于是设置一个走势近似北偏东15°的下沉生态走廊，再以此走廊为中心设置各物种对应的生存单元，最终形成自下而上的空间生态联系体。

3 社区公共策略

传统社区公建部分被分为文化教育、医疗卫生、义体休闲、商业服务、社区服务、室外活动等部分，以区块的状态分布于小区的各个部分。通常社区活动会因机动车道而被影响或阻隔，即十字路口成为社区活动的破碎点。在方案中，我们对社区的功能进行重新划分，将具有日常性的功能如银行、早餐店、报刊店从各功能分类中提炼出来，重组为居民日常活动发生的生活街道，将各个功能特征鲜明的地块串联起来。该片区居民对街道空间的自发使用启发我们在街道的上空结合高架步行系统设置该生活走廊，形成联系路口社区缺口的粘合带。具有鲜明特征的功能则分类放置于四地块上。考虑到基地四地块的自然度不同，基于充分利用基地现有自然条件的原则，根据自然度从高到低依次将室外活动与幼儿园、文体休闲与养老院、农贸市场、商业与餐饮放置到四地块上，以提出应对不同基地现状的策略。

4 原型衍生

原型提出了上部社区层、中部城市层、下部生态谷地的三层结构体，由于基地地处丘陵地带，地势起伏，在高度方向对原型进行适度的演变将会与周边基地进行融合。同时，原型中包含4种不同性质的地块，在新城发展的过程中会进行多样的排列组合，以适应不同地块的现状。原型使用3m×3m的正交网格作为功能排布的模数参考，当面对不同的道路相交状态时，网格将随道路网格进行适度变形以适应基地形态。该原型在空间与功能上都具有一定的扩展性，在新城建设的过程中将具备较好的适应性与灵活度，通过对生物习性的研究、对社区服务范围的探讨以及对新城公共功能的重组，建立起社区环、生态环、城市环三环相套的新城原型模式，在新城的发展过程中不断运用原型和衍生变体，使新城的建设过程同时成为完善社区、维护生态连续性的全过程。

居住区破墙开店申请指南

Application Guidebook for Conversion of Residential Property into Commercial Use

卜冰
BU Bing

作品名称：居住区破墙开店申请指南
参展建筑师（机构）：卜冰 / 集合设计
关键词：指导手册；转换；活力

卜冰，集合设计主持设计师，先后于清华大学建筑系和美国耶鲁大学获得建筑学学士与硕士学位；2000年加入马达思班，2003年创立集合设计。

城市从来不是静止的。

城市不是一堆静止的建筑物与景观绿地的组合，城市的意义在于其中人的行为与活动。

当代城市规划设计的困境并不在于空间的设计无法为城市问题提供最优的解决方案，而是在于任何静态的规划方案无论多么深思熟虑都将忽视并限制城市的自我发展变化的可能性。

这种困境在很多情况下被误导并转移为对建造速度的否定，对城市密度的否定，对大城市发展的否定。事实上，快速建造的城市并不一定就是先天不足的，今天已成为优雅的城市历史肌理片段的上海里弄在建造之初也是快速的；高密度城市同样可以活力充沛，如纽约与香港；超大城市更不是问题，讨论和眺望田园生活的雅士多数是住在超大城市里的。

如果观察到底是什么样的城市会出现问题，答案恰恰是那些寄托了无数建筑师理想的新城，从最年轻的人类遗产巴西利亚到中国沿海的各种新城。这或许是建筑学领域本身的一种局限和悖论，试图提供最优的方案以解决空间的问题，而当这个方案到达城市的尺度，往往由于其精准明确而在解决问题的同时，更

多地阻止了其他的可能性。

那么回归到关于城市设计与建筑设计的本质问题：城市设计应当以何种方式出现？是设计抑或是一种规则？从字面看，设计是柔和的，而规则是武断的；但在城市发展的实际情况中往往与其相反，因为无论多么柔和的设计，如果是强势地被赋予场地和城市，成为绝对的规则，拒绝与使用者对话并为其做出改变，那么城市将凝固为一个特定的状态，这是武断的。如果说这种状态在建筑尺度上，比如建筑师对窗帘、对建筑内的人的着装有过多要求尚可容忍，那么在城市尺度上则显然非常的荒谬。因为城市，特别是城市中人们生活的部分，需要的是自我更新与发展，而非大家对着终极目标的不断接近。所以，人们需要的是规则和对话，而不是仅仅依靠设计来解决城市的问题。

当我们抱怨各种新城多么的冷漠、无人性或是超大尺度居住小区的封闭无趣时，这里并没有设计本身的问题，这些设计都各自精彩，满足着特定客户的特定时刻的需求。这里的真正问题是，这些设计都拒绝发展和改变，是静态的。之所以人们会喜爱里弄和古

成都的商业休闲模式与现场照片

镇，喜爱小尺度的街道，是因为这些环境下城市的模块是小尺度的，易于改变的，人们看见的是各个个体的活动而非单一的意志。巨大的高层居住小区不是城市，因为这样的小区一旦建成是不会改变的，可以见到的个体的物质空间活动仅限于私密领域内，比如家庭装修；而对公共领域的一切，不管是小区会所的形态功能，还是绿化里的花草树木，均是绝对的服从。

所以在东村的策略中，我们尝试采用一个规则对话的机制而非一个设计，来改变单一居住社区的问题。这个规则是关于破墙开店，不仅是维护沿街界面的公共渗透性，也强调住宅小区内的空间在安全的前提下变成可以开放并且可穿透的。公共性的奖励机制是部分居住空间向商业经营的转换，以公众易于参与的半公共空间激活城市的公共性。在成都的特定文化背景下，茶馆是城市生活中最重要的、也是给每个外来者印象最深刻的空间，因此茶馆空间是这个规则对话机制中重点研究的对象。这里的矛盾也是显而易见的，多大限度上的公共开放性可以被激活，是面向本小区居民的公共性，还是东村区域性的公共性，甚或是更大限度面向市域范围甚至吸引游客的公共性？这个矛盾包含着安全性、居住舒适度等一系列问题，并直接关系到整个区域的基本特性。因此，整个协调机制也将围绕这个矛盾进行展开与讨论。

这里也需要说明，商业并非是唯一能够激活公共空间的方式，公共空间可以有大量其他的存在方式和激活方式。但是至少在绝大多数亚洲城市的经验中，商业是公共空间的最佳催化剂。这个原因或许与一些民族心理的特征有关，公共空间的使用作为一种无目的性或无功用性的行为被中国式思维所摒弃，而当其被隐藏在商业购物消费活动的背后即会拥有最佳的合法性。踏青是浪漫并存在于西方语境的行为，扫墓则是中国式的，而一直有所耳闻的在龙泉驿万亩桃花林下打麻将则是典型成都式的。在成都，低成本、低利润经营状态的茶馆作为一种特殊的商业模式，其与公共空间的关系一定是具有启发意义的。

所以，这个规则的目的就在于在东村的场地里找回最有成都本地特征的城市生长机制，同时也要证明高层小区与快速新城建设本身的无辜。

林盘城市基础设施
Linpan — A New Type of Infrastructure

袁烽
YUAN Feng

作品名称：林盘城市基础设施
参展建筑师（机构）：袁烽
关键词：林盘；城市行为；基础设施

袁烽，博士，上海同济大学建筑与城市规划学院建筑系系主任助理，
副教授，《时代建筑》专栏编辑，上海创盟国际建筑设计有限公司设
计总监。2008—2009年，美国麻省理工学院访问学者。多次荣获国内
外设计领域的重要奖项。

1 林盘模式与农业基础设施

传统四川林盘聚落贵在其隐匿自身的态度。与人类强化自身领域的聚居模式不同，林盘在满足居民自身聚居空间要求的同时实现了与自然环境的和谐相处。如果把林盘概括为一种模式，软质的竹林边界在实现相对边界的同时并没有割裂人居环境与自然环境的关系，并且巧妙地在自然环境中划出一片人居所需空间并给予自然一定的补偿，在实现自身界限确定的同时实现了在自然环境中的隐匿。如果把这样一种态度转换给城市，城市可否取得这样的消隐自身的状态，在实现城市基本功能要求的前提下将尽可能多的机会留给自然，而不是扼杀自然在城市中共存的可能，实现一种隐匿化的人居环境发展？

城市农园并不是一个新概念，竖向农业、农业景观等将农业与今日城市功能进行整合的概念已经在一些先锋实践者的操作下得到推广，但很少能将农业真正提升到城市不可或缺机能的高度。其一，因为城市土地的成本很难通过农业产出实现平衡；其二，很难在现有城市系统中找到农业的位置。城市农业不应该是一种点状的分布，而应该成为一个完整的系统，一种城市的基础设施。这样的城市基础设施可能会与传统的基础设施有所区分，它是一种活着的体系，同时会形成自己完整的一套运转模式，并影响着城市生活的最基本层面：食品供给。这样的一种结合在很大程度上对现有的城市生活和城市人口构成进行重塑，从而更合理地实现城乡整合。这并不是一种简单的回归田园或农业业态的城市植入，而是发现城市生活的缺失点并加以填充。

城市基础设施的最大特点在于其完整性和体系性，而城市农业基础设施式的植入通过多重结合的模

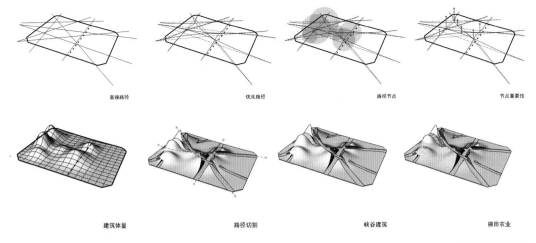

| 直接路径 | 优化路径 | 路径节点 | 节点重要性 |

| 建筑体量 | 路径切割 | 峡谷建筑 | 梯田农业 |

林盘设施图解分析

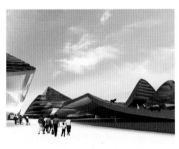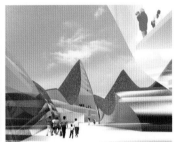

林盘城市设施效果图

式得以物质实现：与现有城市景观系统结合，成为完整的农园景观系统；与其他基础设施结合，如道路、桥梁、电力设施、水利设施等结合；与城市未利用表面结合，如屋面墙面系统……诸多非利用空间的存在也为城市农业基础设施的实现提供可能。在实现这样一种农业基础设施的同时，我们实现的是一种与自然妥协的态度。

这样一种与自然妥协的中庸态度正是今日中国城市发展所严重缺乏的。今日的中国城市，数字指标成为衡量城市发展的唯一标准，容积率、建筑密度、退界、日照时长、建筑间距、绿化率等指标在指导城市发展的同时已经出现了过度控制。唯指标论成为城市发展的至上准则，却忽视了对城市本身的诸多解读。城市混合度、城市行为、城市效率或者城市活力这些无法量化的指标被忽视，而这些看不见的指标往往是一个城市是否具有魅力的决定因素。中国今日单一功能化的城市分区、散点式的公共设施置入、物性至上的城市结构都指向了速度至上、数字至上的城市模式。诚然，密度是城市发展的基础，强度是城市发展的生命源，但对城市发展简单地转化为追求数字的实现是对城市自身机能的最大伤害，而且这种伤害是难以通过城市机能自我修复的。

2 东村实践——行为城市主义

东村实践正是在这样残酷的现实下的一种反思。现在的东村像一个营养严重不均衡的孩子，高密度的居住社区与非人尺度的巨大绿地空间相互挤压穿插，既看不到城市高密度带来的城市生活，又看不到城市绿地空间中应有的活力。人居环境与城市自然不仅互相割裂，而且彼此抵触，毫无城市应有的融合度可

现场照片

言。空置的公共设施用地更是强化了城市机能的不完整性，但各自为营的状态又无法看到成为未来城市活力的潜在可能。对这样一个极度营养不均衡的"患儿"，原始任务书中设想的针灸法可能也只是从表象上加以优化，无法从根本上调理城市现实，城市沦落为一座提供苍白居住空间的死城。这样的城市只有空间的密度，毫无支撑城市发展最基本的、同时也是最重要的城市行为的考量。

我们在思考伊始就遇到这样的窘境，城市空间在其建成后就陷入一种极为被动的境遇，而目前可供操作的城市积极元素又限制在城市发展的末梢部分，城市策略的操作只能限制在以自下而上的方式推进。我们试图在现有的被动城市空间中分析潜在的城市行为，并重建城市行为，以实现城市行为与城市空间的互补互动。通过这样的一种尝试，激发城市行为的活力，同时激发城市的自我修复机制，试图实现城市系统的新陈代谢。

城市行为被我们抽取为"不同人群客体在不同情况下所具有的行为路径"。这样一种路径来源于人群客体的行为特点，但同时受限于城市的现有建成空间。对城市行为的分析成为我们设计城市的起点。城市行为的特点在于其随机性与目的性的混合。同时，根据对城市使用者的不同定义，其行为模式也具有很大的区别。我们关注城市的公共性，而东村基本确定的城市格局带来的问题是城市空间被割裂为功能明确的公共地块，众多地块通过非公共道路加以串联。这样的格局必然导致潜在的城市公共空间也会沦为不模糊的功能性城市空间，导致城市随机行为的丧失。

我们的操作强调城市行为的随机性。为了创造这样的随机性，我们希望所有的城市公共属性的用地与空间都尽可能地吸收随机的可能性，打开边界，允许城市公共活动进入。同时，为不同的城市行为创造交错的可能性，以提高城市随机行为和功能行为之间交

叉发生的概率，将可能性留给未来。因为我们深知，最好的城市不是被设计出来的，城市的设计者需要根据城市发展和城市的需求不断地修改自己的设计。因此，我们在设计伊始只提供复合城市容量的基本城市空间，但将设计的重点留在对城市未来的保留和导则的制定上。开放而有弹性的城市系统是对城市行为的最好的应对。

3 复合行为研究下的城市林盘模式

在这样的城市系统中，功能节点不再是单一存在的客体。首先，它们是城市农业基础设施中的重要一环，同时它们通过对城市公共活动的串联实现了城市行为的最大化吸收。公共活动不再是一种简单的线性或树状的模式，而因为行为路径的最大化置入，实现了非线性和随机性的特性。这些特性又会因为空间的灵活而无限放大，使得即使是有限的公共活动空间，也会因为行为密度的提高使其空间质量得以提高。

地块内部的行为路径成为建筑体量生成的依据，而路网交叉叠合度最高的位置也成为建筑体量最大的点，这样行为路径及其使用可以实现功能上的一致性。而不同的行为节点之间和场地形成一种自然的山丘状外部形态，借助这种自然的坡地状态沿山丘部分布置梯田状城市农业用地，以保证充足的城市农业基础设施的容量。同时，城市行为网又在山坡之上切割出峡谷状的城市界面，形成建筑与城市的界面。城市隐藏于山丘状的田园之下，而行为又因田园的植入得以丰富起来。

单个地块也会因其属于整个公共行为网络和农业基础设施网络而受益，因为这样实现的行为密度远优于单一的空间密度所能提供的城市活力。借此实现的城市活力会进一步带动城市进步，从而实现整个东村的自我更新。

空中多层公寓
献给未来新城的住宅原型

Raised Multi-storey Apartments
A Housing Prototype for Future New Towns

祝晓峰

ZHU Xiaofeng

作品名称：空中多层公寓——献给未来新城的住宅原型
参展建筑师（机构）：祝晓峰 / 山水秀建筑事务所
关键词：住宅原型；公共空间率(PAR)；新城；社区生活多层住宅；高层住宅

祝晓峰，1999年哈佛大学建筑学硕士，2004年在上海创办山水秀建筑事务所。山水秀以平等和开放的态度看待所有时代、所有地域的设计资源。

　　成都东村提出的"田园城市"规划，在全国大量的"新城"建设中具有一定的代表性。虽然超大尺度的"绿轴"形成了宏大叙事式的"田园"，但在宽街道、低密度的路网内圈起的大量住宅区，却由于高企的容积率和覆盖率呈现出生活空间尺度的失衡。高层住宅里的居民乘坐电梯到达地面时，在自己的住房四周，只能面对极为有限的公共绿地和活动空间、周围高层建筑的尺度压迫以及缺乏亲切感的街道空间。想要得到点儿"田园"的意象，就得离开小区，到集中式的绿轴公园去。这种功能分区式的空间体验简陋粗暴，是当代中国新城开发模式的一大弊端。

　　在新城的居住生活中追求"田园"体验并无不妥，但历史告诉我们：在柯布西耶300万人口新城规划中，理想化的空中别墅住宅从未真正实现，而当代中国新城里一两条壮观的大绿轴，更无法在家庭尺度

的体验中实现"田园般的城市生活"。我们认为，让每户人家都能享有紧邻居所、尺度亲切的公共绿化或活动空间，才有可能使人的城市生活真正呈现出一些"田园"般的气息。那么，在当代中国高强度的开发模式下，有实现的可能吗？我们首先将视线转向了居民所熟悉的旧式多层住宅小区。

　　我们按照时代的代表性（20世纪50、60、70、80、90年代），选取了成都老城区里的9个住宅小区进行调研，定量和定性分析公共空间，并与东村新城中的高层住宅小区对比。为了便于直观地量化小区公共空间的品质，参照"容积率"、"覆盖率"、"绿化率"这些传统的技术经济指标，提出"公共空间率"、"人均公共空间面积"两项新指标，以及"有效公共空间"、"消极公共空间"等描述性概念。根据调查结果，这些多层住宅小区的公共空间，不仅在

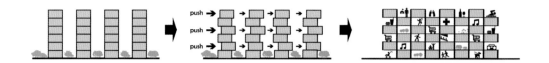

空中多层公寓概念分析图

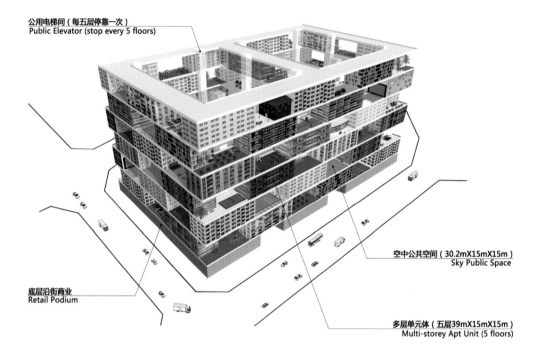

公用电梯间（每五层停靠一次）
Public Elevator (stop every 5 floors)

空中公共空间（30.2mX15mX15m）
Sky Public Space

底层沿街商业
Retail Podium

多层单元体（五层39mX15mX15m）
Multi-storey Apt Unit (5 floors)

空中多层公寓概念设计鸟瞰图

公共空间率和人均公共空间面积上比高层小区多，更在空间的尺度感、安全感、亲切感、层次感以及有效性、过渡性方面大大占有优势。总体来看，尽管这些多层小区建筑陈旧、居民收入水平较低，但小区内的生活气息浓厚，各种社交、文化、商业、健身活动积极而有序。能够方便地亲近尺度宜人的地面绿化和公共生活，是这些多层小区在公共空间上的最大优点。比起新建的许多高层小区，多层小区里每个个体的生活无疑与自然更亲近，也与社区生活更亲近。

对于接下来的问题，我们的界定是：在当前的土地操作和房产开发模式保持不变的前提下，能否挑战固有的住宅建筑类型，把多层小区在公共空间上的优点移植到高层小区中，从而在保持高容积率、高覆盖率的同时，大幅度提高"公共空间率"，并在公共空间的尺度、效率、类型上获得质的提升呢？

我们尝试对这一命题进行解答，其结果就是：空中的多层公寓——献给未来新城的住宅原型。

在我们的构想中，"空中的多层公寓"由可变数量的"多层单元体"组成，每个单元体长约30m，宽约15m，高约15m，共5层，有2个楼梯间，可容纳20~30户、50~70位居民。这些单元体以一种类似镂空墙体的方式叠放起来，总高可以达到100m或更高。这样，在每个单元体的上下左右都将出现一块约23m长，15m宽，14m高的半室外场地。这些与"多层单元体"一一对应的公共空间成为每一户居民都能够方便抵达的、尺度适宜的公共场所，并决定了整座建筑的交通方式：电梯间和疏散楼梯将独立地设在这些公共空间内侧，电梯每5层停靠一次。如果你是其中的一位居民，你的回家体验将是：从一层或地下车库乘坐电梯，抵达靠近你寓所的一个公共空间，然后从联系各个同层公共空间的连廊进入寓所的楼梯间，步行回家，步行的垂直距离不超过3层，因为每个单元体是5层高。

与过去的高层住宅相比，"空中的多层公寓"是一种巨构式的、却充满了公共空间"孔洞"的新住宅

高层建筑+低覆盖率+充足的地面公共空间

1930
乌托邦的新城
Newtown in Utopia

Highrise + Low Coverage + Generous Public Space on the Ground

高层建筑+高覆盖率+狭小的地面公共空间

1999
现实中的新城
Newtown in Reality

Highrise + High Coverage + Shrunk Public Space on the Ground

高层建筑+高覆盖率+高公共空间率

2012
未来的新城
Newtown of Tomorrow

Highrise + High Coverage + High Public Area Ratio

"新城"发展历程

现场照片

建筑原型，其公共空间率将由过去的30%~50%大幅提升至250%~300%，即公共空间的面积达到用地面积的2.5~3倍，占总建筑面积的60%~75%。

在这个开放式的原型结构中，蕴含着极为丰富的多元化特征。每个"多层单元体"本身的户型种类、搭配和外观都是可变的，而我们最期待的，当然是公共空间的多元化。在这些带来高"公共空间率"的"孔洞"里，体育、文化、绿地、商业等各类公共生活的形态都有机会被引入其中。这些空中的公共空间就是我们为高密度住宅居民提供的公共平台，通过预设的建造或是自发的改造，这些平台被赋予多元化的性能与品性。晨练、茶馆、绿阴、便利店、餐馆、非法搭建的小铺、自发的跳蚤市场等我们在调研中看到的、存在于多层住宅小区里的社区生活形态，完全有机会通过这些平台在高密度、高容积率的住宅里得以重现，甚至激发出更多的可能性。比如说，更多公共设施和建筑类型的引入，幼儿园、职业学校、图书馆、体育馆、办公楼、画廊……能提供如此弹性的原因是：这一原型在建筑实体和外部空间两方面所具备的均衡配比和尺度，使建筑实体无论容纳什么样的内部机能，都可以有充足的、有效的、宜人的外部空间与之匹配。我们认为，在奢谈"田园"这类概念之前，在每个城市人的家门口营造这样触手可及的公共空间，才是"硬道理"。有了对个体具备实质意义的平台，才可能怀着踏实的心情去眺望"田园"的梦境。

未来的新城，无论土地开发模式是否会改变，都需要面对高密度居住带来的一系列挑战，包括物理空间的量和社区生活的质。"空中的多层公寓"是我们献给新城的住宅原型，也是我们对现实和未来的建筑学回应。

街亩城市
Streetacre City

华黎 ｜ TAO迹·建筑事务所
HUA Li | TAO (Trace Architecture Office)

作品名称：街亩城市
参展建筑师（机构）：华黎/TAO迹·建筑事务所
关键词：街亩城市；城市农业；基础设施

华黎，TAO迹·建筑事务所主持建筑师，曾工作于纽约Westfourth Architecture和Herbert Beckhard & Frank Richland建筑设计事务所，2003年回到北京开始建筑实践，合作成立UAS普筑设计事务所。2009年创立TAO，从事建筑、城市、景观及家具设计工作。

街亩城市的提出，针对的是成都东部新城三圣片区存在的（也是现在很多中国城市普遍存在的）城市过于单一、缺乏活力的问题。具体体现在：由目前以利益最大化为驱动的城市土地开发机制导致的空间类型同质化；公共空间和商业服务空间的缺乏导致城市生活的单调；而过高的居住密度和公共空间的缺失又必然导致大量出行带来的交通和污染问题。

TAO的工作始于对成都三圣片区的调研，从实地调研建筑类型与市民生活到各种信息的搜索整理。面对这样一片以居住建筑为主要建筑类型并且建筑密度极高的城区，几乎每个人的第一反应都会是：在这样一种几乎没有空地的城区，建设田园城市真的还有可能么？经过对"田园城市"相关建筑理论的整理，我们开始寻求答案。

田园城市的意义显然不能仅从形态、景观等表象因素来思考，它既不应仅仅是一种视觉上的城市绿化，亦不应简化为一种田园风情的异地体验。现代田园城市应当根植于此时此地的城市，此时此地的中国，寻求一种真正可以与现有城市融为一体的田园经济模式，通过新机制的建立，自内而外地促发城市活力。正如当年霍华德提出田园城市其实是提出了一种社会组织和分配的模式，其具体的城市规模、格局、形态和尺度则是为了使这种模式行之有效的方法。

作为建筑师，我们需要为这一模式探索空间上的落脚点。街亩城市进行的就是这样的一种探索。一种将农业引入城市内部，形成"城市中的田园"的探索。

当代的中国城市，哪里还有留给田园的空间呢？直面成都三圣片区的现实，我们发现，可能只有街道还是属于公众的、可以利用的空间。尽管街道的尺度有限，但是，街道自身的延续性却可以赋予田园一种扩张感与蔓延感——这种无限延伸的绿色美或许正是田园之所以迷人的一个重要原因。这样的张力也远非是在阳台上种几棵菜或是周末去郊区体验那些伪农家生活所能够提供的。

接下来，如果单纯地从物质需要的层面解读城市对于农业的需要，我们会发现，得到了空间基础的田

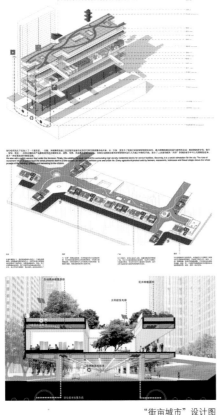

"街亩城市"设计图   现场图片

园经济在城市中的生根发芽是那么顺理成章：城市对高品质且安全的农产品的需要、农民对转变为农业产业工人而拥有城市身份的渴望、城市中对田园景观与减少汽车的要求（如果能像街亩城市这样一举两得岂不是更好）。

针对成都三圣片区的现状，我们在街道之上建立了一个全新的立体分层的"田桥"系统，像高架桥一样架设于现有街道之上。在田桥的顶层是平均30m宽、可以随现有路网无限延伸的农田。它以5m网格为模数，划分为不同的种植单元，蔬菜、瓜果、花卉（三圣片区的传统）、玉米、茶叶，不一而足。在这里，都市居民有机会自己种菜，体验农业生活；农民可以经营都市农园，转变为都市里的"农业工人"。这里的农产品是安全的，其价格符合市场经济，而且由于不需要远距离运输而减少了污染。

田桥除了有农业的功能，也是一个公园，居民可以在这里跑步、骑车、健身、游憩、观光。它不仅仅为城市提供了新的步行系统和户外运动休闲的去处，

还使原本各自封闭的住宅小区相互连接起来，而且不受汽车的干扰。当人们从住宅的窗户望出去，可以看到城市街道被绵延的绿色覆盖，看不到灰暗的路面与汽车。

我们在农田之下还加入了一个服务层，一方面，以缓解现在的服务设施不足而住宅却又高度集中的矛盾；另一方面，更是为了在设计能够控制的空间内，最大限度地激活田园与城市的互动。最新鲜的菜市场、餐厅、茶馆、花店……所有出售的农产品都是在市民的眼前生长、成熟、收获，而且最为便捷地获取。日常生活需求的就近解决亦将减少乘车出行，并降低污染。混合了上述诸功能的田桥系统在城市中可以无限制的延伸，成为一种全新的城市基础设施。

最后要说的是，我们期待的是引入"田桥"之后城市与田园获得沟通与互动的全新城市形态，并且实现一种真正基于市场需求的内在活力。我们设计的不是一座用来种菜的桥，我们设计的是一座（一种）城市——街亩城市。

看不见的城市
Invisible Cities

陆轶辰
LU Yichen

作品名称：看不见的城市
参展建筑师（机构）：陆轶辰
关键词：看不见的城市；可见城市；拼贴/意向的碎片

陆轶辰，本科毕业于清华大学，于耶鲁大学获得建筑学硕士学位后工作于建设部设计院、非常建筑。作品"曼哈顿无平面建筑"获2006年日本新建筑国际住宅设计竞技大奖一等奖，作品纽约"埃弗丽·费雪音乐厅设计"获2008年耶鲁大学弗兰克·盖里工作室弗莱德曼设计大奖提名。

1 看不见的城市

意大利作家伊塔罗·卡尔维诺在《看不见的城市》中，以马可·波罗向忽必烈描述他游历各类城市之见闻的名义，展开了一系列既含蓄又清晰的关于城市问题的讨论。书中所叙述的奇异城市不仅是一些虚构的远方城市，更是一些隐藏在城市表象下，往往被人忽略却至为重要的城市内涵。"看不见的城市"与"城市表象"平行存在，却是活着的城市。忽必烈十分渴望找到这座城市，甚至为之大发雷霆，直至最后才明白它根本不会以城市的形式被建造出来。

城市的内在结构往往不是独立存在的，像洋葱的结构一样，在城市的表象下还层层相叠并隐藏着"看不见的城市"。它们可以是卡尔维诺提到的记忆、欲望、符号，也可以是生活经验、空间归属感、历史记忆等，甚至可以是气味或者声音。有的时候，城市片段的意义大于城市名字本身；有的时候，城市像树木的年轮一样生长且不存在边界；还有的时候，新的城市在旧城逝去的瞬间诞生……这些看不见的城市真正支撑着市民的日常生活和心理、生理的活动，却往往为人们所忽视。

2 中国/成都城市化进程中被忽视的那些"看不见的城市因素"

同样，中国城市化进程中也存在着盲点。由于过度、过速的发展，中国在过去20年里的城市化把历史遗留下来的精华与糟粕一起抛弃了。经过半个世纪才形成的社会结构随着承载它的空间结构的消逝而迅速消失，取而代之的是一个个清洁、雄伟、现代化的理想化城市。它们在视觉层面上，有序、明确、容易理解，对开发商、市长和贷款者们有着强大的吸引力；但是在"看不见"的层面上，如城市内部到底是如何运转的等方面却做得远远不够。以成都为例，成都拥有一个如此亲近街区生活的市民文化和由此而来的不同于其他城市的活跃的时间、空间观念，那么如何挖

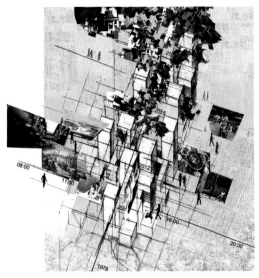

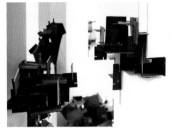

城市意象概念图

拼贴的城市架构

掘那些促使人们生活在成都的秘密理由，并将之应用到成都的新城建设中去？

同样在成都东村，作为一个以文化创意产业为功能定义的新城，面临的最大的城市问题其实不是"看得见"的形象问题，而是如何建立起形象背后的一个有活力的、可持续发展的社会结构和与之相应的文化交流集聚的产业空间。东村的"高地高密度、谷地低密度"、"一环、两轴、三岛、一中心"这样的大策略都是良好社区规划的必要条件，但不是充分条件。同时，可以看到东村的规划还停留在棋盘格、宽大道路和地标性建筑的思路上。在这些表象之下，创意产业区运转的机制、合理的城市公共空间体系、均衡的街区尺度、丰富的城市生活痕迹，这些城市设计中的"盲点"是新城规划设计中更应重视的因素。

过分强调新城的"视觉性"，而忽略对那些隐藏在表象背后的城市因素的引导和积累，还会带来众多的社会问题：大面积拆、建造成的历史和乡土文化传承的流失，使得城市居民失去了地域归属感；没有均衡的城市公共空间体系，良好的社会秩序就没有载体；围合式管理下的高密度商业楼盘建立的"孤岛式"的居住环境，造成群体压抑、家庭暴力时而发生；城市设计中被分割的居住、办公与购物空间，无形中又增加了汽车交通流量的压力……

3 看不见的城市与可见城市的拼贴

在概念层面上，我们的作品"看不见的城市"是应对上述问题的空间策略，试图揭示这些"看不见的城市"，将它们变得"可见"，并将它们捕捉入一系列"意向的碎片"。通过将这些碎片以蒙太奇的手法解构、编辑，并拼贴在城市肌理现状上，勾勒出高密度和虚拟的城市生活架构，以此展示并呼唤中国当代大规模城市化进程中缺失的对地域人文、历史传承、社会结构等一系列城市问题的关注。

在公共空间的层面上，针对公共空间密度失衡、尺度过大、城市公共空间边界过硬的问题，通过对时间、事件、城市文本的解构，形成一系列可见的、虚拟的"成都生活构造物"，并研究如何在此基础上建立一个生长变化的、共生的新机制，鼓励多元化、可变性、连续性等特点，力图创造一个能适应发展需求、适应成都文化的具有可变性的城市空间载体，以鼓励自发性社区结构的形成，并把市民生活重新请回到场地上来。

在展览层面上，凝固的意象构筑了一个高密度的、虚拟的成都生活构造物。通过将城市现状的建筑实体与凝固的意象拼贴而成的构造体，由已建成的建筑实体（塔楼、板式建筑等）与人的抽象行为结合而成的拼贴，形成对街区文化的解构阅读，也是介于三维与四维

之间、生活与建造物的图底关系的客观表述。

城市仅仅是抽象的概念

是人们协约及了为实用构筑的虚像

传播和继承的过程以城市实体存在

观者在城市中漫步

阅读着时间的文案

生活的片段在眨眼间定格

凝固的意象在想象中拼贴

生成记忆里城市的印象

城市的全景难窥全貌

每时每刻它在时间的脚步中生长、演化、衰亡

时间是城市的另一个造访者

它在城市中的投影得以保存

如同琥珀和火山

在未来的某个瞬间被重新发现

即便没有战争

城市也不乏废墟

过去的建设渐渐消失

又在未来重新建成

重建与摧毁在同一时间共存

局部的覆盖重整将会取代大规模的城市化

保存在记忆中的时间的投影再次出现

人们呼唤记忆中的故事

木阶，甬道，阡陌，田园

再造者运用记忆的片断推动城市的进化

城市的进化就是碎片的反噬

进化中难免冲突和挣扎

完整性不复存在

网格逐渐消解

平整的立面被撕裂

片断复制，联合，侵蚀，填充

在旧有骨骼中构筑新的组织

不可预测的自由形态取代几何

展示新的空间创造的可能性

拒绝成为新的中心

又继续逐渐消解

城市的意向最终不可获得

生活的意义不断向外扩散

田园存在于过去，现在以片段的形式重现

随意性和不完整性不断拆解和解构城市机器

物我之间，不断生成转换又不断消失

共生互动的城市就是默契、平衡的田园城市

不确定城市
City of Uncertainty

直向建筑
Vector Architects

作品名称：不确定城市
参展建筑师（机构）：董功 徐千禾 林宜萱 何剑桥/直向建筑
关键词：新城；城市规划；街区；不确定性

直向建筑由合伙人于2008年在北京成立，是一家专业性建筑师事务所。合伙人接受过完整的建筑专业教育，并先后在美国著名建筑师事务所工作多年。以坦诚直率的态度来面对建筑设计，并在工作过程中坚持清晰的设计方向是公司秉持的原则和追求的目标。

1 城市的扩张

自19世纪末发明了汽车和电梯，城市就开始不断地向外扩张，向上攀升。中国在20世纪50年代至80年代开始大规模兴建住宅楼。以"单元"为基础的社区划分，构成了普遍的、同质化的城市单元。自90年代后，随着经济改革开放、产业结构调整，城市人口大量增长，城市化的脚步也急剧加速。另外，深圳建设模式的成功，带动了新城的发展。至今，中国各地的新城建设仍在如火如荼地进行。

1.1 城市面貌的变迁

随着城市的扩展，城市的面貌发生了改变。旧时以城墙为界的城市不复存在，低矮的、水平绵延的城市景观先是被代以工业厂房，继而为象征现代化的摩天大楼取代。因不同的地域条件和历史积淀形成的城市独特和多样的景观，被水平方向挤压，剩下单一的

面貌，名为"现代化"。

1.2 凭空而立的城市

各地城市皆经历了相似的城市变化。先是中心老城同心圆式地向外扩展，继而在辐射方向上周围的乡间土地上建立卫星城镇。这些在广阔土地上凭空而立的城市，由于缺乏城市形成的自然演变过程，甚至缺少中心城市的凭依（除了几条交通干道的连接外），建设依循的是一套秉持经济和功能原则的城市规划体系，其最显著的特征是以车行为主设立的街道系统和大街区以及单一功能、单一分区的用地原则。

1.3 数量化的城市：越来越相像的城市

城市规划企图以一套科学性准则建立城市。在建设伊始便确立了好坏、正确与否的标准，不容许模糊性、可变性的存在。城市的面貌转变为数字描绘：为了高效的运输，增加车道，道路宽度至少在20m以上；

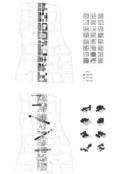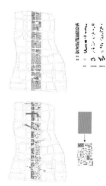

"不确定城市"概念解析

分区范围在800～1000m之间，居住组团则在150～200m之间；建筑物限高85m，地标建筑可达100m以上；建筑密度35%，容积率2.5，绿地率30%……城市的抽象向度消失，记忆的、感觉的、隐匿的城市不存在于被"正确、合理"规划的城市里。城市的面貌却也因此越来越模糊，越来越相似。

1.4 城市的边界：断裂

由于城市的范围被清晰地界定，而其所邻的区域经常是以居住功能为主的单一分区或宽广的绿化带。城市的边界被车道更多、宽度更广的外环快速道路与周遭环境阻隔开来，也阻绝了其自然地理上的联结，从而消除了城市自然向外扩展的可能性。城市的边缘意味着断裂：景观的断裂与活动的断裂。

1.5 城市的品质：复杂、丰富、不可知

城市令人着迷，原因在于城市汇聚了多样的可能性。不同的人群、事物、活动、新旧城市肌理交错，不同时期城市演化的沉积、异质化事物并存的对比……城市从不令人厌倦，因为人们无法窥知它的全貌，并因此一直保持着一探究竟的乐趣。

1.6 人为的有限性

人是城市的主体，城市是人造的产物，或更准确地说，是人性的产物。人性的欲望在此彰显，而城市的多样面貌，则反映了人对变化多端、丰富、新鲜的生活的追求。科学的规划手法固然反映了人对美好生活的向往，然而依循效能原则产生的各种制式规定也限定了城市的可能性。

2 成都东村

成都自古以来就是西南地区重要的政治、经济、文化、军事中心。悠久的历史和丰富的自然景观造就了成都特有的人文景观和宜居环境，它是全国绿化率最高的城市之一。在2010年出台的城市建设政策中，确定了将成都建设为现代田园城市的定位。

成都的城市发展和许多大城市相似，从中心古城向外扩张，建设了东部、西部、南部、北部新城，并同时打造6个城市组团。田园城市发展方向的确定，不仅反映了成都原有的宜居特色，也是对创造丰富城市文化目标的追求。

我们在东村选取的策略范围，考虑的并非建立某一特殊的建筑景观，而是企图提出能容许城市可变性存在的城市架构。因此，我们选取了三圣片区的中心长形地块，其涵盖了商住混合区、行政区、居住区等不同分区，侧边及中心有连续绿化带穿越。这个策略范围是整体新城的缩影，反映出在现有的新城架构下道路、建筑、分区、绿化带等不同的关系。

我们提出的城市架构名为"不确定城市"。

3 不确定城市

3.1 新城的必要性

城市化已成不可抵挡的趋势，为了解决越来越多城市人口的住房需求，城市需要更多更高的楼房。城市不可能一味地复古，保持旧时景观。在欧洲，第二次世界大战之后至20世纪70年代间大量兴建以柯布西耶"光辉城市"为原型的新城，以解决外来移民及社会中下阶层的住房问题。空旷的城市空间，同质性高的特定居住阶层（其中隐含了在政治、经济权力上的不平等性和被排斥性），随着时间的推移引发日益增多的社会治安问题，新城也因此具有负面意涵。这在中国则不然，在喜新不厌旧的普遍认知下，"新"代表了现代化，充满了对未来美好生活的憧憬。另外，由于"有土斯有财"的固有观念，新城建设必然伴随房产开发这一事实，在新城居住甚至成为财富地位的象征。

3.2 新城的生活

搬入新城经常意味着更好的生活。摆脱了低矮平房的破旧、脏乱、用水不便等问题，新城的住所里有着不虞匮乏的热水，有抽水马桶、煤气，住所也更为

城市意向图片　　　　　　　　　　　　　　　　　　　　　　　　　　　　　　　　　　现场照片

明亮，面积也较大，并有着相对而言较干净的居住环境。然而，因日照、朝向问题往往形成分离、独立的楼房配置，以及按车行系统要求规划而成的宽阔人稀的街道。沿街的商铺消失了，街道成为单一功能的过道，再加以对住宅楼里公共空间（电梯、廊道、门厅）的疏于照顾，新城里的公共空间成为人们行色匆匆经过的场所，邻里关系不存，街道生活不再。

3.3 规划的限度：规划还是不规划？

我们承认新城开发的必要性，但在城市扩展的状态下，车行系统也有其需求。随之而来的是不可避免地以车行道路形成的街区划分地块。在这种规划下，是否存在不被完全规划的可能性？容许产生更多人的活动的可能性？

3.4 自由框架：开放系统，容许城市的可变性

其策略如下：

（1）架构的订立：不改变原有区块的定性，维持车行系统

不改变原有以车行道路形成的街区架构和各功能分区的定性。

（2）混合—开放性的划分

单一分区并非是单一功能区划，而是各分区皆含有居住、办公商务、文化公共和绿化休闲的功能。各功能用地的配比依据各分区的定性而有所不同。各功能用地的区划以配比为原则，依据所邻道路的状况，特殊地带的穿越，甚至土地开发权的取得者都会有所不同。

（3）肌理：不同城市肌理图层的叠加（历史性的、空间性的）

城市里有不同时期形成的城市肌理的沉积，高密度低容积率的肌理（以居住功能为主）、高层高容积率的用地（以办公商务功能为主）、特殊建筑和低密度地块（以文化公共功能为主）和空旷的活动用地（以绿化休闲功能为主）。订立这些不同肌理的原型，并应用于之前的用地区划上。

（4）联结：从点到线的活化剂

建立在原有城市规划下各特殊用地和不同分区之间的联结带决定了其属性。例如，在车站和综合用地之间形成的商业联结带；在学校、市场、体育馆和综合用地间为以体育健身功能为主的联结带；在文化设施和公共设施用地之间以文化功能为主的联结带；穿越中心绿化带连接居住区和公共设施用地则以休闲功能为主。这些联结带打破了原有的功能分区的单一性，成为城市景观里的活化剂。

（5）模糊化：暧昧性的边界

各用地区划的边界并非是限定的，边界可能伸展、跨越、穿透。车行道路也非单一的线形景观，联结带的穿越打破了线形道路的单调，而暧昧的用地边界则模糊了车行道路强有力的空间形象。

（6）分散：绿在城市间蔓延

高度集中的绿地由于尺度巨大、缺乏交通便利性，日常只能承载低强度的活动功能。将集中的大尺度绿地分散为尺度不同的绿化用地（足球场、公园、绿化阳台等）散布于城市间，绿从集中绿化带分散到各城市角落，甚至建筑的立面上。

4 多变性的未来

4.1 区块的重组与再生

不确定城市的架构除了在建设初期容许可变性的存在，随着时间的推移，用地区划也可能因土地所有权的转换而改变重组，并再次形成不同的肌理组成以及与城市的关系。城市因此也经历着微型演化和不断改变的过程。

4.2 街道的演变

车行系统是目前城市发展下不可避免的状态，但也可能在未来发生改变。暧昧的道路边界预示了未来街道改变的可能性，车道可缩减，街道的功能可能更加丰富而多元。

离合体城
Urban Acrostic

阿科米星建筑设计事务所
Atelier Archmixing

作品名称：离合体城
参展建筑师（机构）：阿科米星建筑设计事务所
关键词：聚合；离析；分解；重构；混合

阿科米星建筑设计事务所由庄慎、任皓创立于2009年7月，事务所认为设计需要消除从专业领域到社会价值的各种狭隘的界限，不放弃各种可能性的尝试，以实现在中国现实中关心普罗大众的新设计。他们感兴趣的是城市复杂文脉中的多重需要，建筑中的非单一性，设计中的混合组织方式。

　　此次双年展的主题是"田园/城市/建筑"，三者都指向人工参与或创造的生存环境。随着城市化的发展，它们之间的矛盾似乎越来越大。双年展的主题试图以东方式思维切入，通过模糊城市、田园间的对立来思考城市发展新的可能性。我们认为，中国快速城市化带来的生存环境与城市生活之间的冲突是城市化本身必然存在的问题，不能试图利用传统的田园策略或理论化的乌托邦思维来解决，而是需要通过对于城市化或者后城市化的理解与实践来寻找改善之道。"田园"与"城市"的关联性在于它们的相互参照，"田园"的美好在于它是我们想象中的心灵栖息地，而城市同样具有给人归属感与融入感的力量，发现并利用这样的力量，正是我们寻找的道路。城市和田园并不对立，而是具有相互融合的潜力。越是复杂的城市中越有可能隐藏着它的"田园"，我们的城市不是

太"城市"，而是还不够"城市"，我们的城市应该鼓励更有内涵的高容量、更有公共性的高密度、更有选择的多元化，在那里，社区生活、城市族群乃至个人都可能形成他们的生态空间。城市应该更耐人寻味，城市应该更不可捉摸，城市应该更变化多端，城市应该变得更未知……

　　东村的现状是今天中国随处可见的新城规划模式，从较大范围来看，区域内配套齐全，指标均衡，道路宽阔，不同地块有着各自的属性，住宅区的密度也不小。然而，每一个地块都被快速干道分割成封闭的孤岛，住宅区均为封闭小区，缺乏足够的公共服务设施，而商业区及公共绿地则因为远离居住区、可达性不足而缺少生气，貌似完善的城市设施并没有带来丰富的城市生活。

　　在我们看来，城市的本质在于公共聚集和生活交

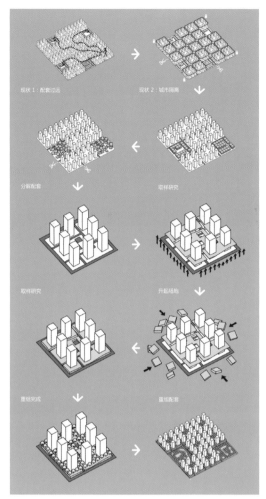

设计分析

鸟瞰图

离合体城效果图

离合体城效果图

现场照片

融，无限蔓延和各自封闭的区域只会造成资源的浪费和社会的隔离。

针对已经存在的城市现状，我们试图通过功能的分解和重组，将原本单一而相互隔离的田园、建筑和城市转变为混合而相互关联的田园、建筑和城市，空间多变、尺度宜人、活动丰富。

我们选择三个居住地块作为实验样本，保留城市格局以及小区内主要道路结构，整体抬高一大层，其间布置从其他区域拆解回置的功能设施，主要是商业和公共服务设施。公共区域的屋顶则辟为高低起伏的绿化区域，不同体块之间通过高架的步行道联系。这样一来，原来封闭的小区道路转变为城市街道，两侧是商业及服务设施，很容易形成热闹的市井气息。屋顶的绿化不仅可以让居民直接享用，还充当着居住和公共功能之间的屏障，阻隔视线和噪声。原来水平分区的居住、商业和绿化功能现在垂直叠合，形成家居、田园和市井的三重复合功能，水平管理的模式为垂直管理模式所取代。通过分解重构形成的混合城市中，道路转变为街巷，封闭小区转变为开放社区，相互的隔离转变为相互融合，城市公共生活和互动交流增加了，城市活力自然也会增加。曾经徒有其表的城市变成真正宜居的环境。

被撤空的商业用地将暂时空置，作为公共绿地和后期储备用地，这也是对城市用地的疏解和保护。

这种策略不是建筑层面的改造和再利用，而是城市尺度范围内的重构。不追求对象被直接拆解后的意义和价值，而是接受拆解后的对象，通过组合使其具有更丰富的内容，是以如离合体一般的城。这是重新思考城市化的方式和可能的结果，对已经建成的新城是一种优化策略，对于未来的城市化模式则是一种指导意见。

（离合体又称"增损体"、"拆字体"。它是通过利用汉字的笔画、结构进行增补、减损、分离，合拼，转动，夺字等方法组合而成谜底。）

城市绿色网络
Urban Green Network

伊娃·卡斯特罗｜普拉斯玛建筑事务所及大地景观研究公司(英国)
Eva Castro ｜ Plasma studio and Groundlab （UK）

作品名称：城市绿色网络
参展建筑师（机构）：普拉斯玛建筑事务所及大地景观研究公司(英国)
关键词：聚合；离析；分解；重构；混合

普拉斯玛建筑事务所及大地景观研究公司从成立以来即把建筑看作空间表达的主导，作为一个都市、文化、政治和社会的工具，并关注于建构的环境。

成都绿色网络策略旨在将总体规划中的城市周边绿地通过公共设施和移动设备相互连接，形成一个包括道路、运河、湿地、运输走廊和绿地的网络，为成都的公共空间提供框架。

此外，绿色网络计划将成为一个锚点，整合配置这些公共设施，从而使排水、管线等设备不再深埋在地下，而成为公共领域产生的基础。

为达到这样的程度，绿色网络涵盖了诸如清洁策略、污水与雨水收集与绿地营造、生态走廊、公共开放空间、运动场所和休闲场所等元素。绿色网络营造了一个主要控制网，使城市肌理、公共空间和基础设施更加清晰明确，同时将能与成都的街区紧密结合，形成各种各样的活动。

1 绿色网络策略

绿色网络的设计策略包含众多子策略，它们相互交织，相互联系，以实现上述目标。

(1) 种植策略；

(2) 水策略；

(3) 流动策略。

1.1 种植策略

种植策略的基础是三个主要的生态系统——水、丘陵、平地。一条蜿蜒贯穿整个网络的水利设施将三者连接并激活。

现存的和计划中的树木的种植与这些生态系统结合，形成植物的自然共生网络，使不同的物种各尽其能，从而，从生态学角度看，发展了一个生机勃勃的线性公园绿地，并天生具有减少维护费用和能源消耗的特性。

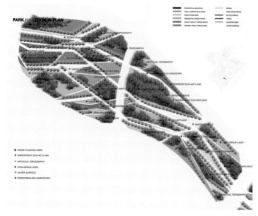

公园平面图1

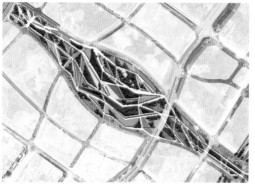

公园平面图2

公园总平面图

"城市绿色网络"平面图与鸟瞰图

同时，生态系统之间的紧密联系和缓慢转变将在绿色网络上创造各种不同的条件和环境——从原生态的绿地到完全人工配置的运动场。

（1）时间

这个项目明确的尺度和重要性促使我们为植物的定植创造不同的阶段。一方面，我们将现存的树木移植到最可兼容的生态系统中最近的生态区域，以营造包括完全长成或部分长成的树木的环境。这首先在一开始为绿色网络提供一个基本和可区分的空间结构。另一方面，我们为特定栖息地的创造和发展提出了一个基于生态共生的逻辑的、策略性的种植进度。依赖生态系统的树木、高大的草本植物、灌木、草地和花圃的组合，通过精挑细选和测试后，将根据各个物种的特性以不同速度置入场地之中。

（2）相互作用

在选择这些相互联系的物种时，我们考虑了以下因素：各个生态系统固有的生命周期、植物每年的生长情况以及它们与其他植物在共生的角度上的相互作用。我们的目标是为植物提供一个合适的环境供它们繁茂生长，因此植物的位置取决于它们的直接需求：湿度、空间密度（会随时间变化）和与其他类型或大小的植物的共生关系。

（3）功效

同时，我们根据每个物种对整个网络的贡献提出了一种植物的排布方案。以水利设施为例，在水生态系统中，湿地提供自然清洁系统（包括在整个水利管理策略中）。成排的树木被种植在新创造的地形旁边，起到保持水土和遮阴的作用，同时为在森林生态系统中生长的其他物种保持并延长了湿度。

最后，我们提出保留特定的区域以放置一系列的小块绿地，它们可以被用作实验或当地的小型公共花园，与当地的住宅相结合。

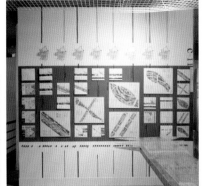

效果图　　　　　　　　　　　　　　　　　　　　　　　　　　　　　　　　　　　　　　现场照片

1.2 水策略

为了创造一个整合用水管理的可持续的设计，我们提出了SUDS（sustainable urban drainage systems，可持续城市排水系统）的概念。它可以被用作将雨水的功效和绿色网络连接的设备，作为更宽泛的清洁策略的一部分，同时作为贯穿整个城市的生态走廊的基础，并沿着城市肌理提供公共空间。这些特性将使城市中不同的生态环境、绿地和公园相互联系起来。

SUDS系统的网络遍布整个城市，能够收集雨水和径流水，为成都整体性能的提升提供诸多贡献：降低洪水发生概率，减轻污染和公共设施的压力，同时创造一个包括生态栖息地、便利设施和水源的功能性城市空间。SUDS将以洼地、砂滤池、下渗沟、透水路面、蓄水池和湿地的形式，成为绿色网络的走廊的轴心。

SUDS将成为有形的生态走廊的基础。SUDS将提供必需的公共设施以使走廊的维护消耗保持在较低水平。这些走廊将沿着主要道路排布，同时在小块绿地和建筑的庭院之间分叉和移动。

生态走廊中的树木和其他植物将营造出一种与水路在心理上和视觉上的联系，并充当自然地标和定位工具的作用。经过挑选的树种将形成一条密密麻麻、五颜六色的种植轴线。

1.3 流动策略

流动策略沿着种植策略和水策略构成的框架，以多种不同的方式连接城市的各个部分。其主旨是将所有的道路整合成一个系统，从而展开整个城市的布局。这样，不同的移动速率以及相应的不同需求被组织到一起，既相互连接又互不侵犯。同时，这些连接也保证了交通的流畅度，避免崩溃。

我们提出建立两条连接住宅区和办公区的地铁环线，并设置了主要站点。这两条连续的环线保证了市民基本的公共交通。公交车站也遍布整个成都市，与地铁站近在咫尺。

2 使用者与活动

景观系统将会逐步发展，以包容各种各样的行为与用途，回应城市的利益与需求——包括新的地方社区的和远途观光客的利益与需求。

活动的设计与定位依据的是其距离。一些区域将包含大片开阔空间供非正式的玩耍与体育运动，其中也有一些指定的玩耍区域。位于公共设施节点与生态走廊的分支之间的活动，根据其与城市距离的远近，其角色的定位将在城市公园与旷野之间。

全体使用者和活动将与基础设施中的关键元素相关，特别是水道、地形、生态走廊与绿化。

水道：亲水的活动平台将设有泛舟活动与小水池，以呼应这个主题。

地形：当遇到如挖掘坑洞以形成池塘的地形，设计将作出相应的回应，比如下沉剧场、阶梯和座位等。

不同的场地因素将形成多层次的景点，这就是该项目最吸引人的方面——角色的逐步转变：从偏僻开阔的农村地区到城郊，再到高密度的市中心的关键区域。

对所有使用者来说，绿色网络将提供多种有趣的景观，是一个集探索、学习、游玩与休闲于一身的地方。作为城市的一个有活力与动态的设施，当代景观是一个特殊的背景。

成都工作坊
Chengdu Workshop

EMBT (西班牙)
EMBT (Spain)

作品名称：成都工作坊
参展建筑师（机构）：EMBT（西班牙）
关键词：街亩城市；城市农业；基础设施

来自巴塞罗那的西班牙籍建筑师及设计师Enric Miralles 于1990年成立
EMBT建筑师事务所。今天，工作室在Benedetta Tagliabue的领导下，致力
于参与建筑、公众空间、城市规划、城市复兴等项目及展览。努力保留西班
牙及意大利风格，重视共同合作多于专业化的传统精神。

Miralles-Tagliabue-EMBT工作室在2011年成都双年展之际为成都市制作了一套解释性的美术拼贴和模型。在仔细研究了成都过去和当前的文化遗产之后，EMBT为这座城市定义了与其最相关的、也是最有力的识别标志。这些标志确立了成都在中国乃至世界的重要地位。工作室细致研究了诸如京剧、刺绣、诗歌、中国漫画和传统神话、美食、茶以及传统习俗之类的主题，并利用它们为成都的新区扩展献策。

为了能够契合景观的主题，EMBT打算重新考虑城市公共空间这一概念。城市公共空间不应该只是城市道路规划和可建设性用地分配之后的剩余空间。公共空间必须拥有其自身的实体和身份定义，并且应该成为已规划城市内部重塑城市的理想契机。

所有的感官刺激都应通过人们在城市露天场所、共享空间里的一系列活动和经历来实现。一个妥善规划的公共空间可以改善市民的生活方式。这是一个引进新概念、新活动的极佳机会，它将开启并维持成都新区扩展想要实现的所有文化生活。

研究的主题之一是中国诗歌，更准确地说是李白的诗，他恰好在成都生活过一段时间。对他的作品进行研究后，我们开始想象他在诗中描述的一些风景。通过诗歌，重新勾画出成都的新风景。他的诗作在一系列拼贴画中得到全新的诠释，形象地展示出一个特定的场景或面对自然环境时产生的某种情绪。这种方法引导着我们想象那些可以组成10km²生态水库的未来设计效果。

自然场景和情愫一旦成为诗人口中的文字，便因此可以以诗歌的形式出现，千百年来被人们反复品味。通过阅读这些诗作，8世纪诗人独具的那些情感和情景将重回我们的生活。这是一个完美的工具，为我

2011年成都双年展概念拼贴图

们的提案注入原汁原味的中国艺术色彩，同时也美化了成都新区的景观。

在研究了最新的总体规划之后，我们首先得出的结论是：制订新生态水库的策略不能脱离城市及其开放空间。这块基地面积庞大并且重要，以至于我们无法忽视它们（与城市及城市开放空间）之间的联系。正是这些联系可以，并且理应重塑基地的边界及其衔接关系，不仅是与成都新区的边界，同时也包括老城区。然后，市民活动将集中在从圆形大广场开始，穿过宽阔的新绿化带一直到有龙形湖的新公园这一系列区域。

这个新的绿化带将被视为一个有效的文化坐标系，一系列多样的文化活动和日常生活都将在这个坐标系里找到自己的位置。为了实现这个目标，必须重塑城市的走向，使其可以适应从城市公共空间延续到水库边的各种尚未开展的、不同性质的公众活动。圆形大广场、林阴道以及生态水库将紧密衔接，成为这个全新性质的活动中心。一个非常亲民的、开放的、多变的公共场所将允许人们围绕着休闲和文化的主题举行各种社区活动和集会。

并不是所有的公共场所和它的环境设计都会采用相同的强度设计和利用方案。我们会为区域制订出一套全新的利用方案。为了避免成为一个"主题公园"类型的规划，需要利用一些有着较低影响的活动重构绿色水库及其景观。一些活动仅在每年特定的时间开展，然后不留痕迹地结束；另一些活动或许只有很轻微的人工干预，这样才能与水库的自然环境和谐共处。

公园里的长廊，一连串的亭阁和藤架为人们提供聆听音乐、欣赏戏剧和诗歌的场所……人们也可以在园内庆祝一季一度的花卉节。这里有花香，有鸟鸣，有茁壮生长的绿竹园，人们可以沿着湖堤漫步…… 在这如诗如画的风景里，还有蚕丝园点缀其中，可以在刺绣学校里学习织造蜀锦。

在山石园里，可以体验到身处喜马拉雅山上的神奇感觉，这是一个让人去发现、去运动的场所。龙湖的轮廓蔓延着，与大地相结合，水与陆地平和地融为一体……形成一幅水陆交融的风景画。

沿湖的周边还会有奇妙的体验发生。在这里，会体验到大自然最为壮观的布局，仿佛进入以前只有在画上或书上才见到过的仙境一般。漂浮着的小岛，只有通过步行桥或乘船才能到达；在每个日出日落时分，天空都会出现一层薄雾，可以趁着它还没消失的几分钟时间，在长在水里的树林中跳上一小段舞。也可以作一首小诗，放在小陶瓷片上，让它随波飘游，直到在水的彼岸有人把它接下并酒庆祝这天外的礼物。

所有的这些活动都以柔和的形态微妙地重塑了一幅美景图。

纤薄一层绿
A Thinner Shade of Green

偏建设计
SKEW Collaborative

作品名称：补丁：纤薄一层绿
参展建筑师（机构）：黄向军＋成美芬＋周迅｜偏建设计（新加坡／上海）
关键词：绿漂；纤薄；田园城市；视觉；环保

偏建设计公司是一个基于纽约、上海和新加坡的建筑设计和创作实践的设计咨询公司，致力于建设一个能够联系、评价、诠释不同社会和不同系统之间的桥梁。

近数10年来，环境问题已成为世界的热门话题。许多政治家、企业以及机构面对各种有关地球变暖趋势的证据，开始越来越重视社会发展对环境的影响，并呼吁改善人与自然界之间的平衡。在推动环保主义的过程中，人们对世外桃源的眷恋让"绿色"这一词和"有益环境"、"都市化问题解决方案"等画上等号。当全球环保问题转换成一个如此抽象概念的时候，"绿色"一词已不仅仅套用在环保实践上，也被套用在由先进经济和政治社会产生的一种生活方式上。因此，"绿色"成为一个时尚词汇。我们现在正处于一个由"绿色形象"取代真正"绿色行为"的世界中。这种行为比比皆是，例如城市将工厂搬迁到偏僻的郊外，然而其环境污染的本质并未改变，或者开发商利用"绿漂"满足消费者对奢华以及休闲的欲望。

或许能把成都市的绿色规划视为全球"绿漂"趋势的一部分。在19世纪末英国社会活动家埃比尼泽·霍华德巩固他"田园城市"理论100年后，成都市揭开长达50年的城市规划序幕。霍华德的理论针对的是从农业经济转至工业经济的城市，而田园城市被视为解决快速都市化国家问题的一种方式。作为一个规划策略，此思想已超出城市形态治理的范畴。各个经济区域指明了郊区和城镇的经济依赖性，而田园城市里所产生的绿色空间将会带动维多利亚时代乌托邦主义的新社会。换句话说，田园城市注入了建筑和社会的驱动力，深入骨髓，并非表面上的"绿漂"。

从早期的英国莱奇沃思（Letchworth）和魏林（Welwyn），至美国纽约森尼赛德（Sunniside）和澳州维多利亚州阳光城（Sunshine），霍华德的理论应用成败不一。其中，比较成功的例子与维多利亚时代的英国较为相似。由此可见，田园城市理论在成都市的应用将会面临许多难题，应该如何将这些问题一一解决呢？该如何应用这些反都市化问题的操作在田园城市原先意图批判的理念呢？在一个人口约2000万人，面积大于霍华德原先计划的3000倍的情况下，成都市的田园城市计划将与其他大型城市一样，面临绿化的难题——这种"绿化运动"很可能只是一种形式，

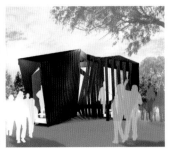

"纤薄一层绿"装置示意图

现场照片

成为一个新潮的理念和口号，并没有把其中的内涵和意义传达给民众。届时，绿色成为一种形象的招牌。必须指出，在那些被"绿漂"过的建筑被放大成"绿色城市"时，这一系列操作过于轻薄。许多绿色空间的发展在转交给私人发展商后，反被那些围栏和建筑物给生生埋没了，而且这些"绿色建筑物"并不呼应环境问题。我们的项目作为一台拆开绿漂行为的检视机器，试图揭开"绿色"一词的真相。

1 第一印象

从地面逐渐攀升到4.5m高度，这一建筑装置违反任何有关绿色的第一印象，通过面和匝，访客可透视装置内部，从而促使访客与装置的互动和栖息。这将成为一个批判"绿漂"行为的视觉平台，通过一道抽象的绿墙迎接访客，从而使他们陌生化。装置里包含了三大瞬间，让访客们面对不同的"绿漂"策略。

2 对于形象的批判：城市规模

在访客走上逐渐浮起的台阶时，他们将放慢脚步反思。一道隔墙将折进室内空间，渐渐像素化，仿佛世界任何城市的质地。透过一个设有树木投影的检视装置，可以观看这一座瞬间被"绿化"的城市。

3 对于纤薄的批判：建筑规模

当人们走进装置时，会面对一个设有小孔的墙。向内看时，一个绿油油的园林将会出现在眼前。不过，这堵墙是一幅被单薄绿色覆盖的建筑剖面图，人们环绕墙体时才能发现其中的单薄。这是一道开启各种建筑实践机会的墙，同时也批判了"绿漂"行为的纤薄。

4 对于欲望的批判：人体的规模

当人们到达装置的最高处，他们将透过一扇窗眺望外面的自然景象。随着与自然的距离不断靠近，一股对自然的渴望油然而生。这一手法出于回归自然的目的，提出都市上覆盖一层绿色是否能够真正解决环境问题的疑问，又或者这只是"绿漂"的另一种手法。

罄竹难书
Green Vandalism

卜冰　李子剑
BU Bing　LI Zijian

作品名称：罄竹难书
参展建筑师（机构）：卜冰＋李子剑｜集合设计
关键词：塑料；竹林；虚设；声；影

卜冰，集合设计主持设计师，先后于清华大学建筑系和美国耶鲁大学获得建筑学学士与硕士学位，2000年加入马达思班，2003年创立集合设计。
李子剑，纽约州注册建筑师，先后于2001与2004年于清华大学获得建筑学学士与硕士学位，2008年于哈佛大学设计研究生院获得建筑学硕士学位，2011年加入集合设计。

这个塑料竹园的创作源于对人工材料的兴趣，特别是塑料等现代材料对日常生活、习惯、心理的影响。

最初的尝试是在2002年上海双年展上的一次城市设计作品展示，以若干塑料草坪与塑料花卉构成表征该城市设计中的若干绿带。这一作品在双年展中被有些媒体评价为"塑料花草表达了对当下城市规划中虚伪无效绿地空间的质疑"。事实上，从这个作品中产生更深层的疑问，到底是绿色的表象还是绿色本身满足了人的诉求或都市的欲望？

同样的反思与尝试是在2009年的"不自然"展的策展中。这次展览由材料商富美家（Formica）赞助，以富美家的防火板、人造石等材料制作家具装置。展览的命题为"不自然"，实则期待参展艺术家与建筑师能够从这些人工材料的创作中触发对当下环保生态命题中表象与真实的反思。这些我们熟悉或不熟悉的

人造产品，或许拉开了我们与自然的距离，但是从自然材料和资源消耗的角度来说，这也许是在帮助我们保护更多的自然资源。

2011年初，受中国美术馆委托创作的云屋是在这个序列思考上的又一作品。以白色和透明卡普龙阳光板为主要材料，在中国美术馆这个20世纪60年代传统建筑的露台上构建一个临时装置。大量白色的阳光板以螺杆固定于钢架之上，随风旋转，在内层的透明阳光板上投影下运动的阴影与反射。云的意向源于传统国画中神仙宫殿隐藏于深山云雾中的传统，是对美术馆这样的大型公共建筑在现代都市中的地位的一个讽喻。而人进入其中，周遭城市风景被折射过滤，也形成一个特殊的都市观察器。云屋于2011年3月在北京中国美术馆展出后，又于6月运抵台中市台湾美术馆展出，重新搭建中有变形，以适应当地的建筑与环境特

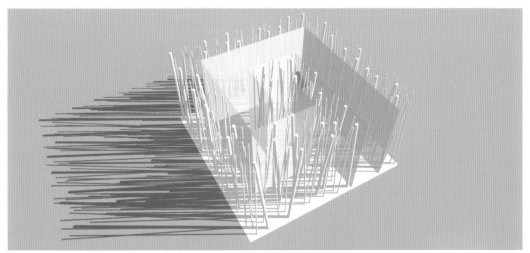

竹林模型与现场照片

征。9月，云屋再次形变，在美国华盛顿肯尼迪表演艺术中心展出。

因此，在先前的装置创作基础上，针对2011成都双年展的田园都市命题即有了这个塑料竹园的动机。川西平原上的田园生活给人印象最深刻的部分是村落建筑与竹林之间的亲近，建筑总是被竹林环绕，形成建筑与外界环境之间柔软的屏障。在这个装置中，以PVC水管和其他日常可见的塑料制品构建竹林的密度与形态，以半透明的阳光板材料搭建游廊与亭，形成可以供人停留与观察虚设竹林投影与声响的场所。

菜单
MENU

司敏劼　温珮君　黄旭华
SI Minjie WEN Peichun HUANG Xuhua

作品名称：菜单
参展建筑师（机构）：司敏劼＋温珮君＋黄旭华｜ UAO创作＋上海魔立方新型房屋有限公司
关键词：成都崇义；离散；地域；城—镇—村；主题—状况—模型—超模型

UAO创作由司敏劼和温珮君于2007年组建于荷兰鹿特丹，成员以对亚洲城市现象感兴趣的欧洲青年设计师为主，试图将欧洲的研究方式与亚洲的特色风土相结合，着眼于现代背景下的传统文化再创造、地域特色空间的表现以及城市扩张中的郊区城市学。

1 缘起：关注中国离散乡村地域

中国是一个强大英雄和庞大草根并行的社会。我们熟知大城市的空间特色、著名地标和城市里的"偶像"们，然而在一个与大城市面积等大的农村地域又发生了什么？可能并不为大众所知。它或许是一个高密度却结构离散的村落结构，一个尝试工业化却又极度"克隆"的风貌体系，一个有强烈地域特色却由无数无名氏建构的乡土文化。

在过去的5年里，UAO创作曾先后研究过荷兰"绿心"的农村，印度孟买的农村，意大利威尼顿的农村，中国鲁西南黄泛平原的农村，上海青浦的水域农村，台湾三大平原的农村。这次，我们展现的是对成都平原崇义镇的探索研究。我们深信，城镇不是村落的进化式，一定有一种空间模式和相应的管理体制可以适用于中国亟须现代化的广袤地域上。

2 "花园"不是"形容词"，"城市"不是"重点"

其实，中国遇到的现代化问题并非是当下才出现的。100年前，刚刚步入现代文明的工业革命早期，城市开始膨胀，土地与农业发生矛盾，产业开始转化——思考城乡统筹成为当时的一个必然。霍华德的花园城市便是出现在这种语境下的，它重点表达的不是一种空间模式，而是一种制度模式。因此，"花园城市"不是一个关于空间如何生态美观的"形容词"，它的本意在于通过工业的发展带动郊区化（乡村城市化）的进程，创造一种"镇—村"（town—country）一体化的混合模式。所以，在我们看来，"花园城市"讲述的不是城市的演化，而是农村的变革。

值得注意的是，花园城市最初模型的尺度基本上与现代中国的一个镇和它附属的乡村的规模类似。因此，我们选取成都平原上的崇义镇（15km×15km）作

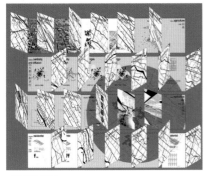

"菜单"展示 　　　　　　　　　　　　　　　　　　　　　　　　　　　　　　　现场照片

为试验地点。

3 解读成都平原崇义镇

　　成都平原是中国西南地区最大的平原和河网最稠密的地区之一，是中西部地区重要的中心城市。除此以外，成都是第一个取消城乡户口的大城市，从制度上推动了"田园城市"的城乡一体化，现阶段正在打造"现代田园城市"的大成都理念，城乡统筹进入新的历史阶段。

　　崇义镇位于成都平原西陲，地处都江堰市东大门，因此主要交通、水系和农业引水渠都是西北—东南走向。2008年的汶川地震对崇义有一定的毁坏，现在重建工作已经启动。同时，成都地区正在推动城乡一体化的田园城市建设。因此，选择崇义作为研究城乡统筹的对象具有现实意义，对成都平原其他城镇具有示范作用。

4 崇义的地域元素

　　水：徐堰河、江安河、走马河纵贯全境，金马河从镇西边境流过，在镇境内流长1.5km。

　　田：境内土壤为肥力较高的油沙黑土，适合水稻、小麦、油菜、玉米种植。全镇耕地面积33902亩（约2 260公顷）。

　　渠：镇域内除东北部分有少许浅丘外，全为岷江冲积平原，农业引水渠西北—东南走向，均匀布置。

　　路：有成灌高速公路及国道317穿越镇域。

　　房：城镇建设陈旧，镇域内有大量成都平原传统民居——林盘，均匀离散分布。

　　地形：地处成都平原西部，地形平缓，地势西北高，距都江堰市区14km，东南低，距成都市区41km。

5 研究方法：主题(theme)—状况(situation)—模型(model)

　　在研究设计的过程中，首先确定了12个主要主题：功能混合、规划、离散、交通、场所、多核心、资源、地域主义、人口、农业、逆城市化、可持续发展。

　　崇义现在面临的主要问题：大都市和离散地域、空心村、交通与城市发展、乡村愿景、居住、公共空间、服务设施、复合建筑、密度、空间形态、地方传统、新产业。

　　6个不同年代不同关注点的城市试验模型：必须说明的是，这6个模型并不包含霍华德的田园城市，因为我们始终觉得田园城市是一个纲领性的体制，而不是一个具体的设计，旨在创造一种"镇—村"（town-country）一体化的混合模式。我们所关注的并不是那个时代的一个模型，而是由产业变化引起的一系列理想城市模型。我们选择了6个反映城乡模式演变的模型，运用在成都平原上，以实验设计的方式，探讨田园城市的可能性。这6个模型中有些与田园城市产生于同一时代，有些晚一些，有些是当代的，但这些不同时代的模型都从不同层面表达了对于城乡建设、农村城市化/逆城市化的看法，对成都乃至整个中国的城乡统筹都有启发意义。

　　1960年黑川纪章提出的农业城市模型："农业城市"是黑川纪章对日本农村现代化的表述，这是他提出的新陈代谢派(Metabolisms)中的农村模型。

　　1934年赖特提出的广亩城市模型："广亩城市"是赖特对美国新生活模式的想象，也是他对当年美国城市疾病所作的反思。

　　1969年建筑伸缩派（Archizoom）提出的不停城市模型：建筑伸缩派提出的"不可停城市"是对理性主

义下产生的产品式的聚落发表的论述。

1960年丹下健三提出的线性城市模型："东京湾计划"是一个线性城市，是由丹下健三依循新陈代谢派（Metabolisms）理论，为东京湾提出的超巨型设计案，设计集中了交通基础设施、文化基础设施与商业中心三个方面。

1964年建筑电讯派（Archigram）提出的插入城市模型："插入城市"是建筑电讯最广为人知的方案，是一个斜角的超巨型空间桁架结构。

2008年天津滨海新区提出的中新生态城市模型：天津中新生态城是中国当代几个最重要的生态城市模型的案例之一。

在这些主题—状况—模型叠加后，我们得出了6个崇义地域的实验模型。

（1）农业城市（农业城市模型+崇义水+崇义田，agriculture city）

如果农庄迟早成为城市的一部分，那么是否可以用复合的城市格子结构去规划农田？把农田肌理看作是城市的一部分，但是这块特殊的城市肌体在提供居住的同时，是否还提供农业生产？

（2）体制城市（广亩城市模型+崇义渠+崇义路，broadacre city）

广亩城市提供的不仅仅是一种田园城市的空间模式，更关键的是一种田园城市的体制模式、模数化空间、自给自足的环境和相互联系的经济一体化。

（3）物件城市（不停城市模型+崇义房+崇义路+崇义水，no-stop city）

农业生产的地理重复性产生地域上均质的农庄，现代社会的工业制造产生地域上又一种沿路的重复肌理。当这两种文明遇到彼此的时候，新的建筑模式和空间模式可以应运而生。

（4）交通城市（线性城市模型+崇义高速公路+崇义路，infra-city）

交通的革新带来不同尺度的城市模块。20世纪60年代丹下健三提出的东京湾模型便是利用交通结构建构东京的新城建设。从成都到都江堰也存在强势线状结构——乡间的小路、公路、高速公路、铁路等多类不同速度的交通设施——有没有可能利用这个优势构建另一个线性城市？

（5）临时城市（插入城市模型+崇义房子+崇义路，plug-in city）

临时城市适合于人口频繁移动的社会，它可以平衡城乡人口过大的差距；临时城市适合于保护耕地，但又需要提供可居住的区域，因为临时城市的插入式临时建筑不算在建设用地以内。临时城市的构成体可以是从巨构机器建筑直到小单元箱体建筑。临时城市可以成为田园城市的另外一种组成模式，从物件到建筑到城市。

（6）生态城市（生态城市模型+崇义水+崇义地形，eco-city）

在这个强调地域性的年代，可被广泛运用的生态城市空间模型已经不重要了。可能找到更多普遍意义上的"条文"，并通过一系列的制度去营造生态城市。

这6个方面从不同的空间尺度和维度，以一种极端的方式探讨崇义的地域空间。接下来就是将主题—状况—模型—实验模型以一种聪明的方式展出。

6 展览的模式

中国乡村的规划是复杂的和矛盾的，如何在一个有限的场地、有限的观展时间内表达现实的多重语境？我们把展品叫做"菜单"，希望它可以是设计的任务书，而不是诊断的药方；是思维引导，不是结果实施；是有限的可能性，不是问题的解决方式；是片断的整合，不是整体的碎片；是由下至上的，不是由上至下的；是主观能动的，不是客观被动的；是左倾或者右倾的，不是无派系中立的；是你选择，不是你被代表；是图纸的再设计，不是设计的图纸；是多维的体验，不是二维或者三维的线性观摩；是针对现状的读后感，不是创造未来的革命宣言；是强调策略，不是强调形式；是地图，不是展板；是装置，不是模型；是开放的，不是封闭的；是参与性的，不是指令性的。

值得一提的是，"菜单"的主体将与"BLOX"（获得2009年红点建筑首奖）结合在一起，配合周边用"筷子"搭出来的"农田"，营造出新的田园人居环境意象。这种做法的意图是强调研究与实践的并行和产品、建筑与城市的联动。

7 团队

本展览除了UAO创作的司敏劼、温珮君和上海魔立方的黄旭华团队的合作，还得到向恒洁、邓东松和聂淼的大力协助。这是一个产品设计师、建筑师和规划师组成的综合团队。衷心感谢！

易云建筑
Cloud Building

苏运升 张晓莹 胡俊峰
SU Yunsheng ZHANG Xiaoying HU Junfeng

作品名称：易云建筑
参展建筑师（机构）：上海易托邦＋多维设计/私享设计
关键词：易经；信息云；城乡互动；外匣；内胆

易托邦自灾后重建以来，持续关注普通住宅的预制化和产业化研究，通过样板建筑推动信息时代背景下的生活方式变革。主持设计师苏运升擅长跨尺度的城市规划、建筑及产品设计，参与过中国50多个城市以及多个发展中国家的规划设计。代表作为上海2010年世博会规划，世博村设计。本设计特邀成都本土设计师代表张晓莹、胡俊峰合作参展。

1 破题：物我之境——田园/城市/建筑

物我之境反映了东方传统思想中将两分对立的概念统一融合在一起，从而达到平和自在境界的智慧。东方的传统哲学思想源自《易经》，"一生二，二生三，三生万物"，其中"三"的部分是人性的关键。它阐述宇宙万物如何衍生与变化，以天、地、人三位一体的整体思维方法去认识和处理人的活动与自然万物的关系，蕴含着无穷的智慧，动态中求融合、和谐、和睦、和平是东方传统哲学的终极目标。

副标题"田园/城市/建筑"，实际上在尺度上细腻地连接了处在两端的两个概念——"地球"和"人"。在已经闭幕的上海世博会中，通过"城市星球""城市生命""城市人"三个主题词将人类发展的资源环境极限和个人的欲望通过拟人化的城市生命加以串联，也进一步阐明了工业革命以来个人欲望无

节制的膨胀和消费是今日地球所面临的危机的祸根。唯有通过人类自身的努力，才能重新建立田园/城市/建筑三个尺度的血脉和精神联系，形成大同价值观以及存亡共同体。同理，唯有每个个人的生活方式的变革，才能实现物我关系的和谐之境。

2 城市/人

在中国城市化高速发展的今天，源于户籍制度区隔、观念文化歧视、经济收入断层、福利待遇不均的城乡矛盾，城乡两极皆不幸福。回顾人类长时间的城市历史并洞悉未来，可以发现转换立场，顺势而动，即可达成物我之境。

自人类聚居、创生城市文明以来，最初其成长衰亡都依赖于所处的环境，城市从自然资源禀赋较好的田园中生长出来。由于那时的城市文明生长变化

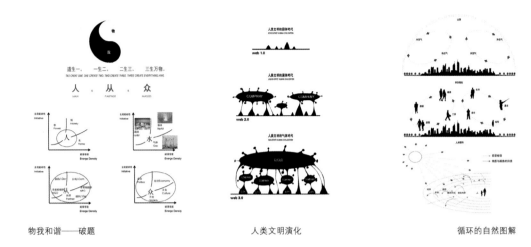

物我和谐——破题　　　　　　　　　　　人类文明演化　　　　　　　　　　　循环的自然图解

较慢，内部人和人之间是以权力作为个体连接的分子力，因此形成了最初的固态人类文明。文明的生长以国家或者城市为单位自成结构，同植物一样，在大地、阳光、水分的滋养下茁壮成长而文明的内部结构及其外围的环境共同决定了其成长的时间长短及体形。它们在空间中的分布，如同连绵的冰山群，抑或茂盛的疏林草原。而当某些文明总量过大，或者由于自身结构不完备时，常常会从内部出现崩溃和瓦解（如罗马帝国、埃及、中国的朝代更迭等）。

城市的规模成长促使固态的城市文明内部发生能量的积聚和转化，个人作为内部微小的粒子的布朗运动加剧。工业革命之后，在温度和压力的共同作用下，固态的城市文明逐步达到其熔解临界点，人和人的关系从固态的权力结构转变为液态的经济联系。在熔解效应的作用下，固态的城市文明山脉熔解崩塌，液态的企业文明从山脚下流淌出来，逐渐汇成洪流，流向他国文明的"洼地"。在20世纪60年代至今跨国公司的强力作用下，熵增的过程正在逐步加速，溢出的跨国企业总量越来越多，形成了信息能量聚集的液态企业文明的湖泊。

能量的持续输入使得液态企业文明温度持续升高，各种企业的活性增加，转化为雾气状的文化。而雾气遇到高耸的固态城市文明时又凝结成地方企业的水珠，滋润着地方城市。进入21世纪以来，随着媒体和网络的普及，文明内部信息（能量）自我积聚和传播的方式发生了一系列关键性变化。人脑通过互联网无数的小气泡（同质的信息体）从液态企业文明（以经济为纽带的文明阶段）中分离出来，大量信息水汽最终上升，形成漂浮在城市文明上方的"信息云"。

今天中国的城市化是伴随着信息化和网络化发展

的，这是以往任何国家没有发生过的。可以想见，未来印度的城市化将更加倚重信息化带来的时空观念的转变，这样的转变将深刻影响个体的一生。同时，能够接收天上的"信息云"，并将其转化为地方"利润雨"的"智慧人"成为地方经济持续发展的关键。

3 田园/城市/人

目前如同都市热岛效应，中国高速的城市化带动田园里的孩子逐步教育进阶。孩子们被输送到城郊结合部，之后随着收入的增长，不断向城市中心进发。可能会在青壮年时期到达市中心，顺着城市热温扶摇上升，完成人生华丽的亮相，之后再带着城市的知识、经验和资源退隐回乡，与晚辈同乐，传递文化，安度晚年。这样一个典型的个体的一生的回流，符合"热力学"的定律。而青壮年时，如果归隐田园能同步保持与世界的无缝信息链接，那么这样的环流还可以形成每年或每季的节奏。从城市中来的、居住在田园里的"智慧人"链接"信息云"，促使"利润雨"降落在田园。

由于中国目前制度性的城乡顽症难除，同时基础性的问题牵动面上的问题，造成目前城乡人为割裂、城市肌体气韵不畅、人流紊乱，以致社会病痛缠身。若想改变，关键是需要提供一个介于合法与非法之间的（需要东方智慧）、可大规模推广的建造策略。例如，在田园里以租用的宅基地，建设"临时"建筑，配以高端的装备，吸纳智慧的人群，促进人流稳定地在城市和田园之间迁徙回流，同时也促进智慧人群和本土居民之间的互动交流。

形体展开图

4 田园/建筑/人

回顾汽车工业发展历史，福特发明大批量流水线生产方式带动了美国汽车工业的崛起，而欧洲推出的全球采购、平台战略、模块化生产等改变了世界汽车工业的生产方式。汽车在第二次世界大战后半个世纪内通过改变人的生活方式，异化人生活的城市，将人们带入环境资源告急的危机时代。要改变汽车带来的困扰，同样需要学习汽车工业"繁殖"的方法，将绿色建筑和"云"居田园的生活作为一种时尚的生活方式加以推广。

本提案展示了一个促进城乡互动的建筑装置策略，超小体量、超低总价、舒适标准、绿色生态，甚至可以以临时建筑合法镶入农户的前庭后院，适合城市人的旅居工作，唤"云"引"雨"。外部促进城乡和谐，内心达成物我之境，与当代的生活方式休戚与共。同时，还应扎根于过去的土壤，折射传统精神，持一种文化复兴的态度。

5 建筑·外匣·内胆·人

易云建筑的形态和建造策略的宗旨，是将建筑分为外壳与内胆。外壳标准化大规模建造，内胆提供不同的生活方式的可能性，链接"信息云"。人通过建筑与远处的城市和所处的田园和谐共融。

建造策略上，建筑外壳的材料尽量与当地建造商合作，采用当地的新型材料为主，并以产业化建造为要求，实现快速精准、便于运输的建筑框架；内胆部分，与当地知名室内设计师合作，以符合当地风俗民情生活习性为设计根本，保持设计的开放性和独特性，功能组织、空间划分、更替代谢等可顺应不同的需求灵活变化。尤其强调通过视频电话的方式推动交流信息互通，以此实现物我之境。

在住宅全寿命的各个环节，包括生态住宅方案的设计、评估、材料生产及运输、建造、使用、维修、拆除等方面，都以节约资源、减少污染、创造健康与舒适的住宅环境为目标。管理机制上实现工程设计、构件制作、部品配套、施工安装均由同一家建造商独立完成，减少建造环节，把房屋作为最终产品进行整体考虑和细部完善。产业化是技术手段，但绝不意味着放之四海皆准的标准建造，仍应强调与场所的特殊相关性。设计中应对川西的空间特征、环境气候自然条件、民居建筑的语汇、院落空间的拓扑关系等条件作出反应，并将这种地方性体现于构筑中。

本次作品需要感谢合作方的大力支持。

其中建筑内胆部分由成都建筑装饰设计协会的张代莹（秘书长）、严静（副秘书长）、王建容、廖芸、《成都装饰·时尚居家》杂志黄斌（主编）、赵燕共同参与策展；成都知名室内设计师张晓莹、胡俊峰、陈维新等合作设计完成，并由四川省富侨工业有限公司对参展作品进行整体制作。

作品的多媒体演示部分由GO WEST的作者Michiel Hulshof、Daan Roggeveen和Shanghai New Town的作者Harry den Hartog 提供内容合作。

竹云流水
Bamboo Cloud Flowing Water

刘宇扬建筑事务所
Atelier Liu Yuyang Architects

作品名称：竹云流水
参展建筑师（机构）：刘宇扬建筑事务所
关键词：竹；装置；参数化设计；自然现象

刘宇扬，毕业于美国哈佛大学设计学院，师从荷兰建筑家库哈斯，参与完成了中国珠江三角洲城市化的研究，先后工作于美国及任教于香港中文大学和香港大学。曾受邀策展第二届深圳香港城市/建筑双年展，并担任本届成都双年展国际建筑展的联合策展人。
林一麟，毕业于重庆大学建筑学院，毕业后任职于刘宇扬建筑事务所，2009年成立零建筑事务所，仍持续着双方的合作关系。

　　设计源于对本届成都双年展国际建筑展展场主入口的处理。展场所在地——工业文明博物馆，作为20世纪80年代的工业遗留，具有浓厚的大生产年代场所特征。红砖式的劳模工人雕塑、声响冰冷的机械运作、生活气息匮乏的空间介质，无不反应出人与自然的割裂状态。正如当今这个生产过剩的大城市，充斥着电脑虚拟技术的城市靓妆已经割裂了与土地生态的关系，城市人群中呼唤自然世界的强烈诉求已开始浮出水面。我们希望将这种声音放开来，使之与原有场馆形成新与旧的对比，以物象化的场景模式完成时间的定格。

　　我们的基本设想是：使之具有一定的引导性与辨识性，并提供参观人群一种具有停顿感的驻足空间。最初的构思很简单：搭一座两柱跨长的竹棚，游客首先穿过这座竹棚而后进入展场的门厅，以营造一种先抑后扬的感觉。但对于整体的展场室外空间来说，

竹棚的设计似乎有些生硬，空间气氛也难以做到生动化。装置的构思正是作为入口节点设计中的备选方案被提上桌面的。在确保空间流动性的前提下，试图以一种更具亲和力的方式解决主入口设计与场地、人群感知度的关系。将整个体量放大，并转而使用悬吊的方式，使得装置好像是从原有结构上新生出来的，围合出同样具有限定感的驻足单元。

　　我们选择竹这一川蜀盛产的自然植被作为基本元素，重塑一种善意的、积极的空间感受。在成都城郊就地取材，选择了330根直径约40mm的原生竹作为场馆主入口的引导性装置用材，并以网格悬吊的方法，取每根竹子的中点与高点，然后用廉价的鱼线将两点分别固定在顶盘的网格结构上。另外，在每根竹子的端头附上少许荧光漆，达到夜间荧光点点漂浮的效果。借鉴了自然界中磁场、旋转、流动、渐变等物理状态，并透过犀牛软件为每根竹子进行空间定位。而

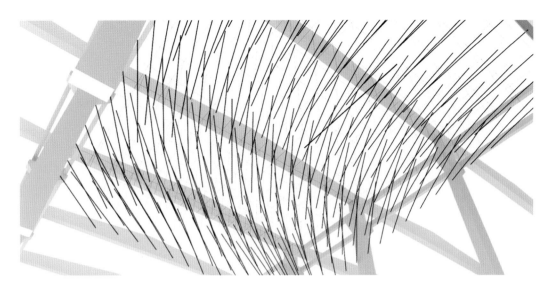

"竹云流水"模型与现场照片

装置所表现出来的视觉效果也正是我们认为可以回应双年展主题——物我之境：田园城市的有效策略之一。

　　不论是当代艺术或古典文人书画，往往有作者待作品完成后再为其命名的做法。我们希望借由其名"竹、云、流、水"四个字，在表现装置本身的材料性和形态感之余，进而传达出一种传统中国美学中的自然意境。这个装置所追求的不是虚无缥缈的文人情趣，而是一种介于真实和隐喻之间的自然现象。在以盆地为主的川蜀之地，万物因湿润的水汽云层得以孕育、生息、繁衍。那些微小的物质颗粒，悄无声息地从原始土地层里抽离出来，集结于城市上空，变作肉眼不可辨的无形水汽，就好比许多束隐性的力量瞬间流动。它们穿过薄雾，穿过水体，穿过土壤，缓慢进入人们生产栖息之所，最终以一种实体的生成再现这种潜移默化的自然能量。

过去未来——水平面密度
Past Futures: Horizontal Densities

周瑞妮 (美国)
Renee Y Chow （USA）

作品名称：过去未来——水平面密度
参展建筑师 (机构)：周瑞妮
关键词：水平密度；水处理；城市

周瑞妮，美国加州伯克利大学助理教授，URBIS工作坊主持建
筑师。

1 反数字：破碎与重复的城市

城市中的地点总是相互关联的，就此形成了城市肌理。回顾城市建设的漫长传统，20世纪末的发展可以看作是一种在大规模的资金集中、低价能源和大批量生产的影响下导致的畸形发展。造成的结果是，当城市变得更加密集时，城市发展从建造肌理变成建造单独的个体，从连续和公共的城市体验偏离到一个碎片和私有的城市。

在建设城市板块的时候，像高速公路和街道、公园和楼房，现有的设计理念使得建筑形态在一定程度上从周围环境中独立出来。建筑经常被简化成简单地把自己从城市中分离出来的物品，表现自己的内容而缺少对大环境的贡献。这种城市体验变成一种以互相竞争的标志组成的不谐调的音调。随着我们丢失了设计理念，那些邻里肌理的体验、区域的朝向和集体居住已经逐渐消失。以现在国际运作形式，我们在各个地方设计着类似的、分离的城市。在北京，小规模的零售店以前曾经伸展到整个街道长度，成为住宅区的接缝；今天，这种商店被移进商场，街道因为车辆被拓宽。在上海，水平向的城市的集体院落和小巷被高楼大厦和高速公路所取代，那种在"内部"的感觉、在房间里、在院子里、在街道里、在邻里区里，全都丢失了，取而代之的是抽象的内部空间和布满裂痕的外部残渣。

所以，这个项目提出了一个简单的问题，21世纪的城市应该是什么形式的？为了改善城市肌理的品质，我们提议需要密集的、水平向的建筑来表现文化和环境的连续性。在竖向体量能提供简单解决方法来适应日益增长的密度时，我们现在正生活和工作在一个资源利用、地方特征和日常生活的价值观念发生变化的时代。

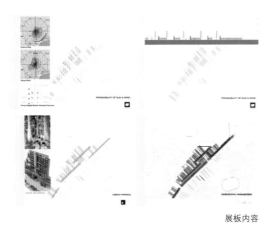

展板内容

现场照片

2 走向场所：水平向密度

借助系统性的设计参数，这个项目展现了另外一种设计策略，挑战了总规划图、土地功能图和已有的设计规范，使城市里的建筑变成有功能的容器。如果设计者想跨越这一形式，就需要新的工具来叙述组织现代城市空间。我们提议，城市主义应该走向既有场所。场所这个词汇与科学里的力与向量场有联系，也与景观（农业与游乐场）、艺术（视觉场）与社会科学（权利与制造场）相联系。在环境设计里，场所是一种关系、模式和系统，它们体现在环境各个层面的内部与相互之间。所有人用这个词语来描述共有的关系，以那种互相作用、联系和发展的方式进行描述。

这个项目展示了面对太阳的朝向、风向和已有的本地城市形态的场；建立在间隔、测量和支持基础之上并可以随着时间改变功用的场；一个能以增强城市的可识别性和地区特点来联系过去与未来的场；能把单独的地方集中成丰富集体空间的场。如果我们建设更多，我们应该期望得到更多。

3 过去的未来：天津五大道

五大道的建筑以奇特的组合而闻名，它是一种松散与巧合的、许多建筑形式风格的集中，不被任何延续几个街区的连续性所组织。相反，这个地区的可辨别性是以它的尺度组织起来的，沿外墙和植被为走向的街道、街区的结构和明显的界线。工作室提出，这个地区的重新激活不应该单单靠保护已有建筑达到目标，只有通过改变才能实现街区的保护和再发展。问题是哪些当地的特点需要被加强，什么需要被转变，以及什么需要增加，并且什么需要被保护。天津已经进行了系统的分析和辨别，哪些建筑需要被保护。在此基础上，工作室增加了在历史区域的边界上转型的策略和方向，来增强原有的和面向未来的城市生活方式的转化特点。

对于城市居民来说，花园城市使人们能够呼吸。在天津的发展过程中，像许多其他城市一样，我们看到了支持农场和其他植物的水道的消失，取而代之的是汽车路网，通过它们可以进入被停车场环绕的高楼。不能渗透的表面把现代城市覆盖起来，使宝贵的降雨流入到排污水系统里，使城市变得干燥多尘。在天津，成为一座水城市是成为花园城市的前提。

在一个当前及未来供水极度短缺的城市里，水处理是一个关键。在这个项目所探索的多个系统构成里，雨水是重点。在城市的各个层次，做好水的保存、分布、重新使用和处理，目标是现场做好水处理。第一层水的保留应该是在房顶和天井上。因为天津的土壤渗透性很差，流出的水可以在上述"新地面"上收集，架在空中的表面是下一层水保留和处理的地方。"新地面"提供了一个新的基础设施场所，可以提供一条通向邻里花园、休闲场地、户外剧场、幼儿园、游戏场地和市场的通道。从"新地面"流走的水可以被收集在位于地表水池、喷泉等存储设施里，然后再被储存到地下水系统。这些水池和水道将成为串起五大道上那条翡翠项链的银线。

当时间和水存在时，每样东西都会变化。

——达芬奇

轨迹的跳跃
Track Jumping

WW建筑事务所（美国）
WW Architects (USA)

作品名称：轨迹的跳跃
参展建筑师（机构）：WW建筑事务所（美国）
关键词：都市主义；建筑

WW建筑事务所成立于1999年，设计规划及类型的交汇萌发了建筑的
思维。进行推测设计规划及类型产生交汇的结果，其工作产生了一系
列关于建筑及城市发展的结论：发明，演化，定义等活动撒下了一张
跨域思想、公共设施、技术、历史和经济的大网。

21世纪为城市形态带来全套崭新的需求。城市的转型在以史无前例的速度进行，并产生了前所未有的结果。在从事新型城市项目的能力上，我们对于信心的大量需求是未曾有过的，同时我们也未曾遇过这种令人振奋的不可预测性。人群的变迁、经济的变迁、生态的变迁、社会结构的变迁、技术的变迁等以微小及剧增的方式，本土性及全球性、互动性及个别性、充满希望的及灾难性的等方式移动。

我们无法拥有幻想的奢华，我们只能控制、控释或逃离这个城市。WW建筑事务所的项目提出城市思想，提交城市规划概念，其设计下的路径与悬浮中的确定性接合，并各自加强相互之间的意义。

"轨迹的跳跃"始于一种简单的假设：这种新型的城市并不只取决于"绿"，或"全球"，或"本土"，或"高效"，或"美"，它取决于"由绿继而为全球，继而为本土，继而为高效，继而为美……"新型的城市从小跃向大，从公跃向私，从易解跃入静音，从静态跃入生命，从人工跃入自然……再一遍又一遍地重复。

"轨迹的跳跃"建立在空间图形与非图形的动态关系之中。"图形"是计划、表面、流通、景观及技术明确合成的几何组织（包含了平行线路、圆圈、连接及重复），包括了建筑上所有的部分；"非图形"是处于暂停状态的相同组织。"轨迹的跳跃"促进了两种空间，也在彼此之间频繁地飞跃。

"轨迹的跳跃"根据其间的间隙及开口进行，也取决于其连续性及一致性。间隙提供了规划中可插入景观，步道连接了楼宇及设施，与各式各样的形态进行接轨。开口造成了可知及未知的结果。间隙及开口赋予城市规划中的不确定性。

鸟瞰图

"轨迹的跳跃"——新类别城市

现场照片

　　"轨迹的跳跃"组织了城市生命中复杂的附件（功能、经济、基础设施、休闲、生态及科技等），所有的集成在跨越相同体系的同时，保持着开放的动力。

　　"轨迹的跳跃"阐明了城市的形态，不是单一的状态——楼宇、景观、街道这些范例——只不过是些多元的状态，楼宇—广场，道路—景观，步道—规划……

　　"轨迹的跳跃"无法产生一座城市，而它产生了一座洋洋大观的城市。这座洋洋大观的城市是城市规划的手笔，每一单元成为关注点后又随之后退，随着城市生命之潮涌，潮起又潮落。

液体生态
Liquid Ecologies

MAP 事务所
MAP office

作品名称：液体生态
参展建筑师（机构）：MAP 事务所
关键词：污染；环境保护

劳伦·古铁尔西兹，1966年出生于摩洛哥；瓦列西·波尔特菲，1969年
出生于法国，目前二人均任教于香港科技大学设计学院。Map 事务所
则是一个多学科的合作平台，使用不同的表达方式穿梭于实体和虚体
的领域，包括图纸，照片，录像，表演以及文学和理论的文本。

MAP事务所多年前开始制定一系列的研究工作，关注中国的工业生产，更具体地说，是一个纺织工厂如何转变成为新生态的实验室和模范榜样。工业之城"新兴工业"1968年始于香港，1989年搬到位于深圳和东莞交界之处。从那时起，它不断发展极好的环境策略，通过景观工程，为了10万名工人的社会效益，挑战了"态度积极的资本主义"。

大规模生产有机棉服装的过程对环境仍然是一个很大的问题，特别是用于织物染色的油墨会大规模污染河流系统。10余年来，新兴工业一直在倡导用生态友好的方式将排放的污水转化成净水。张国宝先生，香港企业家和新兴工业集团有限公司的老板，在深圳的茅洲河滨成立了中国第一家拥有湿地公园污水处理系统的工厂。每天，5 000吨的污水从茅洲河中取出；每年，他们再将万吨净化的水还于河流中，以环境保护作为额外竞争力抗争金融海啸。

茅洲河是穿越深圳的五条主河之一，曾经因出产"沙井"蚝而广为所知，并被称为"温柔的母亲"。20世纪80年代后，40万居民和密集工业排放的污水将这条无助的河流变成了一条"哭泣的河流"，她急需从深圳市政府得到补救措施。新兴工业集团有限公司正好位于茅洲河沿岸，它出人意料地使用来自河里的污水，生产染色材料并且回排已经净化了的水。公司的董事长建立了他在茅洲河沿岸的拥有6 000名员工的纺织工厂，并听取他女儿和其他中国大陆、香港的知识分子的建议，建立了中国第一家拥有以湿地公园为污水处理系统的工厂。

液体生态：中国的蓝色大跃进

除了新兴工业的52分钟左右的纪录片，我们还呈现了关于"生态生产"系统的成功范例，聚焦干净的水资源对成都地区产生的环境效益。

纺织业与水污染关联性事件

都市领域: 扩展的日常生活地理环境
Urban Regions: The Expanded Geographies of Daily Life

麦咏诗　邓信惠
Vincci MAK　Dorothy TANG

作品名称：都市领域:扩展的日常生活地理环境
参展建筑师（机构）：麦咏诗+邓信惠｜香港大学园境建筑学系
关键词：物流；香港；饮用水；大豆

麦咏诗，哈佛大学园境学硕士，现任香港大学建筑学院园境建筑学部助理教授。作为一位设计家，麦咏诗认为设计范畴并无界别之分。
邓信惠，哈佛大学园境学硕士，现任香港大学园境系助理教授。她的教学探索日常社会运作和大尺度公共设施系统中景观策略的运用。她的研究关注于恢复被污染的景观环境，平民窟的基础设施系统，城市和水资源之间的关系。

都市领域的核心要旨就是用流与动的互动关系

——理查德 T.T 福尔曼[1]

基础设施与景观资源将城市与周围地理环境联系在一起。都市领域是都市化的结果，其中交织着不同状态下的城市密度、人类生存和建成的环境。因而，都市领域的概念能有效诠释景观、都市主义和建筑间浑然一体的关系。然而，全球化的经济模糊了都市领域的界线并压缩了时间和空间的距离。现今的城市通过物流从世界各地网罗日常生活必需品，进而扩展城市的地理环境。

世界野生动物基金会于2008年发表了一项报告，声称香港土地的生态乘载量已远远超过其所能容忍的范围，且需要比现在多出250倍的土地来维持既有的生活方式。[2]尽管这个声明简化了香港的永续发展议题，仍然揭示了香港对其他地区的高度依赖性——主要是邻近的珠江三角洲。文章作者在香港大学建筑学院展开了一个研究课程，以资源和基础设施的角度探讨香港及其都市领域的关系。该研究是从两个日常生活的物品——屈臣氏的蒸馏水和维他奶——作为出发点，来认识香港、珠江三角洲和全球各地之间密不可分的微妙关系。

1 扩展的都市地理环境

人类对自然环境的影响有多大？有些影响涉及全球，例如温室气体。不过在一个都市区域中，许多典型的10~100km的长距离"领域性"影响尤为关键。而从都市领域分析和规划来说，最常见而且重要的影响是1～10km的中距离"景观性"影响与100~1000m的短距离"局部性"影响。距离更短的"场所性"影响，同样也是多元而且重要的（例如邻里或更细微的尺度）。

——理查德 T.T 福尔曼[3]

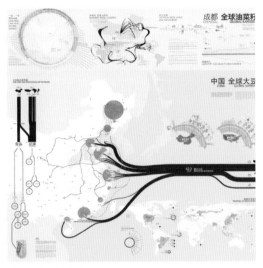

油菜、大豆产业图解

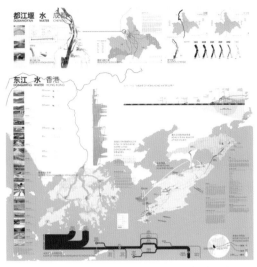

成都与香港发展对比图示

2011年成都双年展国际建筑展主题"物我之境：田园/城市/建筑"试图重新定义"城市"与"乡村"、"消费"与"生产"的关系。都市领域的概念重新阐释了"城市"与"乡村"的关系——从景观资源与经济发展的方面看彼此的依赖性——并将这两个在传统上不同的环境重新连结起来。基础设施模糊了"城市"与"乡村"的具体界限，创建了"混合式景观"，对传统上认识的景观，都市与建筑三个领域互相分离的旧观念提出挑战。

我们相信，"城市"与"乡村"看似相悖，事实上是一个统一整体。这种认知将都市发展的论调从行政的地域界线上解放出来，并重新认识乡村景观如何提供、生产和处理食材，如何供应其他都市生活型态的必需品；进而城市的需求和生活方式也反过来影响生产活动的形态，改变乡村景观。

因此，基础设施景观提供了一个"城市"与"乡村"、"消费"与"生产"间相互理解与交流的媒介，并具有"物我合一"的精神潜力。

2 东江水

此次对香港与深圳饮用水水源的调查，显示了跨省基础设施的环境、经济与社会代价。自20世纪60年代，香港开始由中国内地购买大量东江水（珠江的支流之一），以肩负香港超过70%的饮用水重任，帮助香港摆脱限水的困境。中国内地充足的淡水供应在其后的数十年间刺激了经济发展，支撑了香港人口的快速增长，也成为结束英国对香港殖民统治的一个重要因素。

20世纪80年代初，中国开始实行对外开放政策，珠江三角洲的快速工业化与都市成长在东江及支流区域造成了不可避免的环境破坏及影响。同时，珠江三角洲的城市——深圳、广州和东莞都自东江提取水资源。为了保持香港及深圳的饮用水水质，香港及广东省全面提升了东深供水工程的规格，由原来的开放式水道提升为长83km的密封式输水系统，将水从东江引至深圳水库。

广东省将东江作为珠江三角洲的经济驱动力，因此每年向江西省的东江源头提供补助，以保护这片流域。为了保证下游可从东江获得清洁的饮用水，上游的柑橘田受到管制，防止肥料漫流，污染水源。然而，东江下游流域的工业区发展也使水质安全受到威胁，因而广东省和江西省在水权上一直存在潜在的冲突。

尽管香港为购买东江水支付了庞大经费，却有超过25%的东江水因水管老化、爆裂、渗漏，或因水库满溢排洪而白白流失。因为香港每年需要向广东省购买固定配额的东江水，常常造成购入的水量供过于求，又因为水库的储量有限，多余的水往往无奈地被排放至大海。

虽然香港已经将大量的资金投入于饮用水供应，且水源供给系统的水质处理及质量控制亦已达到国际级水平，但是居民依旧普遍没有信心，使瓶装蒸馏水仍大行其市。其中，屈臣氏蒸馏水厂利用香港自来水系统所提供的饮用水以及各种原料、能源和交通运输

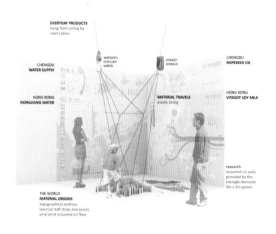

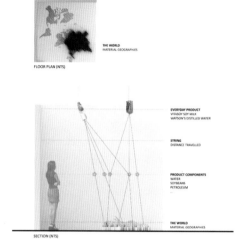

展区布置图示

设备，制造和销售其瓶装蒸馏水。来自中东的石油原材料被送到珠江三角洲各地的工厂，加工并制成塑料瓶的不同部分，然后所有的原料汇集至屈臣氏蒸馏水厂。一小瓶的屈臣氏蒸馏水在文化上代表着奢华与安全的期望，然而，更重要的是每一滴蒸馏水都具体化了政治、资源管理、基建扩张及经济贸易上的重大代价。

3 维他奶

维他奶是香港最流行的豆奶品牌，成份简单：水、大豆、糖、牛奶、大豆油、盐以及各种维他命。然而这一饮料背后却深植着复杂的国际政治、经济流动、科技发展、营销策略和基础建设网络。千年来，大豆一直是中国菜式中的主料。近几年的食品科技发展，将豆科农作物作为榨油作物与蛋白质来源，增加了经济产值，并掀起了一场全球性的斗争。

中国、印度、美国、巴西与阿根廷是五个主要大豆生产国。这五个国家中，只有中国拒绝使用转基因的大豆。转基因大豆产量更高，维护费用更低，因而会大大降低生产成本。典型的转基因大豆通常由农业综合企业研制，但是转基因大豆通常会阻碍天然大

豆植物的繁衍。尽管中国的大豆产量最高，但其进口量也是最高的。中国反对转基因大豆是在抵制种子公司，却导致国内大豆生产高成本低产量的情况。具有讽刺意义的是，进口大豆的价格反较本地的大豆便宜，原因之一是得利于各个港口与内陆联系发达的交通系统。中国主要生产大豆的地区，例如东北，由于没有发达的交通运输设施与加工地区连接，因而削弱了其竞争力。

维他奶的生产设备在中国大陆、香港、新加坡、澳大利亚与美国，用来自中国东北的非转基因大豆作为品牌宣传策略。香港的屯门每天可以生产超过150万盒维他奶。每一包维他奶都代表了全球化日用商品市场的政治学与生态学，虽然其主要成份在本地生产，但品牌与认证都是跨国企业的利益产物。

4 成都的日常地理环境

成都位于土地肥沃的成都平原，因其丰饶的农业生产，自古被誉为"天府之国"。其农业生产归功于2 200年前的防洪与灌溉水利工程——都江堰。都江堰的鱼嘴将岷江分成内江与外江两条支流。旱季时，鱼嘴可以引进六成的岷江水至内江，作为农业灌溉用水

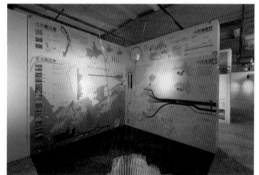

现场照片

及饮用水；雨季时，鱼嘴只让四成的水导入农业与都市区域，将多余的水泄洪至外江。内江亦与一系列人造渠道网络相连，以帮助提供农业灌溉与饮用水。现今的成都仍然依赖都江堰及其他过去百年间建成的水利工程。现在的基础设施，如水库、饮用水管网和抽水站，承担着成都日益增加的需水量，并使城市平均用水量从1950年的3.4%升至1990年的93%。

　　四川是中国的一个主要油菜生产地。油菜籽可作为油菜籽油的原料。因为它有着独特的化学成份，所以它已被注册为商标并受到保护。Canola一名源自"Canadian Oil Low Acid"四个字的组合，其直接翻译意思为"低酸加拿大油"。它在加拿大被视作特殊农作物。并非所有油菜籽油可用于食用，但大部分可作为工业用润滑剂及当地的经济农作物。在当今致力提倡减少石油燃料使用的同时，油菜籽油在未来生态柴油机市场中也有重要的应用。在成都，油菜与稻米交替轮耕，每到三月末，黄色的油菜花构成花海，为成都国际油菜节筑起了美丽的舞台。

注释和参考文献

[1] Richard T.T. Forman．*Urban regions: ecology and planning beyond the city.* Cambridge, UK; New York: Cambridge Univercity Press, 2008.

[2] 世界野生动物基金会．香港生态足印报告2008年．http://www.footprintnetwork.org/images/uploads/Ecological_Footprint_HongKong.pdf．

[3] Richard T.T. Forman. *Urban Ecology and the Arrangement of Nature in Urban Regions* [M]. //G.Doherty,ed. Ecological Urbanism.Basel Muller Publishers, 2010.

建筑
Architecture

思锐建筑(英国)
Serie Architects （UK）

作品名称：建筑
参展建筑师（机构）：思锐建筑（英国）
关键词：类型；城市；自然；建筑

思锐建筑工作室是一个以建筑、都市生活研究和设计为工作领域的国际建筑执业工作室，在英国伦敦、印度孟买和中国北京都设有工作室。该工作室放眼于当今城市建筑类型的变化和改进，致力于用最明智的方式解决空间问题。

　　现代的建筑实践中存在着一个陈腐过时的时尚：那就是热衷融合建筑和景观。更糟的是，现代建筑实践对景观的需求已经根深蒂固，并已上升到道德和审美的高度。这导致了一种被世人广泛追捧的模仿，使建筑的表现形式或形似于一种地貌图像，或形似于一种地质形态。我们否定也排斥这种愚昧的、单纯模拟的设计趋势，并坚信它将导致设计行业的堕落。首先与其把建筑和景观视为一个联合体，不如接受并颂扬它们的独立性和各自内在的美感。其次，更应该珍视建筑本身内在的逻辑和真理，而不是把它看成单纯自然的复制品。

　　每个领域都有自己深层的美。然而，当其中一个领域被占领或掠夺时，它所固有的美感会顿时消逝。这并不是说在城市规划中已经没有景观的一席之地，而是说纯粹的自然景观（比如瑞士的阿尔卑斯雪山和澳大利亚内地）与人造景观之间具有天壤之别。自然景观带来的是崇高的意义和感知世界无极限的心灵震撼；反之，城市中的景观旨在为人造环境提供反差。这个对比才是它们存在的主旨。于是，我们可以重新定义并审视景观设计，让其分担所扮演的建筑的角色，尊重建筑作为一个连贯独立的自主体。

　　这种设计理念贯穿于公司近期的4个分布在亚洲和欧洲的设计项目中。在9月的成都双年展上，我们重点展出了其中的两个。我们把对设计的热诚注入建筑的逻辑探寻中，把景观视为建筑的对应物。

　　西安园艺博览会项目要求提供一系列温室花房和一条贯穿公园的人行大道。我们将自己的设计灵感从周边的自然环境中解脱释放出来，面向整个城市寻

展览布置图示

作平展示

现场照片

现场照片

找建筑策略。西安固有的建筑形态是它闻名中外的古城墙，城墙内的生活因为被环绕而变得内化和密集。城墙不仅起到分离和围合的作用，同时直接引领了一系列现代城市活动。慢跑的、骑车的、遛狗的、晨练的人们把老城墙当成理所当然的聚集场和观景台。我们想象西安的城墙可以演变成为一条延展开来的、连接公园大门到园艺博览会中心的缎带。如同老城墙一样，我们设计的新城墙也能容纳、吸引不同的行为活动。在这里，我们把温室植入"城墙"体内，让游览者可以形成连续的参观体验。有别于传统的温室复制自然的做法，我们将温室设计融入一个显而易见的建筑形态中，完成了创新。

杭州新天地H工厂面临的挑战是对现有工厂建筑的创新和改建。设计要满足8 000m²的商业和办公空间需求。然而，8 000m²的面积需求将完全破坏工厂内部原有的戏剧性的开敞空间。因此，我们提议在厂房四周围合基座，不仅可以突显厂房的存在，也可以满足对新注入功能的面积要求。基座的屋面连绵起伏，与地面衔接的低点可以引导人流步行至作为绿色休憩空间的屋面。基座在中国和古希腊几千年的建筑历史中扮演着重要的角色。穿插在基座表面的圆形庭院内布置有植被和水景，与建筑本身形成强烈的反差和衬托。

在这些案例中，我们避免了景观和建筑异文合并产生的不和谐，反而使景观强调和突出了都市生活的独立性和自主性。

自然2.0
Nature 2.0

KLF建筑事务所（加拿大）
KLF (Canada)

作品名称: 自然2.0
参展建筑师 (机构): KLF建筑事务所
关键词: 密度; 智能建筑; 自然

KLF建筑事务所三位不同学术与专业背景的合伙人通过综合多元领域与主导跨国创意合作，以自然元素为概念加入创新媒体技术，致力设计出丰富且可持续发展的建设环境。

20世纪之交，田园城市的诸多模型建立了重要的范例，它们协调了城市生活和乡村体验。这些绿色的城市模型带来了当时最先进的现代主义建筑师的思想。然而，传统的田园城市只存在于密度远远低于当代新兴大都市的地方。这些事实使得当时传统的田园城市模式不适用于现在——高密度的新城市形式。这使得我们亟须探索田园城市的新目标：从城市的角度重新审视传统田园体验，关注由建筑的无机形式给环境带来的压力。现在的问题是城市如何休养生息，在当下的条件下以田园的名义与自然和有机世界相联系。

我们能够从当代城市超密度的角度来看待问题，这是一件好事。要保护可持续发展的地区就必须保护耕地——人们的田园——这是面对不断增长的人口的正确做法。这样，人口要么向其他地方扩散，要么就更加密集。

我们倾向于密集的方式，它是更加可持续的解决方案。为此，我们提出用一种新的方式来看待田园生活的体验和城市生活的交织。

使用交互式的模拟技术，是为了创造一个反映人在其中的能动环境。金字塔状的意识流通过交互式科技手段编织了一个新的世界，这种技术性生态平行类似于已有的有机环境。这种新的环境，包括可动楼宇系统在内，可以从微观尺度和宏观尺度层面上控制移动、香味扩散、光线调节、声学音质调整等。这些特性产生了新的环境，在高度集中和高密度的大都市中提供了保护世界原初自然的手段。

借鉴过去的项目，我们创造了源自自然体验的人工环境，我们为成都双年展提供的提案是——安装一个新的人工自然。在味觉景观（工作室画廊，多伦多）这个艺术项目中，我们创建了数组参数编排

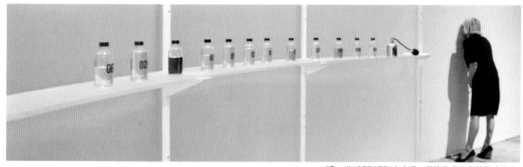

"Smell of FEAR" 麻省理工学院艺术中心的气味研究

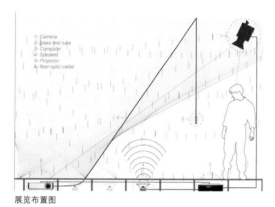

展览布置图

现场照片

现场照片

现场照片

的香味扩散器，模拟森林和花卉气味；在洪水幻影（DesCours画廊，新奥尔良）艺术项目中，我们创建了一个水的世界，用灯光反映一个人的运动；在味觉发生器（InterAccess电子媒体艺术中心，多伦多）这个艺术项目中，我们通过触觉用户界面的帮助，编制了复杂的香味。这些项目都源于我们正在进行的、关于建设身临其境的数字增强环境的研究和实验。

我们在成都双年展所作的装置艺术，通过嵌入式的交互技术，产生一种新的视觉、听觉和嗅觉现象，为未来的城市呈现一种新兴的技术生态，一种新的第二自然。

命·运·脉：田园+城市+建筑的过去、现在、未来

Destination / Fortunate / Context : "Foretime / Current / Future"of "Nature+City+Architect"

朱成　吴天　鲁杰　季富政

ZHU Cheng　WU Tian　LU Jie　JI Fuzheng

作品名称：命·运·脉：田园+城市+建筑的过去、现在、未来
参展建筑师（机构）：朱成+吴天+鲁杰+季富政
关键词：命；运；脉；田园；城市；建筑

朱成，朱成私立石刻艺术博物馆馆长，中国国家画院雕塑研究员，西南交大传媒艺术学院客座教授。
吴天，著《中国史前建筑架构原本考——来自甲骨文的佐证》。
鲁杰，四川古建研究所所长、四川大学客座教授、古典建筑高级工程师。
季富政，西南交大建筑学院教授、博士生导师，全国民族建筑研究学会常务理事，四川建筑师学会乡土建筑专业委员会会长。

1 序语

梁思成先生："遍访各地以搜集古建筑遗构，其最终目标，是为了编写一部中国图像建筑史。这一课题，向为学者们所未及，可资利用的文献甚少，只能求诸实例。"数十年来，我们追随梁思成先生这一志愿，以考证沉睡的"甲骨文图像建筑"史料，以收藏残存的画像建筑石刻，以再现遗忘的营造建筑术"天书"，以呈现消失的地域乡土建筑图像，补写中国图像建筑史。

吴天研究、考证、撰写《中国史前建筑架构原本考——来自甲骨文的佐证》。

朱成征集、收藏、展示数千块自汉朝以来历代图像建筑石刻，建立朱成私立石刻建筑博物馆。其中包含古代图腾建筑馆、现代图景建筑馆、未来图像建筑馆。

鲁杰再现、开启、重写建筑"天书"，传承五千年中国传统建筑不可缺少的主脉络，是用人脑将建筑立体图像储存后再转换成文字施工图的一种表现方式。

季富政写生、踏勘、丈量西南大地，记录、体验、再现古镇乡场在沧桑岁月中的逐渐变迁与流逝。

传统建筑在历史的辉煌与现代的遭遇中具有一种自身修复、自我酝酿、自我完善的生命力。筹建《成都·四川·中国图像建筑博物馆》，力图承袭中国传统建筑之精髓，将丰富的精神生活及想象力注入其博物馆场景中，唯"建筑图像的精神性"是图。我们这个时代的中国人永远不会败在由自己创造的具有高贵血脉的建筑之下。图像建筑馆捍卫古典建筑精神，保持、延续、创造、生长、发展为命、为运、为脉。

命，即中国图像建筑史前古代馆。

运，即中国图像建筑现在馆。

脉，即中国图像建筑未来馆。

诠释关键语

物是第一人称，吾我默契之物语

物是第二人称，你们我契约之物语

物是第三人称，我们我无约之物语

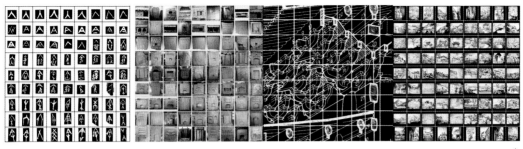

命

运

立命之物　宿命之物　安命之物
非物之物　非我之物　物我两忘
失我之吾　失吾之我　物物两忘
我吾之物　我物之吾　吾我两忘
自然之物　囊中之物　旷达之物
物是物境　物是域境　物是心境
随时境中之物　随处境中之物　随缘境中之物
命之物　运之物　境之物　不可求　不可遇　不可言
物之命　物之运　物之脉　不可辨　不可知　不可测

　　"命"、"运"、"脉"，以此为诠释框架或象意语言，践行梁思成先生"求诸实例"的思想，而后考证沉睡的"甲骨文字图像建筑"史料，收藏残存的画像建筑石刻，再现遗忘的营造建筑术"天书"，呈现消失的地域乡土建筑图像，成就中国图像建筑史的全新观念。

2　成都人——吴天和他的甲骨文字建筑图像

　　命

　　20世纪60年代，幼年的吴天生长在四川省图书馆藏书库，耳闻目染，认字、写字、读字，发现文字间架与建筑的关系。当时他认为，所有的建筑结构都存在于文字的间架关系之中。其实在考证中发现，"甲

骨文字建筑图像"出自于造字始祖仓颉，是华夏史历代建筑形制的参照物。其实，"甲骨文字建筑图像"史料中蕴藏着华人与建筑的关系、中国建筑文化的真谛。

　　运

　　古老的、原始的、沉睡的搭建建筑形制，迄今已荡然无存。何为古老的、原始的"木结构"搭建建筑形制？何为"举折"法则？何为"聚入"法则？唯有在那地动山摇的"5·12"厄运时刻，灾民再现了华夏史前原始搭建建筑形制。"5·12"厄运搭建的建筑形式、形态、形制，印证了人人都是建筑师，建造并非建筑人的专利；印证了人类生存的建构智慧在轮回中重生，再生，更生。

　　脉

　　先民和灾民的搭建建筑对未来城市在自然中，未来建筑物在第二自然中的启示——何为极简？何为极少？何为最小单位？

3　成都人——朱成和他的四川石刻建筑图像

　　命

　　朱成自20世纪80年代至今，数10年倾其精力、心血初步完成了"朱成私立石刻艺术博物馆"藏品征集工程。其主题就是石刻中的图腾建筑，中国古典图像建筑。古人把建筑作为肉身栖息的场所，作为精神庇护的场景，以图腾图版形式供奉于地下墓穴建

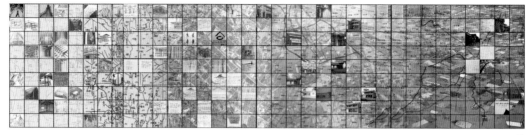

脉

筑之中。它们记录了不同历史时期建筑形态，房、楼、台、阁、宫、殿、室、处、所、城、堂等，同时铭刻了图腾建筑轮廓的演变，从具象的房屋到概念的城市，从人间的建筑到天堂的圣景，这数千尊图版就是"一座房子"的文化，就是残存的建筑、宗教、艺术、民俗等传统大建筑文化。

运

图景建筑艺术室中的图景图像的收集是在我国城市化进程中，在现代化摧枯拉朽的巨变与传统建筑形态刹那间自行"玉碎"之时，作为一位公共艺术家完成的力所能及的"瓦全"工程。

在城市国际现代化建筑围合中间，中国传统建筑已沦为"仿"文化图景，记录了其中数以万计的中国传统建筑在消逝过程中的图像。

脉

未来中国建筑概念将会把传统建筑概念作为跨文化的延伸，探索汉语建筑、写作建筑、诗歌建筑、口述建筑、乡音建筑、故事建筑、描述建筑、记忆建筑、纤维建筑、半维建筑、戏拟建筑、线形建筑等非物质的"建筑图像"形态价值。

4 成都人——鲁杰和他的天书建筑图像

命

20世纪60年代初，鲁杰在老师傅指点迷津下编了一次"天书"，并带领上百位工匠成功完成数百间民房迁建工作。根据一栋房子上万根木料、砖石的方位、排布，用一种只有自己才看得懂的"天书"符号作记录，拆下来后，再在异地进行组装。从20世纪七八十年代从事建筑技术管理工作和设计工作实践中，从20世纪90年代专业研究中国古建筑过程中以

及从撰写国家"八五"重点图书《中国传统建筑艺术大观》全套十册图书的写作过程中，感悟到中国传统建筑营造术——"天书"已被遗忘。建筑营造术"天书"是古代中国建筑人以人脑网络建构虚拟的、立体的图像思维模式，再转换成文字施工图的一种表现方式。"天书"的编程是用宇宙六合空间定位方法，将建筑构件进行排列组合的程序。

运

被遗忘的营造术"天书"——中国传统建筑的文字施工图，以文字符号记录着每幢建筑构件之间的衔接关系及其在本幢建筑中所处的位置。"天书"实际上是传统建筑的平、立、剖施工图和构件节点详图，因其编写符号非传统书写文字，只有编写者认识，故先辈工匠称之为"天书"。数千年间中国大地上成千上万的传统建筑均是用"天书"这种密码方法来表达建筑的营造潜规则，上至皇家宫殿，下至民宅。

脉

中国传统建筑是象天法地的产物。建筑是有生命力的，它延续5 000年的传承已充分证明了这一论点。建筑的平面布置与空间朝向也是最大限度地提供满足人生理所需的阳光、气流。建筑外观造型及构件的美丽图案和符号都能满足人心理上对美的需求，从而让人身心健康，延年益寿。所以说，传统建筑是养生建筑，这才是城市自然中有生命的建筑，吐故纳新的建筑，会呼吸的建筑。

建筑是有生命力的，唯有达到冬暖夏凉，背阴向阳，日照充足；与天地对应，接纳对人有利的光波与地磁；适应四时八节、时序变化，时刻都在进行吐故纳新，净化室内外空气，让人的各种生理需求得到满足，才能实现当代城市中的民宅和未来农村真正意义

现场照片

上的安居房。

5 成都人——季富政和他的地域乡土建筑图像

命

在一"甲子"的60年中，季富政用脚步踏勘丈量数万里，涵盖1 000余民居聚落、川蜀场镇、巴渝村寨、川黔岩居、云南聚落、氐羌民居、客家民居。巴蜀乡土建筑，是不能空谈的追求，有时是裸足在混沌地里行走，共万里，1 000多个城镇，50万平方公里，数十年；17本专著，100多篇文章，千幅绘画，万户人家；测绘百户以上，其中有川渝场镇、三峡聚落、羌寨民居、客家民居、林盘散居、川黔岩居、云南村寨……范例万千，还在岭崖之道跋涉。没有目的、过瘾、有趣，城市的人想冲出去，流动的隐居。

运

一方水土养育了一方人，一方人几千年来在这方水土上创造了村落、乡场、古镇、邑都。他曾写生、记录、体验的古镇乡场在沧桑岁月中逐渐变迁、流逝、消失。

脉

谁给他们留下符号？留下记忆？幸存的永恒地名图像、地域图像、地理图像与乡土建筑图像共生、更生、重生。

例证

吴天：何为极简？何为极少？何为最小单位？

朱成：非物质"建筑图像"的形杰价值。

鲁杰：中国传统建筑是象天法地的产物，是有生命的、吐故纳新的、会呼吸的建筑，所以说传统建筑是养生建筑，如"安居房"方案。

季富政：幸存的永恒地名图像、地域图像、地理图像与未来城市的共生、更生、重生。

6 结语

综论，如果以命、运、脉的诠释框架来观照建筑，中国图像建筑史前古代馆为命，中国图像建筑现代馆为运，中国图像建筑未来馆为脉。田园+城市+建筑的过去、现在、未来的理想图式，以"渗透美学"（非传统美学）言之，只在点滴碎片、片段重组再组之中。田园与城市，古代的田园之于古人，城市是对田园的逃遁；现代田园之于今人，田园是对城市的逃遁。史前先民的古邑部落城邦，田园可逃不可避，此为命也，视为造物；现代城市乡村，田园可隐不可遁，此为运也，视为造作。未来田园城市，田园可有差异，但不可分离而别之，此为脉也，视为造化。

物，我，境之于命，运，脉，建筑在这一正反和合的模式中只是种种的例外和例证。田园、城市、建筑这一命题在命、运、脉的诠释框架中是吴天的史料、朱成的石刻、鲁杰的天书、季富政的写生，是想象的图式与图式的想象以及种种向度和图像。

田园城市——城市田园
Garden City: City Garden

童明
TONG Ming

作品名称：田园城市——城市田园
参展建筑师（机构）：童明工作室
关键词：上海；居住区；城市田园

童明，同济大学城市与规划学院教授，童明工作室主持建筑师。童明工作室始终感兴趣于通过广泛的学习与研究，将由此形成的知识与思考融入到建筑实践中去。

根据霍华德的理论构想，田园城市意味着"城市+乡村"。无论是城市还是乡村，都不可能单独成为田园城市。

这意味着田园城市是一种与工业化时代紧密相关的理想，它是一种由田野、车间与居所构成的、远离城市范围的聚集体，可以容纳从拥挤的市中心搬迁而来的工厂及其附属的产业工人，还有因此建造的配套住宅。田园城市本意上并不是大城市的附庸。在霍华德的模型中，由快速交通串联的、5万~6万人口的田园城市所形成的网络，就可以用来构建汇聚成千上万人口的城镇工业化进程。

在20世纪的全球工业化扩张进程中，这一理想未能真正实现，取而代之的却是更为普遍、逐层推进的城市无序蔓延。尽管如此，田园城市的理想仍然于有意或无意之间在全球范围内以这种或那种形式被城市规划重复着。它们或被称为工业城镇、郊区新城，或被称为卫星城市、边缘城市等，但是更多的，它们在城市内部被用来组织基本的工业生产单元。

作为曾经是中国最大的工业城市的上海也同样经历了这一过程。自20世纪50至90年代，上海在一次又一次的城市扩张中不仅形成了大片工业区域，而且也建造了与之相应的大片居住区。这些居住区往往以工业单元为建制，多层砖混结构住宅为主体，平行行列式为格局，安置几百万产业工人的生产与生活。

但是这种外围扩张的发展与它们在英国乃至欧洲的先例一样，并未带来那种想象中的理想城市。相反，它们几乎将周围的乡村吞噬殆尽，旋即又被更高密度的城市发展所淹没。

可以认为，霍华德的田园城市设想已经难以与时俱进，21世纪的现实已经不能容许人们在乡村中建造

上海工业新村分布图

陈旧的上海居住区外貌

田园城市，而只可能在城市的缝隙中谋求绿色空间。

与原始初衷更加背离的原因在于，田园城市构想所立足的基础由于当前的产业变迁而逐步瓦解。随着近年来制造业的大量外迁，原本处在历史城区周边的工业区域逐渐丧失了原有动力。对于上海而言，城市的制造业时代已经逝去，取而代之的是一种新型服务型经济。然而，那些已被关停并转的闲置厂区在另一个方面体现了其珍贵的价值，它们为目前已经被裹入城市核心的拥挤地段提供了新的发展空间，通过城市更新，要么被再开发为密度更高的商业办公集群，要么被转变为时尚文化空间。

在当前的城市系统中，流动资本、全球经济一方面侵蚀、消解既有的传统城市空间，另一方面又在按照自己的逻辑重新构造新的城市空间。上海已经步入一个日趋重构与整合的不稳定时期。旧格局被打散，新格局正在形成，它与去工业化、城市更新、环境保护、网络空间等城市现象紧密相连。大型厂区以及巨型车间已经不复存在，现代化的交通设施以及通讯技术使得商务办公以及服务产业可以散于城市各个角落，人们的居住空间也相应可以不再受通勤距离的羁绊。

这些复杂过程正在导致一种间断的、不连续的城市景观的形成，在其背后则是产业结构、职业结构、消费结构以及生活方式等方面的深刻转型。它既提高了人们工作中的生产效率，又消除了每日必需的空间距离；既提高了个人在社会组织中的自由度，又构筑了最重要的虚拟社会环境，从而缔造出新的社会形式和新的空间变化。这一过程也颠覆着那些现代城市规划试图仔细划分的城市空间及其功能单元，从而导致比以往更加复杂的城市空间概念。

在当前这样一种城市发展背景中，以工业化模式为基础的田园城市理想在后工业化时代的城市环境中还有存在的可能性吗？

综合多重考虑，21世纪的田园城市由于郊区空间的缩减以及产业组织的变更而难以呈现，但是处在城市内部的城市田园却有可能因为时代因素而转变为现实。

其根据在于，当前的社会发展在迅速普及的信息技术的作用下迅速网络化，因此呈现出一种多层面、多维度的演绎过程。生产和消费、劳动和资本、管理和信息之间由于新时代的降临而形成新的关联性，它们改变着人们的生活方式以及组织原则，促使城市社会中的劳动关系与就业结构发生广泛而巨大的转变。

向心化和离心化、集中化和分散化都不再被视为相反的两极，它们是一个复杂城市地区在扩展过程中的不同侧面。由于生产和服务行业越来越具有灵活性，这使得经济活动的各个部分有可能分布到城市及其周边的不同地区。在这些不同力量的混合作用下，城市的中心与边缘的传统区分已经彻底模糊。城市的某些区域由于更加高效的交通系统及组织管理而汇聚更多的人口和就业，但也可以因为同样的原因遭到疏解和离散。

在那些离散空间中，如果城市的原有工业区域因为产业转型而不断地被改造成其他的生产空间，而那些原先为工业区域进行配套的居住区，则可以为这类城市转型提供更多的潜在设想。

从20世纪50年代开始，上海为了协调工业生产与产业布局，开始围绕老城区辟建近郊工业区，并按照"就地生产，就地生活"的方针，配套新建居住区。因此，在沪东工业区附近规划了杨浦区的长白、控江、凤城、鞍山、玉田和虹口区的大连等新村；在沪南工业区附近规划了徐汇区的天钥、龙山、东安、日晖等新村；在沪西工业区附近规划了普陀区的宜川、甘泉、石泉、武宁、曹杨和长宁区的天山等新村。此外，还有浦东的上钢、崂山、乳山等新村。

到20世纪90年代，上海市中心区总共新建住宅5 071万平方米，辟建大小居住区64个。特别是在20世纪80至90年代，上海就规划了居住区74个，用地面积3 829.3万平方米，可供住宅建筑面积3 913.1万平方米，可居住人口315.1万。

它们的总面积将近50平方千米，相当于上海中心城区建成面积的1/4，也相当于半个香港岛，或者半个纽约曼哈顿岛……它们基本上处在内环与中环之间，处在历史区域与新建城区域之间，也处在新兴产业的链接之间。

这些居住区规模用地通常在30～70公顷之间，可容纳人口3万～6万，更多的可达20万～30万，相当于通常中小城市的规模。

在将近30年之后，随着原先所附着的工业厂区的逐渐衰退，这些大型居住区也随之失去原有的配套价值。由于其中的住宅设计一致性地停留在20世纪60年代的生活模式上，大厅小房，空间单一，影响了家庭生活的现代化进程。它们可能由于年轻人的外迁而成为空心城，并且随着最早一代产业工人的逝去而逐步空心化。

更加令人担忧的是，这些多层住宅一般以条型基础、预制空心板为结构，按照50年设定使用年限进行建造。它们可能由于结构老化以及设施陈旧而无法更新，由于缺少必要的日常维护而日趋衰落，由于缺少商业、服务的支撑而陷入更加深重的恶性循环之中。

等待它们的，可能就是在未来20年间，逐渐被拆除的命运。

哪里存在空间，哪里就存在梦想。

如果将目光从城市的外围（因为那里也已经毫无空间可言）转入到城市的内部，那么环绕在上海中心城区周围的大型居住区圈层则可以为城市保留未来田园空间的可能性。

如果结合时间因素考虑，在未来50年内，上海城市中心的常住人口将会显著下降，人口的流动性将极大提高，就业的方式不再需要大规模的集中，城市空间质量的重要性将会远远高于数量。

如果能够克制住贪婪的本性，能够不在其中填入更多的开发行为，那么这一潜在的虚空可以用来调整田园城市的观点，在真正的市中心用来缔造未来的城市田园。

这些城市田园可以置于组团内部，以虚空的田园

现场照片

核心（Garden Center）的形式来组建新的城市单元，而不是像以前那样在外围包裹城市组团。

这些城市田园本身除了具有乡村的本性之外，并不一定承担具体的生产职能。但是由于后工业时代的特征，它们所提供的绿色虚空却可以用于附着其他因素（如高级服务业、高级金融业、信息产业等）而建构新的生产基地。它们既是新产业的背景，也是新产业的基地……

它们引导构成的城市组团可以更加接近霍华德的原初模型。从宏观的图景上来看，传统城市结构的同心圆模式，即城市中心被与之相邻的扩展区域层层包围的格局已经改变，取而代之的是一种更为复杂的网状结构。

不同的是，处在这种网状结构的节点部位的，则可以是由绿色虚空构成的城市田园组团，它们以一种新的自足性特征来融合办公集群、生活空间、消费场所、娱乐设施，显示出过去只有在传统城市中心才拥有的经济活力和文化多样性。

调研

北纬30°39.35′，东经104°4.18′，通过几个简单的坐标数字便能快速而准确地定位出成都的地理位置。然而，在城市化、全球化、信息化、市场化加速推进的今天，物理空间的界限早已经被轻易打破：一方面，物质和人力资源越来越便捷地在各个空间流动；另一方面，城乡、城市间和区域间的差距正进一步扩大，城市化带来的众多问题不断浮现出来。物理空间的绝对尺寸和位置不再是体现城市竞争力的主要因素，数字坐标也失去了界定城市之间的动态关系的能力。

于是，不由自主地生出疑问：那么成都究竟在何处呢？

乡村的逻辑与丘里之美
Sounds, Beyond the Land

李凯生
LI Kaisheng

作品名称：丘里之言
参展建筑师（机构）：李凯生｜青道房工作室
关键词：林盘；天府；丘里

李凯生，中国美术学院副教授，建筑设艺术院院长助理，城市设计系系主任，青道房工作室主持设计师。

1 嫁接与驯化

阅读芒福德，除了感慨其"生态人文主义"立场的广阔和坚毅，更为其一个从来没有引起过广泛讨论的重要观点所吸引。依据长期的城市文明史研究，芒福德发现，所有的文明皆开端于对某种自然力量的"驯化"，并且总是义无反顾地把文明进程的基础直接建立在随之而来的深度拓展之上。因此，他认为，文明的起源必然伴随并依靠自然力量的内化。有很多事实可以验证这种经验主义式的观测结论。因为食物和畜力的需要，人们驯化作物和牲畜；因为力量和工具的需要，人们驯化各种能源和材料，甚至发展到驯化自然的运动和变化形式，比如对水流、风力以及火的开发。其中，水利的开发对于世界各大文明而言，往往起到奠基性的作用，因为水利文明特别需要一种社会的集体形态予以支撑：水利文明需要的建设尺度引发了对文化集体尺度的谋划。因此我们看到，在水利系统建立起与自然力量的因借关系的同时，文明的内部滋生出一种对这种浩瀚力量的理解与尊崇，并且演变为文明内部的一种社会性的组织方式和生活原则。水的力量和社会的力量有了某种对应的关系，水的形态学因而演变为社会的形态学：因势利导，顺势而为，载舟与覆舟之论兴起，民与水被古代管理者视为具有同样物性的东西。

我们沿着芒福德的思考推进，"驯化"的目的根本在于"嫁接"。把文明的诉求建立在对自然力量的借用之上，把自然的水流演变为水利，自然的力量内化为文明的动力。文明所要做的，是构建种种老子所言的"天下式"，吸纳和转化自然的力量。文明的工作在于找到某种形式将自身转化为"嫁接之器"，类似风车与水磨，被置入天地的循环当中乘势而起。

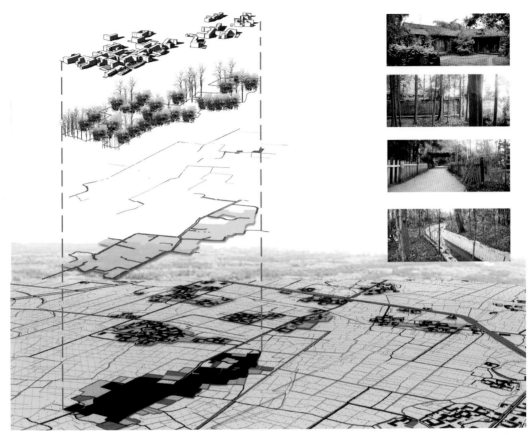

林盘空间分析图

食物、水流、火、风之力；岩石、土壤、草木、金属之质；地利、物产、气候、天象之利；在种种文明形式——道家所谓"器"之中得到承接和演化。形而上者"道"，随着文明之"形"而被嫁接到那些文明器具当中运行流变，这就是驯化之"化"的含义，亦是文化、教化、开化之"化"——大化流行的含义。

对传统文化而言，这种嫁接既是一种承接与转化，同时更是一种栖留与守护。正是带着这样一种观测的视野，我们开始尝试去理解那种被称为"林盘"的乡村形式。

2 空间地理：天府与林盘

以"天府"为名的成都平原，从四周围合的高山俯瞰下去，在广袤而平坦的田野网格中，一种棋子式丘岛形态的村落星罗棋布，当地人称为"林盘"。

散布的林盘，在广袤开放的田野上形成一种独特的地理空间图示，勾起我们对天府的想象。"林"和"盘"，分别代表着天府人文地理图示的两种空间取向：盘，指示出那张高度统一而又尺度恢弘的田园网格；林，则勾勒出漂浮在网格上的斑块状城镇和丘岛形村落基本的形态学特征。

所谓林盘，即是一种在开放的田园网格上自由散落的、被茂密的竹和树包围组织的自然村落。"盘"的水平倾向，源自这个冲击性平原的水文地质成因，暗含着地理运作的形式内涵和水的隐秘在场。上古时期，成都平原号称"陆海"，实为群山环抱的一块巨大的内陆湿地。湿地地形中自然的高地和丘岛，正是那些丘岛形村落的形态源头。考古和历史研究提供的证据表明，蜀人治水的历史源起古蜀，李冰父子的都江堰不过是把各个时期的治水系统进行了一次彻底的

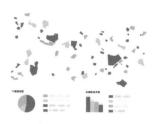

村落与机构图解分析

整合。蜀地的开垦伴随着早期人类从山野向平原的迁移过程，此过程必然就是一部针对"陆海"的恢弘的治水史。

作为一种普遍的文明开端形式，水利系统的开凿立刻在自然场地的基础上构建出一整套农耕文明的地理空间系统。随着蓄水、引流、排洪、修坝、做堰、挖渠、凿池、开田和筑屋，随着漫延而无节制的水体依据河沟被管制和调节起来，号称"陆海"的泽国湿地演变成阡陌纵横的天府田野，村落则就地取势随机而成。从冶泽河滩到棋盘田网，泽中突起的浮岛台地相应演变成今天的林盘的原型，二者在总体上延续了水体与丘岛自然的形态学关系，从而最终奠定了天府平原人文地理学意义上的空间文明和农耕生态稳定的系统性，并延续了几千年。今天，它们仍然维持着成都平原基本的空间地理结构。

人文地理的空间系统的建立有赖于两种关系的确立：人地的群体性关系和空间的划分，其中关键的环节在于人的尺度和天地的尺度的匹配。在成都平原，田埂和灌溉沟渠相交织，建立了土地的空间单元划分。土地据此被整理拆分到与人力和畜力相匹配的、更精细的尺度级别上。总体的场地尺度和水利的系统性，通过田的勾连和沟渠网与每个土地单元牵连起来。林盘随机地插入高度组织系统化的网格中间，它的尺度维系在与周边所属之田网相对应的耕作和交通尺度关系上。乡镇是林盘尺度的拓扑放大，仍然遵从着源自水利、漕运、田亩和人力相关的尺度和形态学基础。这种可以拆分到人体尺度的人文地理系统，因为水系的整体性与环列在盆地四周的高山和密布在盆地心腹的河流而产生非常直接的供养关系，使一田一村皆得"天养"，水旱从人，泰然安适而成就一方水土。

地方性的根源即来自于这种总体上的人地关系，中国人的地理观念亦发端于此。芒福德的"嫁接"与"驯化"从天府林盘中可以得到全面的体现，从而让人们可以更加深刻地理解文明和文化的生态地理内涵。嫁接的本质在于得其"天养"，同时回归到那种原在的系统性中。不去颠覆既有的在场关系和事情的本质才能被称为对种种自然力量的驯化，嫁接乃是把人文嫁接在、嫁接回自然的生命系统之上。在任何意义上，科学和技术都不可能改变这一逻辑。国人的地理观更进一步，把场地的地理属性与人群的安泰和地方的性情看成是一个高度统一的系统，拥有一种直截了当的命运性关联。同时，它也奠定了地方文明的基础。

3 地方的品性

林盘，超越了一般散居式的自然村落。自天府开垦以来，林盘一直是川西平原未曾改变过的一种集生产、生活与游憩于一体的安守—栖居模式。它代表着一个宏大的人文地理系统对天时地利的深刻理解与遵从因借，天府的一切富足与安闲的基础既是与西岭雪山的决然抗争与权衡利导（都江堰），又是田间路网和漕灌体系对外部世界的淡然应允和泰然处之。

林盘是一个庞大人文地理生态系统的空间节点，是那个得到地方文明有效规划的生存历史世界的"单元插件"。作为一种基本的生存空间形式，它还奠定了川西人群的乡土品性和文明取向。林盘周边的土地被划分为与人力（畜力）尺度和灌溉效率相匹配的田亩单位，田园的尺度又与栖居的空间单位进行换算，耕作出行和看管守护的生理尺度控制着田野与村落的距离设定，户的聚集程度受宗主关系和氏族血脉的影响——聚落的尺度和空间关系随机地对应着村落实际的社会关系，空间的自然属性奠定在由田地（灌溉）和社会人群的自然关系疏导而来的整体性上。

林盘单纯朴实的空间构成和场所属性继承了一种恬淡而深刻的理性。

天府林盘鸟瞰图   现场照片

典型的林盘皆处于一个竹树环抱的幽闭空间当中。平时，林木和围栏起到必要的空间标示和分界作用，通过遮阴避风形成冬暖夏凉的场地小气候，建筑空间的开放性对应环境的舒适度，强化了场地小气候的精神和生理调剂能力。从空间品质上讲，林盘即是多户共享的乡野式园林。当有建设需要时，这些围合的树木和竹林结合田间的泥土和稻草，正是筑屋的建材储备；竹与树的保有数量与建房需要之间有一个合理的轮种与砍伐的循环比例，这又是一种尺度理性的反应，在树木围合发生不易察觉的的变化的同时，建造活动与周边生态环境进行着有机的互动。传统的林盘村舍皆为泥木结构、瓦草覆顶，土坯和草顶皆可回田，瓦木以及砖石则可搬移及循环利用，还田与迁徙都不是问题，具有一种集体空间的流动性。林盘与田园在位置系统的交换自由，为可能发生的栖居空间的体系调整带来了便利。在人文地理意义上，系统的可调整性对应着平原农耕管控的开放性，这也是我们现在推测的，除了取材便利和循环性以外，传统地方性建造体系执着于泥木竹草的深层原因。

在平原开放的大地尺度上，林盘建构着一种专属于它的大地之美。

由丛林形成的次级尺度对应着极远处的高山，传递着山林的情景和风貌。林间的农舍空间，得宜于沟渠和林中路的引导，跨越在"精舍"、"艺圃"、"寒林"、"溪渡"、"平野"等各种空间模式之间，更在"东篱"和"远山"的对望中建立起对具体场所和有限尺度的突破，并因为鸡犬相闻及道路水系而勾起对外部世界"他者"的想象。一个林盘，既有一种实际处身"壶天"的洞天之感，亦有远望仙岛的彼岸情结，还有空间在游走其中时，消隐于寒林间"精舍"、"柴门"的想象。泊然亲历，则日常朴雅，生命情景的内守与外望兼备，生活栖居事情——

而足；恍惚间，又彼岸消逝，置身世外。

4 丘里

《庄子·则阳篇》里出现了一个很有想象空间的词——"丘里"，可以解释为一个依托自然场地而形成的邻里单位。庄子所说的"丘里之言"指向一种文化的汇集效应：场所、风俗、地理、山川乃是由众多微小的单元和因素自然累加而来。万物各异，皆携带着各自的背景和情态，它们都需各得其所、各归其位、各就其理。聚合起来的总体，必须能够成就为不同层级、不同交互关系的整体性，从而衍生为一方地理环境中的乡土人情，进入地方历史的循环。乡土观，涉及空间品质的本源：合"异"以为"同"，散"同"以为"异"。合异，既在于和合林林总总，更在于顺应地利建构人和；散同，在于划分位置与角色，使系统性和整体性衍生为一种在场的相互关系，支撑着差异性与个体自由。

人地关系的永恒在场，是空间地理属性的标志，亦是人文地理属性的本质。天府林盘与四川地方文化的关系印证了"丘里之言"的根本性质——那种被称为"地方"的空间文明的基层组织形式，空间需要一种植根于场地的能力和方式才能完成对文明的养育和涵纳，空间的地理属性源自其对大地的空间化，生活世界诞生于此——开启与回归的统一过程。

土地之大美，化身于"丘里之言"，我们的工作即是解读。山水入画，"地理"幻化为"空间"。

成都艺术特区
Chengdu Special Artistic Zone

"西行计划"（荷兰）
Go West Project（Netherlands）

作品名称：成都艺术特区
参展建筑师（机构）："西行"计划（荷兰）
关键词：超大城市；中国西部；建筑；新闻记者

"西行计划"由记者米歇尔·胡斯霍夫和建筑师丹·罗赫维恩建立，是一个聚焦中国新兴的超大城市发展的多学科研究实验室。米歇尔·胡斯霍夫是荷兰周刊《自由荷兰》的中国通讯员。丹·罗赫维恩是一位在中国和欧洲参与建筑设计与城市规划项目的建筑师。

中国艺术自由的历史很短暂，过去30年的发展历程基本上与政治和经济的发展平行。文化大革命期间，艺术服务政治，艺术发展的目标是"提供素材为人民的革命斗争服务，消灭资产阶级"。这个思想被付诸实践，于是有了社会主义革命歌剧《红灯记》、《红色娘子军》，以及成千上万的赞美"大海航行靠舵手"的海报。

中国在1979年恢复高考，艺术教育几乎要从头开始。随着计划经济逐渐让位给政府宏观调控的市场经济，同质的共产主义的艺术开始受到外来文化的影响。西方摇滚音乐开始出现在大学校园里，学生开始将自己灰色的毛泽东时代的革命制服换成港台流行的牛仔裤、裙子和太阳镜。青年知识分子急切地将自己沉浸于西方文学、哲学、艺术的书籍和杂志中，尤其是超现实主义和波普艺术得到广泛普及。新的思想，从香港开始蔓延到中国南方，然后是内地的其他地区。

1989年2月，北京艺术家成功地在国家艺术博物馆内举办了传奇的"不准掉头"艺术展。就像艺术家们所担心的那样，新中国的变化是从不可逆转的。由186位年轻艺术家组成的大型展览展出了300多件作品，在试探当局的限制级和宽容度。"一个年轻男子将避孕套扔向一群聚集在他周围的人群；一个穿红衣的家伙在一个贴满里根图像的盆里洗脚；一头长发的男子向人群出售鲜虾。奇怪的展品到处都是：粗糙的类似人体肠道的塑料肿块；压在玻璃下保存的腐烂的手术手套；一张宣布死刑的海报，与其他照片一起贴满墙面。"萧鲁在她的行为艺术作品《对话》里面用枪打了两发子弹，她的作品由两个电话亭和一面镜子组成。《不准掉头》中国艺术展第一次将中国艺术家放在了国际艺术世界中。《时代》杂志写了一篇评论，

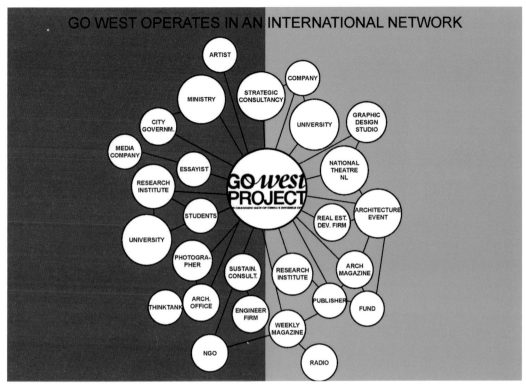

GO WEST OPERATES IN AN INTERNATIONAL NETWORK

"西行计划"工作网络图解

题为《蛋，手枪和避孕套》。

这种官方的现代艺术展览在中国是罕见的。1999年艺术历史学家弗朗西斯·达尔拉戈(Francesca dal Lago)写道，"对艺术家而言，曝光不足是令人窒息的。中国的前卫艺术既没有被迫害，也没有被公开批评，它被冷藏——或者直接被忽略。这对一个艺术家，远远要比公众的批评更糟糕。"

20世纪90年代中期的潮流给中国艺术带来了变化。第一代的外交官和商人开始购买中国的艺术，并开办画廊。受供求规律的支配，中国现代艺术的价格很快开始急剧攀升。价格越高，越多的收藏家前来观看，这使得需求再次增加，从而不断创造新的价格纪录。2006年3月张晓刚的作品《同志/第120号》，在纽约苏富比亚洲现代艺术拍出了97万美元的价格，这引起了全球范围内的轰动。这对当代艺术家是一个巨额天价。这一年的10月，英国收藏家查尔斯·萨奇花150万美元买下了国际拍卖市场上张晓刚的第二幅画；11月，张晓刚的抽象画作品《天堂和平广场》又卖出了一个惊人的价格——230万美元。就在同一个月，他的同事刘小东的《三峡大坝全景》售出了270万美元。然后，在岳敏君的销售执行下，一幅描写四个囚犯笑着等行刑队刑罚的作品脱离禁售的控制。这副隐藏多年的作品出现在2007年的伦敦拍卖会上，一位匿名收藏家以420万欧元拍下了它。这表明，中国艺术家已经跻身国际高薪艺术家的行列。美国杂志《作品集》命名了这一热潮，它轻蔑地称它为"收款机干朝，"

国际上的成功，也引起了中国内部的变化。随着艺术家们在美元区和欧元区取得的知名度，中国在地的权力机构突然开始欣赏被他们忽略多年的艺术家的潜力。

当国际开始关注中国艺术的时候，就在这个当

"成都艺术特区"活动

现场照片

下，世界各地的城市开始推动"创意城市"的概念。2002年，美国社会学教授理查德·佛罗里达发表了《创意阶层的兴起，他们计算创造力的经济价值》一书，这本书在2003年就有了中文版。佛罗里达教授声称，在一个高密度集聚的互联网创业者、女同性恋者、吉他手和平面设计师的城市地区，同时也表现出较高的经济增长。至于他关注的，是年轻、时尚的创意公司应当尽快取代旧的、废弃的工业用地和码头区。以前，这些想法只在无名的平民阶层和艺术家的亚文化圈中出现，佛罗里达使这种想法成为一种主流概念。

中国政府充分参与到这个表现城市的创新和创意的国际癫狂中。在多年思想保守之后，政府当局突然开始振兴著名的798艺术区。这是一个由东德设计的兵工厂，数十名艺术家曾在此居住和工作多年，经历了种种蜕变。政府改造后，已将厂区整齐地粉刷了，道路铺平了，还配置了路灯，中英文的指示标志无处不在。很快，越来越多的来自海内外的游客前来参观这些艺术画廊，消费时尚酒吧、餐馆、拿铁咖啡和比萨饼。在上海，一个传统上强调经济的城市，市政府也开始决定大规模将市内空虚的工厂改造成为创意产业中心，给平面设计师、互联网公司、建筑师和营销机构提供工作室和办公场所。

中国内地的大城市也开始这么做了。重庆将艺术学院周边的黄桷坪社区改变成一个艺术街区。艺术家

已将这条超过500m长的街道上的所有建筑物画满了涂鸦之作。然而，看到这些涂鸦与来自国际的雕塑一起出现的时候，其实并不是一个不和谐的景象，而这种景象被当地的官方放大到世界上任何其他地方都鲜有的规模。在西安，市政府购买了原国有企业纺织城，现在正成为艺术家使用的工厂。70多名艺术家在《环球时报》表达自己的忧虑。他们说，希望该地区仅仅是维持"艺术家的生活和工作的简单地方"，而不是成为"商业的以及成功的"北京798。成都三圣乡艺术区也是顺应这一全国相同的趋势。政府的政策不总是成功的。正如澳大利亚学者迈克尔·基恩在上海发表的演讲中所述，"政府认为它可以以这种方式构造一个创意阶层，但事实上，可以看到当政府进入的同时，艺术家正在搬出。"

作为城市发展五年计划的一部分，2007年的成都文化政策表达了高度的野心。通过举办各种文化活动、会议和具备全球影响力的展览，文化产业成为成都的"新经济支柱"。政府通过一系列硬指标来衡量其政策的成功，成都的文化产业必须每年增长16%，在2010年达到300亿美元或产值占当地经济的4.5%。

为了追求梦寐以求的文化地位，官员往往特别强调"硬件设施"。与中国内地的其他城市一样，成都正以混凝土浇筑艰巨的文化基础设施建设。除了一个新的文化区，成都还会建设一个7万平方米大小的城

市博物馆,由英国萨瑟兰建筑师事务所(Sutherland Architects)设计,主要陈列"自然史、历史、流行艺术和中国皮影戏"。成都还计划建造"中国西部最大的文化中心",由著名建筑师扎哈·哈迪德设计,包括一个当代艺术博物馆、一个会议中心、三个剧院、酒吧、餐馆和商店。Archinect网站评论,"扎哈(的建筑)在成都走向超大号"。这种惊人的文化建筑可以在许多中国城市看见,问题在于项目的策划。由于缺乏剧团、乐团、艺术家以及与此规模相适应的观众,这些剧院和博物馆空间在大部分时间都将是空置的。

在中国城市的大型博物馆、剧院和音乐厅中,它们所呈现的艺术几乎完全是"主流"艺术。所谓主流,是一种通俗易懂的艺术,它具备一些作秀的要素。一个典型的例子是中央电视台的春节联欢晚会,它包含民间舞蹈、喜剧、杂技和中国戏曲,可以肯定的是,它不同于昔日的政治宣传。现今的主流艺术更加多样化,表达的批判精神也更加谨慎。

与成都的城市规模和国际地位相比,成都的文化部门仍然落后。一方面原因是数百万市民最近才离开农村;另一部分的原因在于中国动荡的过去,政治模式持续对中国艺术家质疑。然而,艺术家还是可以找到相当大的空间做他们想做的事情。《大都会》杂志的中文版定期教导读者如何装饰室内的墙壁;摄影是举国年轻人的爱好。当中国开始发展她软文化潜力的时候,这个国家的城市潜力是巨大的。在成都,以小酒馆为例,一个以前地下的摇滚酒吧,现在是中国最有前途的现场音乐街之一。这同样适用于其他文化方面,除了官方的剧院和博物馆,成都还有充满活力的和不断增长的亚文化。年轻的艺术家常在花镇的小酒吧聚会、讨论至清晨。位于省博物馆的后街,一家名叫re—C的时尚餐厅的地下室画廊,年轻的策展人们在这开始打下坚实的艺术批评的基础。马丘比丘酒吧为新人歌手、词曲作者提供演出机会,他们的观众是年轻的艺术家、音乐家和电视制片人。

中国的特大城市已经成为"世界工厂",这是受到始于20世纪80年代的改革开放带来的自由经济的直接影响,其中特别经济区(SEZ)就是一个体现。问题是,城市如何使用成功的政策刺激创意产业,并激发即将成为这个星球上最大的城市社会的脑力工作者的潜力。

成都双年展期间,"西行项目组"通过采访来自成都的艺术家、记者和评论家,并邀请当地的艺术家和音乐家用文字、音乐或其他方式来表达自己的想法,来完成艺术特区(SAZ)的概念。

成都：投射性图解

Chengdu: Speculative Mapping

克里斯托弗·卡佩尔 | CK建筑事务所（美国）

Christoph KAPELLER | CK Architects（USA）

作品名称：成都：推测性图解
参展建筑师（机构）：克里斯托弗·卡佩尔 | CK 建筑事务
关键词：成都；生态破坏；城市发展模式；图解；评估标准

克里斯托弗·卡佩尔为CK建筑事务所创办人，美国建筑设计师协会
会员，美国绿色建筑协会认证绿色建筑设计师，现任南加洲大学建筑
学院教授。克里斯托弗·卡佩尔曾经是挪威斯诺赫塔建筑事务所创始
人。他的建筑作品多次获得各项大奖。

成都是当今中国发展最快的城市之一，近1 400万居民让它成为中国人口第四大城市。成都坐落于中国拥有优质良田最多的地区的中心。城市的迅速发展和大量良田的流失给成都的生态系统带来极大的破坏。优质耕地的流失、日益加剧的空气和水的污染、地下蓄水层的破坏以及水位下降，还有生物多样性的锐减等一系列后果显得尤为严重。

当城市占用大量优质耕地大肆发展时，是否可以减少对生态、耕地和农业的影响？

为了更全面地了解城市发展的方向和潜力，我们制作了一系列图解来研究城市在历史变迁中形状、规模和地理位置的变化，了解转变背后的影响因素：

（1）指出和论证造成城市转变和发展的历史原因和当代因素；

（2）城市的核心；

（3）基础设施的两条主要轴线；

（4）卫星城市；

（5）卫星城市和核心城市的发展；

（6）环线路和相关发展。

这项调研所关注的是城市潜在的发展模式与规模是否可以减少城市发展对生态系统带来的影响。为了测试将来城市的发展方案，提出了一系列的评估标准，以衡量城市是否是可持续的：

（1）减少在高产作物区和水源地进行城市开发；

（2）在现有发展模式的基础上，在其他地区探索新的发展模式；

（3）分散城市的中心：在城市周边建立多个中心，以缓解城市中心的压力与拥挤，同时避免不规则的发展规划；

（4）通过增加已开发土地的建设密度，减少在新绿

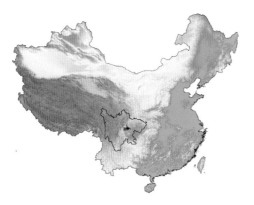

成都城市区位图

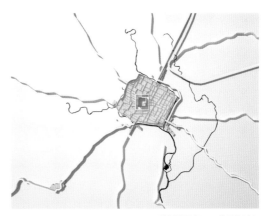

推测性图解——成都的过去

地上的开发;

(5) 建设连接城市中心与周边地区的、可供公众娱乐放松的绿色长廊。

成都是中国发展最迅速的城市之一,从1978—2010年,成都市人口从170万增至530万,增幅达到311%;成都是继重庆、上海和北京之后人口最多的城市,并以每年2.4%增长率稳步增长,预计将在2011年达到1 400万人。

成都坐落于四川盆地的中心位置,并且拥有全国最良好的耕地。绝大多数农作物每年丰收两到三次。大米和小麦的产量在农作物总产量中占绝大多数。

近几年来,成都着重于工业区和低密度住宅区的发展,因此大部分土地被占用,以此来满足基础设施建设的需求。这就意味着每年都有大量的优质耕地被占用,成为非农业性用地以支持发展。

优质耕地的不断流失和不停歇的城市建设让整个城市的生态系统遭到严重破坏,其中包括空气污染、水污染、地下水位下降和地表水流失,进而减少了地面的反照率、生态的多元化和对二氧化碳排放的过滤性,身处城市的居民生活深受其害。

城市用地的增长远远超过农业用地的增长,对城市发展方向、城市结构和生态都产生了重大的影响。与此同时,城市规划中对城市密度的控制和对基础设施的规划以及对空置地的合理利用都将与成都市的发展和生态系统息息相关。

本次对成都的深入学习、调查和研究是在本质上向城市规划提出这样一个问题:当城市占用大量优质耕地大肆发展时,如何减少其对生态、耕地和农业的影响。为了更好地对未来加以土地利用、规划并提出针对性的建议,必须深入了解和学习成都过去的发展模式。

本次调研以一系列图解的形式,以早期成都历史上对土地的利用模式和发展为背景,对成都市未来的发展前景进行深入解析和大胆推断。早期的成都市地图、卫星图和搜集的各种数据都被转换成有比例的图表,来表达城市的发展变化和土地利用模式的变更。

将所有的图表信息转化成建筑语言,提供了一个连贯的空间发展模式,加强了对推动城市发展和土地利用模式背后的社会经济力量的深入了解。

除了学习和研究城市用地与农村用地之间的转换,这次学习也试图定义城市发展的更长远的模式和趋势,着重寻找田园自然、都市发展与新建筑之间的平衡。依据对所收集资料和信息的完全理解和理性推断,这次展览与研究积极参与并鼓励了多种针对成都发展和用地的方针。

展览分为三个部分:① 图解;②确定城市变化的因素;③提出方案:以图解的形式发布可持续利用的发展方案和标准。研究过程分以下几个部分:

1 图解

所有的信息从地图、美国资源探测卫星与卫星鸟瞰图、地理信息系统和有关书籍中收集而来,为制作连贯、完整的图解提供了丰富的信息。分析贯穿最早期的成都到现在的成都，以慢画面的形式表达出了成都发展的本质、时间和速度。虽然成都在朝代更迭中经历了很多戏剧性的变化，但是城市的规模在20世纪70年代前的各朝代都没有很大的差距。然而20世纪70年代以后，特别是20世纪90年代，成都变成中国西部最大的中心之一。当大多数展览图解的重点都集中在暂时的发展和土地的合理利用关系上时，研究也指出了城市未来发展中的一些重要模式和要素。这些图解是本次研究的核心骨架，它们描述了从清朝到2010年之间成都地理位置和城市规模的变化。这一系列以时间贯穿的连续图解表达了对成都城市变化和转型的深刻剖析。

2 转变背后的因素

通过这一阶段的调研，用图解的方式指出了促进城市空间发展的驱动力。

2.1 城市的核心

城市的中心早在4世纪的时候就已经确定和形成，中心的规模直到20世纪60年代前后，当大量工厂和军事工厂迁入成都时才有所改变。在20世纪90年代的经济制度改革背景下，成都的城市中心伴随着制造业和服务业的兴起而迅速扩展。

2.2 基础设施的两条主要轴线

早期就有两条主要的基础设施轴线连接邻近的城市，一条是连接都江堰、成都和重庆的主干道；另一条是连接峨嵋山和绵阳的主干道。

2.3 卫星城市

温江市、郫县、新都、清白江、广汉、龙泉驿、华阳和双流等城市构成了以成都市为中心的卫星城市。这些城市的发展紧随成都之后。

2.4 卫星城市和核心城市之间的发展

位于东北的新都地区、西北的郫县和都江堰，以及西部的温江，还有东部的龙泉驿是发展最为迅猛的卫星城市。南部以及东南部的发展相对缓慢，且呈现出以机场为中心的态势。时至今日，大多卫星城市已经不再是当初的卫星城市，早已被吞噬在成都市发展的大潮当中。

2.5 环线路和相关发展

成都的环线路于1990年前后起步，至今为止已经形成四环围城的态势与京城遥相呼应。这些环线像一双双有力的手臂将城市紧紧地抱住，人们可以从城的一边到城的另一边而不需穿越拥挤的市中心。虽然环线沿途的发展并没有卫星城市与城市中心的连线沿途那么迅猛，随着四环的竣工，当三环和四环中间带的发展尚不完善时，卫星城与成都市中心的连线以及其

与三环、四环形成的交叉区域的发展已经来势汹汹。

在没有政府干预的情况下，很难判断究竟是围绕环线发展，还是卫星城市与市中心之间沿途的发展会胜出。从过去发展的历程来看，西部、西北和西南地区的卫星城市的发展对整个成都市的发展有着较为深远的影响。

虽然非卫星城市的发展模式看起来不是很有吸引力，然而很多工厂和居民小区已经零零星星地在成都市周围发迹。它们既不属于卫星城的发展模式，也不在环线沿途的发展区域之中。

即使现在，也很难判断哪种发展模式会胜出，但是它们的发展都围绕着以成都市中心为核心的发展理论。如此看来，成都市中心成为全市唯一的中心。随着城市的持续发展和扩张，城市边缘和市中心的距离也将达到一定的长度，看似合乎情理的发展模式其实已不再是可持续的发展，发展的效率也将慢慢走下坡路：

(1) 城市中心日益加剧的拥堵让市民出行不得不选择更长的环线，而非穿越城市中心的相对便捷的路径；

(2) 城市中心与城市边缘之间的距离过长；

(3) 基础设施建设的不均衡；

(4) 建设和发展中缺乏灵活性，直至完成之日，才能发挥其提高城市运输效益的作用；

(5) 生态保护系统中缺乏灵活性。

3 城市未来发展方案

不容置疑，人口数量和征用的农用耕地的面积呈逐年增长的趋势。

这个研究与调查所关注的是，城市潜在的发展模式和规模是否能够减少城市发展对生态系统所带来的影响。为了测试将来城市的发展方案，我们提出了一系列的评估标准，来衡量城市是否是可持续发展的。

(1) 减少在拥有高产量农作物的田地和拥有水源的地方进行城市发展。从卫星图中我们可以看到，根据产量的高低，城市周围的良田被分成不同的区域。城市建设应当在低产量的土地上进行，而不是选择高产的农耕区。

根据对水渠的图解，城市周围的田地可以被分为拥有多方水渠流经的田地和拥有少许水渠流经的田地。城市建设应当发生在拥有少许水渠流经的土地上。大多富饶的田地分布在成都市西部，而成都市东部含有少量的水渠。因此城市应该把发展重点放在成都以东和龙泉驿之间的地区。新城市的发展应该避开地下水蕴藏量丰富的地区。

(2) 在现有的发展模式上，在其他地区尝试新的发

推测性图解—成都的将来

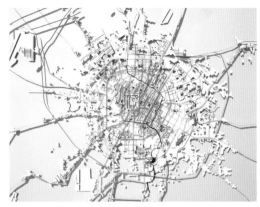

推测性图解—成都的现在

现场照片

展模式。在现有的卫星城市发展模式上，怎样在其他地区增添新的发展模式，以便更好地帮助已经存在的发展模式。

（3）分散城市的中心，在城市周边建立多个中心，以缓解城市中心的压力与拥挤，同时避免不规则的发展规划。

政府办公厅等重要机构或者大型购物商圈不应该仅仅存在于一环和二环以内，这些机构也可以分散到城市的边缘。分散的中心可以缓解城市中心的拥挤度，因为市民不再必须到城市中心来办理所有事情。可以在不同地区建立不同的居民住宅小区来转移中心，从而达到分散旧的市中心和建立新的中心的目的。每个新建立起来的中心让城市的密集度分散开来，从而不再是单一的一个地区或拥有高密度的建筑和人群的地区。

（4）在现有已经建设的土地上增加密度，从而减少在新绿地上的发展。

现在看来，在三环内拆除旧的房屋，征用旧地建新房的造价要比在三环外征用新的绿地以及良田的造价低。而且从长远的眼光来看，增加基础设施以匹配新开发的地区所产生的后续造价要远远超出用旧地建新房的花费。多功能建筑同样能够在城市中心提供绿地。

（5）建设连接城市中心以及周边地区的、可供公众娱乐放松的绿色长廊。

鉴于过去20年中城市不断的发展，城市中的绿化带越来越少，应该着重于在城市中建设一系列的绿化带与公园来满足市民的需求。其中的一个方案就是将绿化带建设在城市中心通往卫星城市中心的沿途。这样一来，绿化带也变成城市中心与城市外围连接的重要纽带。这个提议可以在二环和四环之间未经开发的地区来实现。

总而言之，以上所提出的方案都是基于之前提出的标准而制订的。标准仍在不断的完善中，因此这一切只是对成都未来规划的一个起点，而绝非终点。

点城田园
Garden City— " * " Urbanism

唐瑞麟 | 建言建筑
Paul TANG | Verse Design

作品名称：点城田园——创意自然
参展建筑师（机构）：唐瑞麟 | 建言建筑
关键词：成都；田园城市；点式城市；绿资源

唐瑞麟，洛杉矶和上海的建言建筑的合伙人，1993年至今任教于美国南加州大学。1989年获得美国国家建筑师协会奖，2001年和2002年入选洛杉矶101位新千年新生代设计师。

1 点城田园 ——环对于边的城市主义

本次研究旨在探讨"物我之境"主题背景下对田园城市的不同理解，其目的在于寻求城市和景观之间的二元关系以及城市和景观之间"物""我"之间的互换角色，在防止城市无序扩张的同时，将景观元素重新定义为城市发展的管理机制。本项工作的核心是分析"绿色"生产理想的双重贡献并在大都市背景下对"城市"重新定义。具体而言，"198"计划是成都对理想田园城市的既有理解，这是埃比尼泽·霍华德于1898年提出的。鉴于此，"空间经济"（经济活动的区位模式及其互连联系）—城市和景观—文化产品作为"我"的城市和景观的文物所体现的空间理想中的"物"和"主观性"的实体客观性，成为本次调研的主要重点。

2 扩展中的城市

从1949年到2007年，成都市扩展了22.6倍，城市用地规模从18km² 扩大到400km²。这意味着为了城市的发展，在不到60年的时间里成都失去了390km²的农村土地。其农村土地流失的面积相当于世界上第238大城市，超过新加坡的60%，大约相当于大连市的面积，比台北市、拉斯维加斯、波特兰或费城都要大。

现在，成都的大都市核心超过了1 600km²，且继续保持离心同心模式的扩张趋势。扩张的需求是由人口的急剧增长造成的。成都人口从1990年到2010年增长了52.8%。490万的人口增长相当于将挪威的国家人口在20年内全部搬到了成都。尽管人口增长可能归因于行政人口定义的改变，但是人口数值本身还是相当大的。

当我们把人口增长和城市面积增长进行比较时，会有更惊人地发现：成都的城市面积增长速率超过其人口增长速率300%。这意味着城市扩张要比人口扩张快3倍。预计未来50年内成都人口将增至3 000万人，其后果对环境以及成都城市中心的定义的负面影响不容小视。

1949 - 2007成都市区膨胀22.6倍

1976年 1990年 2010年

In less than 60 years Chengdu lost 390 square kilometers of rural land to urban development. The amount of rural land loss is equal to 238th largest city in the world by area, 81% of total area of Singapore, approximately the size of city of Dalian, larger than city of Taipei, Las Vegas, Portland, or Philadelphia.

Garden City- "农" Urbanism

无边界 成都 横向平铺发展

田园城市的目的不只是提高城市效"绿"，而是提高城市效率

?

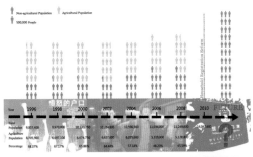

成都市扩张系数

k(城市扩张系数)= $\frac{V_{建}}{V_{人}}$ (建成区面积的年均增长率) / (非农业人口的年均增长率)

k>1.12时，城市用地规模扩展过快
k<1.12时，城市用地规模扩展过慢
k=1.12时，城市用地规模扩展较为合理

1990年-2003年建成区面积扩张5.14倍
非农业人口增长1.64倍

建成区面积扩张是非农业人口增长的3.13倍

k_1 ... 5.45 k_2 ... 3.54

愤怒的户口

成都田园城市发展分析与现场照片

3 田园城市

最近的田园城市例子，尤其是美国西部郊区的所谓"绿色"发展，创造了带有连续城市条件的蔓延城市，此种发展模式是不可持续的。通过探讨田园城市，目的在于审议问题背后的问题。

当人们想当然地认为通过绿地的物理实现来减轻大城市的压力时，超越公园和花园概念的更大的定义"绿色都市"，保护作为环境可持续性形式之一的"绿资源"，在当前的建筑和城市话语中尚未提及。在这种新语境下，尤其是在成都的例子中，Garden City的中文意思—田园 / Garden, 城市 / City ——"田园城市"的解释，可能更多的是关于"田" / farm 而不是 "园"/garden。该项研究审视了"绿色"作为反扩张的遏制工具，不仅关乎green urbanism / 城市效"绿"，更在于urban efficiency-城市效率，以保护成都的自然"绿"资源。其重要成果归结为这样一个直接的疑问：面对成都惊人的增长，我们仍要把田园城市理念简单地理解为城市之内的绿化和景观吗？避免城市扩张，我们是否更应该将视线聚焦在城市之外的绿色耕地资源？

事实上，这是在创造人与自然之间可持续发展的生态环境的过程中所涉及的土地资源的平衡问题，也是当代视角下对田园城市的重新演绎。因为，面对日益增大的特大都市，其自然绿色资源的保护不仅仅指向城市，更要包含乡村。

点城田园成员：
唐瑞麟、戴烈、赵钊、陈思琰、陈如宁、许健、祁莉文、曹广、文艺帆、何泽林、乐晓辉、陈昊一、王艺、龙怡、王雪霏

边缘的整体主义：产业转型期的社区重建

Holism on the Edge: Reconstructing Communities in the Era of Industrial Restructuring

克莱西卡·布莱切亚（美国）　杰弗里·约翰逊（美国）钱辰元　译

J. Cressica BRAZIER　Jeffrey JOHNSON (USA)　　Translated by QIAN Chenyuan

作品名称：边缘的整体主义：产业转型期的社区重建
参展建筑师（机构）：哥伦比亚大学建筑、规划及保护研究生院
中国实验室
关键词：西安土门；成都跳蹬河；产业重组；城市形态；社区

中国实验室是哥伦比亚大学建筑、规划及保护研究生院的一个实验性的研究小组。他们对中国快速城市化进程与空间生产进行调查研究并提出问题，并对在中国开展的诸多建筑项目——从简单的结构到整个城市的尺度——进行研究，提出设计方案。

我们都是退休的工厂工人。政府拆除了我们原来的房子，并在这里提供了这些塔楼给我们居住。我们对这个社区很满意，但这里的人来自许多不同的工厂，所以有时候秩序会很乱。

我们不怎么和邻居打交道。这是一个新的住宅小区，我们从没在这样的地方住过，现在大家彼此之间都不熟悉。

我们都是同一个厂子里的，所以关系特别好。这里的物业管理费很合理，环境也很舒适。不过我们听说大概5年以后，这个地方要要拆了，那时候我们就得自己出去找房子住，虽然厂里可能会帮我们。

在中国目前大型企业转型带来住房条件改变的背景下，如何营造一个社区？这些市民在工厂迁移和随后的大型商品房建设的影响下，他们失去了什么，又得到了什么？在现场调研中，哥伦比亚大学建筑规划及保护研究生院（GSAPP）中国实验室（China Lab）团队（以下简称"中国实验室"）遇到了很多类似场景，并开始描绘在中国西部大城市的产业重组和房地产开发之间的复杂景象。在2011年成都双年展上，"中国实验室"展出了针对成都、西安的街道和工业社区的调研成果，以实物模型的方式展示了这些街区的当前和未来。

关注这些问题的并非只有这一群来自哥伦比亚大学建筑规划及保护研究生院的研究者，还有西南交通大学和西安建筑科技大学的师生们。在讨论中，旧城改造的决策者们指出，他们正为更好地理解旧城改造的社会意义和经济意义，为街区式改造策略寻找有依据的先例。企业迁移给当地的区域规划留下了原工业区中以空间、经济和社会因素划分的居民区。在西安的案例里，下一轮的城市化急迫寻求一个新的策

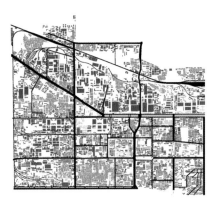

成都跳蹬河与西安土门片区功能分析

略——整合和提升工业区和住宅区,最大限度地利用和避免损害现有的资源。虽然对工业重组与迁移的地区性意义有过一些分析与记录,但对工业政策下的当地空间结果的记录极少。

上述住在西安土门和成都跳蹬河的居民所说的话反映出居民对居住区转型的反应。与上海将工厂转移至中国的内陆城市和工业区的方式相反,大多数成都东部和西安西部的工厂正被迁至仍位于大都市区内的开发区。当工厂的新址宣布后,每个员工都可以有很多选择,这些选择的总和将对整个城市地区的社会结构产生显著的影响。年轻且没有家属的工人会选择跟随工厂搬到市郊,周末回到市中心;而有家庭的工人会选择居住在原来的街坊里,乘车往返于工厂和家之间;一些工人则拥有提早退休或彻底离开工厂的权利。无论是否考虑改变自己的职业状况,他们可能都会暂时住到市区的外围地带,然后决定是否搬回在工厂原址上新造的住宅小区内的安置房中。"时间"这一因素也会对最后的社区结构产生显著的影响。工厂内的一部分居住用地会卖给地产开发商,而其他地块可能会保留很多年,从而打破原来的社区结构,并引入外来务工者。

城市规划局所做的控制性规划中,对位于工厂用地的这些街区的范围和结构的定义反映了目前决策层对这种转型的看法。土门和跳蹬河区域的控制性规划,以大致框架规定了总体区域划分、土地使用和公建设施的需求。相对于周边已经显著更新成为大型街区的区域,它们的发展滞后了。

1 成都跳蹬河地区

跳蹬河位于成都工业文明博物馆东面,如今是一片广阔、待拆除的区域。现已破产的日光灯管厂的大烟囱孤零零地伫立着,与之相伴的是四川省输配电公司的员工宿舍。在两三年前,这片区域仍是一派繁荣的工业区景象——被国有企业占据的大型街区,工厂、四到六层的住宅单元和充满个体户门面的街道。在20世纪60年代和80年代,各有一次国有企业的建设潮(60年代的那次即是在"三线建设"中的产业重组)。在几十年后的今天,这片区域又经历了另一次调整——工厂转型、为新的开发腾出空地等,导致了工厂的迁移和工人的失业。红光日光灯管厂的厂址中只有一部分地块被保留下来,成为一个主题为"音乐区"的创意园区。许多选择继续居住在这里的退休员工都被集中安置在一个名为红枫岭公寓的高密度住宅综合体——塔楼中。

在电力公司的宿舍楼后面是与城中村接壤的一片不规则空间,一个固定的"拾荒者村",它在跳蹬河区域的经济食物链中扮演关键角色。大量的外来务工者曾经是该区域密度增加的主要因素——尽管这在任何一个层面的发展战略中并未公开承认过。这片区域靠近城市,包含金属制造等多种重工业以及源源不断的建筑垃圾供应——这些因素的结合产生了一个特殊的个体户阶层:小型金属垃圾回收业。在各个国有企业之间越来越大的空隙中都分布有大小不一的代理处。

2 西安土门地区

土门地区位于西安西北部,介于历史悠久的市中心、高科技的开发区以及沣渭新区之间。在西安市的城市整体规划(2008—2020年)中,它所属的莲湖区将被打造成一个连接新老城区的纽带。莲湖区拥有近75万居民,9个街道办事处,21个居委会和113个大型居住

成都，1994年、2020年发展对比

西安，2007年、2020年发展对比

社区。

西安的土门地区曾经是建国后第一个五年规划的一部分，是这座城市最老的工业区。在20世纪60年代的"三线建设"运动中，这里大部分地块都被电机厂占据，成为七大工业区之一。这些原来的国有企业（包括军工厂在内），迅速从一个城郊区域发展成一个二级城市中心。1978年改革开放后，经济发展的重心渐渐偏离国有企业，这片区域的大部分工厂开始衰落，见《中国城市的重构》（Restructuring the Chinese City）第140页尹怀庭所写的《西安的产业转型和城市转化》（Industrial Restructuring and Urban Transformation in Xi'an）。目前，52家大型企业占据着土门地区25%的土地，它们的工厂拥有46 000个工人和16 000个下岗工人。然而，因为历史的缘故，这些土地的所有权存在争议。

在对负责土门地区的政府特别重建委员会的访问中，发现这个街区面临许多难题。现存的工业，特别是重工业，与区域定位的居住新城相矛盾。这些仍游离于市场经济体系之外的工厂综合体和社区生活环境恶劣，建筑施工质量无法与正在新建的商品房相比。当地政府与中央政府对于产业重组方式的态度也存在着冲突：国有企业看重城市区位因素，当周边区域正如火如荼地发展时，当地政府对大型企业在辖区内的竞争力持否定态度。不过，所有政府的当事人都认为，对20世纪五六十年代的工业建筑进行保留会延缓这个新城的发展。相反，当地居民在采访中表示，他们对这些地标性的工厂建筑深感自豪，比如西安电力公司的苏联风格的主楼，他们也对工厂居住区的空间

尺度和社区感到很满意。

在土门地区的52家工厂中，有9家企业属于中央、省级和市级政府。这些企业通常占据整个街区或多个街区，并自我封闭，影响了整个城市系统，特别是城市交通的穿行和商业服务。中央企业与当地的决策者之间的交流不会受特别重建委员会委员的影响。中央企业认为迁址的风险过大，而且无法决定哪些部分应该迁走，哪些部分应该保留下来。庆安集团和西安电力公司集团就是这样的两个企业，它们占据着土门地区的重要街区，却生产力低下，居住建筑的建设质量也很差。

对于西安土门地区，城中村成为外来务工者的支撑体系，维持着第二和第三产业的运转。土门重建小组同时肩负着为该地区城中村的重建制订一个整体性策略的任务。然而，城中村的重建项目由市级组织直接规划，因此土门特别重建小组这样的街道办事处级的组织无法参与规划的过程。城中村由此变为另一个阻碍当地城市肌理规划的大型街区。保留还是迁走，这些企业的决定会怎样影响地区的发展和品质？这些工业地块的保留或整合有没有优势？工业和居住区的开发能否实现在建筑、社会、经济和生态上的统一？假如工业区和居住区的发展并非互相矛盾，规划部门可以迈向一个"工业—住宅共同体"的模式——一个兼顾生活与工作的混合用途的社区系统。

3 整合和提升工业区和居住区的策略

从居住区开发的角度看，中国主要城市持续性的都市化进程引起了一波单一居住社区和"新城"项目

现场照片

的建设狂潮。"新城"策略据称是模仿大众运输导向发展（transit-oriented development）的例子，旨在减轻市中心的交通压力和中产阶级的住房压力，例如上海通过轻轨网络与市中心连接的嘉定新城，北京、深圳和广州也开始走同样的路线。高层决策者们又一次地以基础设施建设来解决地区性的问题，并将土地转化为追求经济效益的住宅小区——这是以牺牲社会和环境效益为代价的。小区建成后，中产阶级无法负担高房价，而上班族们会给基础设施带来更大的压力。地区级的决策者和管理者们很难理解他们的决定如何影响更大的发展战略，虽然正是他们的决策左右着大局。

云翔社区是上海嘉定的一个占地5km²的大型居住社区。一个与高层决策者和工业管理局共同合作的可行性研究正在进行。社区开发者原计划将原址推平重建，如今，他们正考虑将其从第二产业改造升级至第三产业园，以便更好地符合新的总体规划。在2010年夏天，"中国实验室"分别对当地余下的12家企业进行升级潜力与支持能力的评估，还研究了当地居住区的发展模式，并对产业转型进程提出建议。他们将产业使用的性能标准从单一的、基于经济和污染的指标扩展到物质的、社会的和更广泛的环境范畴，并对居住区的指标提出建议，以促进社区的经济和居住目标的统一。

在西安土门和上海嘉定两个地区，工业管理局、重建委员会和土地局都承认，产业重组目标的统一、整合与实现需要广泛的合作。他们不仅认识到当地经济亟须从依靠第二产业稳定转型到依靠居住区周边服务和第三产业（如果区位合理），而且还意识到在搬走工业街区并将这些工业用地分割出租的压力下，营造一个高质量的城市环境带来的挑战。与嘉定地区的小型企业相比，土门地区的大型国有及军工企业仍在运作之中。西安的总体规划中，莲湖区被推到"新城"再开发进程的前沿，而这样的卫星城建设在上海已经开始。

"中国实验室"正与中国西北建筑设计研究院、西安莲湖区城市发展研究中心和一支来自西安建筑科技大学的研究团队合作，将这个夏天的初步研究与上海嘉定区的重建研究结合，为城市区域管理者和规划局开发一套评估工具。这套评估工具将对理解更大的城市文脉和小尺度城市重建决策进行指导，并为工业区的升级和增值提供指导方针。部分研究成果将于2011成都双年展中展出。在西安的同类案例中，过去、现在和未来的使用者建立了一次公共对话。随后，对话的材料将作为与城市决策者探讨关于地区尺度可持续发展和工业——居住共同体可行性的重要资料。

城市发展、农业和道路的结合
Intergrating Development, Farming and Roads

杰弗里·尹那巴　哥伦比亚大学建筑媒体实验室 (美国)
Jeffrey INABA　C-Lab, Columbia University (USA)

作品名称：城市发展、农业和道路的结合
参展建筑师（机构）：杰弗里·尹那巴 ＋ 哥伦比亚大学建筑媒体
实验室
关键词：绿地；农业；道路；战略

杰弗里·尹那巴，哈佛大学设计学硕士。目前是C-Lab的主持建筑师，
并在哥伦比亚大学建筑规划和保护研究生院任教。
C-Lab/哥伦比亚大学建筑媒体实验室，专注于建筑学交流发展的实
验性研究单元，成为哥伦比亚大学建筑规划与保护研究生学院的半自
治研究和实践的催化室。

一条单一的城市环路，是一种管理交通和界定城市发展的有效手段。但在快速增长的中国城市中每一个后续的环路引入，则减少了整体效率，鼓励不均匀人居模式，花费更多建设成本。用"两半"的模式取代同心环的逻辑，可以在建立一个明确的发展计划、尊重传统的南北轴的同时，更好地管理当地资源。以成都为例——少数几个农业商业化可行的地区之一——成都西部肥沃的土壤用作非常亟需的农业生产。一个月牙的形状定义了源自西部群山的河流周围的和农业区和城市化禁建区，减少了水体污染，并且确保了为不断增长的城市未来居民提供战略粮食储备。在东部的另一半，城市在跨区域的基础设施走廊沿线规划了商业，住宅和工业的用地功能。一条"环"路，连接未来的城市节点，消除了需要额外环的可能。

成都农业输出图解

现场照片

穿越——快慢成都
Crossing Chengdu: Experiencing Urban Speed

殷红
YIN Hong

作品名称: 穿越——快慢成都
参展建筑师 (机构): 殷红
关键词: 穿越; 快慢空间; 城市剖面; 都市样本; 田园梦想

殷红, 西南交通大学建筑学院副教授。目前定居四川成都, 2006年回国前在英国和加拿大留学和设计实践。殷红在建筑、城市设计和景观建筑学等方面都有国内外的学习和工作经历, 从事的设计跨越多种尺度和类型, 同时积极从事教学和研究活动, 致力于激发学生并与其共同研究创造。

1 心中的"田园城市"——从"记忆田园"到"梦想田园"

在日益加速的都市生活中, 每个倦怠的都市人可能都有自己的田园梦, 那么所谓的"田园城市", 真的就是在城市中植入绿地、实现"户户有花园, 家家有菜地", 以及将城市向郊区扩张以满足都市人"田园牧歌"的情结吗? 如果不审视过去以及当下在城市发展中出现的问题, 如果不认真关注城市与生活在其中的人的关系, "田园城市"可能只停留在一个至上而下的规划策略或蓝图上, 而不能真实地反映人们的日常生活。进而言之, 如果不预想"田园城市梦想"可能带来的后果, 如果在这个梦想开始时就忽视一些基本而必要的东西, 那么"田园城市"的梦想可能逐渐事与愿违。

成都以历史悠久而著称, 也凭借自成一派的地域文化保留着人们对它的向往。人们津津乐道的成都生活常常是以那些遍地的茶馆茶楼、大街小巷随处可见的麻将摊以及树阴下人们散漫的嬉笑怒骂来刻画的, 成都也因此有一种与世无争的气质。在很多人看来, 过去的成都更像是个大农村, 而不是个大城市, 只不过它在向大都市快速发展的时期呈现出巨大的变化及崭新的面貌, 也不可避免地步入了趋同的全球化城市之列。成都在当下为自己的城市发展提出了"现代田园城市"的目标, 然而这个城市真的能成为实现人们"田园城市"梦的载体吗? 如果成都不再是那个"慢成都", 如果成都的慢生活逐渐成了消费品, 有着慢生活的老街区正在成为碎片和标本, 这样一个没有真实慢生活状态的城市还能称得上是梦想的田园城市吗?

中国当下的多数城市正在为了新的建设而"格式化"掉原有的肌理和结构, 为更高效和快速化的发展

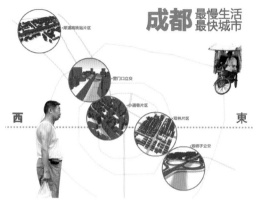

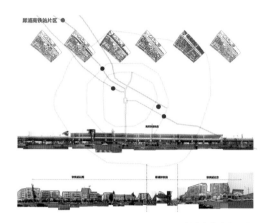

调研地点分布

犀浦高铁站片区分析

提供条件。在这种急功近利的城市发展大趋势下，如果成都致力于保持它鲜明的地域特点，如果成都有志于探索一个不同的城市发展模式，可以努力让一个城市原本被认同的生活方式和节奏在快速发展中得到延续和缓冲，能为多元和混合发展创造空间，这可能才是成都为"田园城市"找寻的一个范例模型。

2 快慢之间——一个生活最慢，发展最快的城市

成都一直以"慢"闻名，"慢"和"休闲"成为成都一个区别于其他中国大都市的城市品牌，但同时成都当下又是发展最快的城市之一（2010年《福布斯》将成都列为全球未来10年发展最快的城市之一），成都的生活节奏也的确在近几年加快了很多。作为一个来自本地的调研团队，我们既是这个城市的观察者也是这个城市的参与者，我们见证了成都在这些年的变革，看到了新的社区拔地而起、新的交通网络在形成、新的城市空间在演变，成都正从一个曾经的平面城市变为一个更加立体和快捷的城市。

从抽象的城市空间总体来看，我们尝试把城市快速发展的区域称为加速空间，把消失或被遗忘的区域称为消减空间。加速空间的特征为通达、快速、立体，为城市的主体空间，它提供明确的可达性，有着清晰的主体结构关系，占有的公共空间较大，担负着城市"物""人"交换及流动的高效机能，同时也承担城市的主体形象的角色；消减空间的特征为停滞、慢速、平面，为城市的次体空间，它没有明确的可达性，甚至常常是曲折和折叠的，主体结构关系并不突显，占有的公共空间相对狭小。

在加速空间里，速度和效率常常优先于其他功能，我们由此看到的是汽车车道占据了人的活动空间、高架桥及地下隧道在城市各处伸展横穿，高密度的建筑群落取代了以前低密度的城市肌理，人与人共同的活动被压缩或隔离，人与人之间的关系也发生着变化；在消减空间中，生活功能相对释放，生存空间更为紧密和多样，也有更多非规划和偶然的印迹。城市加速空间穿越起来直达通畅、快速便捷，也最为迅速地被全球化影响，从而常常被看作一个城市现代性的指标，而消减空间有时并不便于直达式的穿越，也难以承载城市高效流动的功能，但却是城市中蕴含更为本土生活的场所所在。

当下的成都，加速空间在不断地被延展和放大，消减空间则不断被压缩，成都人的生活正处在快与慢的交替之中。快慢孰优孰劣？都市节奏更快就一定更好？慢的空间和生活真的会渐渐消失吗？快与慢在田园城市中意味着什么？生活的节奏能告诉我们关于城市的什么？这些是我们想进一步深入了解和反思的问题。

带着这些问题，我们对成都进行了跨越式的穿越，一次身体和心灵在城市中的跨越旅行。那些新的旧的、高的矮的、快的慢的、真实的虚伪的，都会在这个城市剖面般的旅行中体验到。我们在旅行中观看人们的生活、看他们的出行、听他们生活环境的声音、记录他们的生活节奏。这些生活节奏每天敲打着每个人及每个群体，合成城市的脉动，我们试图在这脉动中发现人们的田园梦与城市梦的交织和碰撞。

3 城市横剖面——五个城市样本

我们在成都东部新建的成都东客站和西部新建的成青轻轨犀浦站这东、西两个城市边界点之间进行快慢成都空间的调研。从规划层面上说，贯穿人民路及新城市中心的南北中轴线是成都向世人展示其大都市

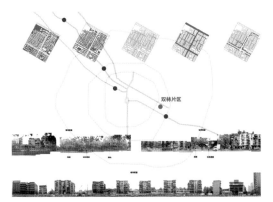

双林片区分析

城市图景分析

现场照片

现代风貌的主体空间，改造后通过道路加宽、路面沥青化、沿街建筑立面整体规划及风貌整治，成都南北中轴线成为一个更高效和更快速的加速空间。反观成都的东西向发展态势，没有类似南北中轴线的清晰架构，处于两极的东部工厂区与西部农业区目前仍然是一种城乡混杂、快慢节奏共存的状态，很多区域仍然是消减空间，呈现了与南北中轴线主体空间不同的混杂性和多元性，为快慢城市的研究提供了丰富的样本。

在东、西两点之间，我们选择了5个片区及城市节点作为重点研究样本，分别为犀浦高铁站片区、营门口立交（二环进西向出城立交）、小通巷街区（宽窄巷片区）、五冶社区（双林片区）、双桥子立交（成渝东向进出城立交）。每个节点的调研范围由调研小组对区域特征的了解和调研的结果来确定，而非预先确定；调研采用影像、声音采集和采访记录等体验手段，结合mapping绘图和模型模拟等分析方法，来描绘每个样本在快慢空间上的基本特征以及人和空间之间的关系。在犀浦高铁站片区样本中，高铁高效、整体的规划系统和混杂无序的集镇形成有趣的空间对比，反映了城市快速系统短时间进入一个慢速混乱环境所带来的问题。营门口和双桥子立交样本中，一个是城市和社区交通空间叠加、人群聚集密度较大的混杂空间，一个是桥上交通和桥下空间利用、休闲娱乐快慢结合的共生空间。另两个样本——小通巷街区和五冶社区都是城市核心区内的慢街区，前者是宽窄巷子整体旅游开发辐射区衍生出的大众商业慢生活街巷形态，后者则是20世纪50年代单位大院在城市更新开发中仍然胶着停滞的老社区，呈现出与新区完全不同的生活节奏和状态。

在这5个城市样本形成的城市横剖面中，我们看到了一个大都市的城市边界如何扩展、城市和乡村如何交集、人们在快速系统构筑的空间中如何生存，以及在快速变化中老街区的生活状态。这些新与旧、高与低、快与慢构成了我们当下的生活。在我们探索现代田园城市的努力中，我们需要从城市的生活中获得真实的城市节奏和脉动，借由对城市生活空间和方式的解读来梳理城市发展的脉络，这或许应该是构成"现代田园城市"的一个有机理念。

一日二城：成都和谢菲尔德
One Day Two Cities: Chengdu and Sheffield

冯路
FENG Lu

作品名称：一日二城：成都和谢菲尔德
参展建筑师（机构）：冯路
关键词：成都；谢菲尔德；街道；绿色空间

冯路，2008年英国谢菲尔德大学首位建筑设计研究博士学位（PhD by design）获得者，回国后同时从事设计实践和学术研究工作，目前为无样建筑工作室（OWA）主持建筑师。曾为多家学术杂志的编委、特约编辑及撰稿人，发表专业论文数十篇，并应邀在多所著名大学中举办讲座，设计评图以及授课。

　　布展的那两天，在成都，我从东一环步行到东二环的展场，行进间经历了从城市支路到次干道再到主干道的转换。路名没记住，但是不同道路尺度的体验却令人难忘。在城市支路上，街道尺度非常近人，步行道不宽，仅够两人通过。正因为如此，沿街商铺逼近身体，其中的活动似乎与街道空间融为一体，无法分开。有店铺主人拿竹椅坐在门口，前进的时候你就必须绕开他，然而这样一绕，人和人之间似乎就产生了某种沉默的身体对话，也许，还有眼神的交流。如果是熟人，这就是打招呼的机会。即便不认识，倘若这般多相遇几次，就能记住彼此的脸。面生或面熟，就这样有了印象。雅各布斯在1961年出版的《美国大城市的生与死》一书中所赞扬的积极街道生活，不正是这样么。面孔的生熟，不仅仅是简单的个人关系，如果这牵涉到社区从属感和住民/陌生人的自动区分，

那么就已经是空间的社会属性，是空间的政治。再回到去展场途中的那条支路。社区和支路的形成，显然有些年头了。行道树长得很好，高大的树冠和沿街建筑外墙紧紧贴在一起。从某种角度说，建筑立面消失了，代以形成的是树冠遮蔽的步行绿廊。在那儿，建筑与自然、街道与自然、乃至城市的局部与自然之间建立了一种难以分解的共同关系。

　　从支路转了一个弯，就进入次干道。沿街店面退后了不少，如果不刻意观察，并不会注意到里面的内容。街对面的事物，更一下子远了很多，虽然还能看清，但是似乎已经不再让人关心了。步行道也宽了不少，直行不再需要避让什么，但这么一来，步行也就有退化成单纯向前移动的危险。有路人交错而过的时候，偶尔会彼此打量一眼，因为身体留有距离，所以很难留下什么印象。树依然长得不错，虽然和建筑也

城市街道空间图示

离得不远，但毕竟拉开了距离。树就只是行道树，它构筑了林阴道，但是并没有建立很强的场所感。这样的场景，也许就是中国大部分城市街道的典型状况：人和街道的关系冷淡，若即若离，分开之后就不再记起。行道树貌似在城市中引入了自然，但是机械排列的树木失去了自然的特性，如果不是季节变换带来的新绿与落叶，几乎就像人工布景。这或许是树木的分量太轻，所以无法参与建构场所感。但更多的是，这些绿化出自于某种景观的考虑没有被用于鼓励更积极的公共空间。

再从次干道转入主干道，就体会到现代城市由于交通膨胀而产生的困扰。环道常常是城市主干道的典型，纯粹是汽车快速交通的产物。步行者进入主干道就立刻变成弱者，乃至微不足道。人行道旁有什么，基本上不重要了，另一侧呼啸而过的车流占据了前进

体验的主要部分。环道空间几乎已经从城市中脱域而出，变成如同列菲伏尔在《空间的生产》中所描述的独立抽象空间，步行者在其中，只是单一机械的向前运动。环道流动的本质是城市的资本和能量，它们只关心效率，最快地从这儿到那儿。主干道或环道不仅自身形成了独立空间，还把其两侧的城市分割成孤立的两部分。穿越主干道几乎就是每个步行者的噩梦。越向城市外围扩展，环道的流速和流量越高。一圈圈的环道，就像龙卷风一样，越向外，破坏性越强，中心反而安静。霍华德大概从未料到他在1898年"田园城市"模型中描绘的环形道+星状主干道的完美交通系统，在今天常常成为优质城市空间环境的最大妨碍。在他所描绘的组团型城市中，人们只围绕节点步行；但是当下大城市的无止境扩张和人口聚集已经完全改变了城市设计的基础条件。颇具讽刺意味的是，环道

现场照片

常常被"规划"为城市绿带和延伸的绿色开放空间，然而，即便被精心修剪成为车窗外的"景观绿化"图像，实际上也不过是少有人迹的荒绿。

不缺乏绿化，但少见积极有效的绿色公共空间，这恰恰正是我在参展作品《一日二城》中对成都与谢菲尔德街道空间进行比较之后所发现的。在霍华德的"田园城市"思想中，对优美的城市环境的创造和追求是其整个理论建构的基本点和核心目标。绿化环境是其中的重要内容。从这一点上而言，"田园城市"所针对的本质问题就是人、人工和自然的关系。这也同样是本届成都双年展建筑展主题"物我之境"的基本问题。作为宏大规划主题和巨大规划尺度的反思性对照和补充，我们的作品希望呈现"田园城市"在人的日常生活尺度上的意义。所以作品选择了街景空间和街道生活作为调研的对象。我们在两个城市分别选取了4公里左右长度的线路以比较街景状况。成都，从西南交大老校区到市中心天府广场。谢菲尔德，从大学附近克鲁克斯区（Crookes）到市中心火车站。这两条大约4公里长度的线路都是城市日常生活的主要路径，也是一天之内步行活动可以覆盖的范围。从街景合成中我们可以直观地了解两个城市街道空间的差异，以及隐藏其后的城市规划理念及文化的区别。照片中街景远近的变化，正好反映了街道空间由于尺度变化所带来的不同感受。如果观察两个城市中的绿化状况，我们相比之下似乎发现，成都的街景并不缺少绿色，成都并不缺少绿化树木，但是成都缺少的是有系统的绿色开放空间，缺少绿化和人之间的积极关系。

谢菲尔德是英格兰最绿的城市，但它最迷人的自然部分，并非数量惊人的树木，而是有系统的绿色开放空间和公园。从克鲁克斯居住区往学校方向走，城市道路基本上都是两车道的亲切尺度。居民在路旁的绿化种植和打理，构成了路旁绿化的多样性和丰富层次。谢菲尔德大学和城市融合在一起，没有孤立地关闭在围墙后面。所以学校建筑参与了沿街开放空间的构成。在接近学校中心的地方，诺森伯兰路（Northumberland Rd）两旁是草皮覆盖的运动场，东侧的那个和更远处的克鲁克斯谷公园（Crookes Valley Park）连在一起，再加上拐弯之后就要遇见的韦斯顿公园（Weston Park），共同形成了一整片的绿色开放空间。每逢天气好的时候，韦斯顿公园的草地上躺满了学生，还有满地乱跑的孩子。公园里新整修好的历史博物馆是一个古典风格的老房子，它把绿色空间和人文历史结合在一起。再往前走，谢菲尔德大学学生活动中心门前的小广场提供了另一个吸引人们停留的公共空间，它是午餐和社团招募新人的地方。沿西街（West Street）向前走，在著名的维多利亚宿舍楼（Victoria Hall）前转向南，就会路过一个混合的开放空间，它里面包含有酒吧的门前区、绿地和中学生的滑板玩乐场。从前面摩尔商业街（The Moor）买东西返回的时候，这个开放空间是个不错的中途休息点。从摩尔街出去不远，就到了市中心广场，那里有市政厅和喷泉花园。中心广场的东南方是独特的冬季花园（Winter Garden）。它是一个有着巨大木拱结构的室内花园，里面种植着各种异乡的花卉和特异植物。如果你继续往东南方向前进，穿过谢菲尔德哈莱姆大学的景观绿色空间，就到了此行的终点，市火车站和站前的艺术广场。途中所经过的，都是免费的开放空间。

以谢菲尔德的4km步行体验对比我们熟悉的国内城市街道的通常状况，可以发现其中的区别、差异和值得借鉴之处。尽管人口密度和交通压力截然不同，但并不能妨碍我们对自己的城市环境空间进行反思和自省。

"绿"与"红"

成都—重庆双城竞争的自然与人文色彩印象

Green and Red

A Chromatic Impression of Nature and Artifacts in the Rival Twin Cities

茹雷　裴钊

RU Lei　PEI Zhao

作品名称：绿与红：成都—重庆双城竞争的自然与人文色彩印象
参展建筑师（机构）：茹雷 | 裴钊
关键词：色彩；标签

茹雷，西安美术学院美术史论系任讲师，2006年获西安美术学院美术学硕士学位。教育背景涵盖建筑与艺术领域，关注当前中国的城市化进程，以及随之产生的对艺术整体（包括建筑）的冲击。
裴钊，本科毕业于清华大学建筑系，获东南大学建筑学硕士学位，并于多伦多大学获得城市设计硕士学位，从2010年至今任教于西安建筑科技大学。

　　"绿"与"红"力图从成都和重庆两个城市的色彩标签切入，将城市的自然风貌、人文景观与建设构筑加以对比、分析和转换，使抽象色彩在城市场景与意象中呈现出具体的内涵，进而展现城市的丰富性与多元性。成都与重庆分踞四川盆地两端，共享同一腹地。两座城市在各自的发展中呈现出竞争、借鉴与呼应的态势。在重庆的参照下，成都的城市建设战略与实施呈现出多彩的格局，而城市生活的活力与市民的参与将是"田园城市"愿景成功的关键。

　　2011成都双年展国际建筑展的主题"物我之境"预设了一个外在于"物"的"我"的存在，尽管"Holistic"可以将"物我"解释为合一的状态，然而"物"与"我"的二元关系已经确定。这里，自我的存在意识主导着对"物"的排斥或容纳和参与。从这个角度入手，"田园城市"可以被理解为：作为现代社会个人的"自我"对于去机器化、去工业化的自然状态的一种呼唤和营建。这与古典的、士大夫的田园有着本质的不同，这也可以看作是田园城市的"现代"内涵：都市人并不愿意放弃现代工业化城市的诸多便利，但同时又希望能获取悠缓的生活节奏，借以摆脱被机器异化的无奈命运。因此，"田园"便成为一种宽泛的、多层次的体验与象征。在此次调研中，"物"、"我"二者被简化为市民生活、自然风貌和人文景观。城市中存留的山水植被与人工构筑物均被视为外在于市民的、构成城市环境与空间的"物"的范畴；人作为"我"的显现，徜徉于由"物"构成的体系之中。"绿"色与"红"色，即代表了这种城市色彩、城市活动、城市时间、城市片断，以及城市人、自然与人造物之间的互动关系。

　　成都的"世界现代田园都市"蓝图，勾勒出以

绿色与红色并有的成都与重庆城市风貌展示

绿色为基调的山水林泉的城乡共生愿景，是从生态平衡、城乡和谐为基点，以理想城市生活为理念驱动的城市改造和更新运动。在"绿色"被标签化和符号化后，城市的发展具有醒目的标示性与象征性，突出了城市定位，强化了理念方向。但是，在当下中国快速发展的语境中，对任何一个经历着巨变的城市给出单向维度的回应都有偏颇与迷失的风险。绿色作为抢眼的色彩象征会有助于塑造城市辨识度，提升城市认同感，但同时也潜藏着符号化的空洞和苍白，使得丰富的城市内涵流于肤浅，纷繁的城市生活变得单一。基于此，调研选择重庆作为一个参照。重庆和成都构成双子城（twin cities）竞争、映照的微妙关系。与巴蜀延续的分合绝续的关系并行与对峙，使得西南这两座最主要的城市在类似的地理、历史、人文背景中，在相同的资源配置下，演化出各自独有的城市气质。

"绿"与"红"两种色谱被投射在不同的城市分析中，用以对宏观的城市架构与具体的市民活动进行标注、解析。这两种色彩被用来对应城市的视觉色彩、公共空间、商业活动与市民生活等。在每个环节上，"绿"与"红"分别代表了"绿色、生态、田园"以及"大众、社会、经典"的理念。这些理念转化为城市中的具体片断与场景，呈现为城市中心区域的切入式的、片断式的景观以及郊区新城的体系化、等级化的序列，并且强化了城市地标建筑与纪念性空间的象征性和恒久性。"绿"与"红"两种色彩的交互下，城市场景会呈现出多元的色彩谱系。两种色彩并存于成都与重庆都市生活的实体环境与概念延展之中，使得城市在政策性的宏观框架主导下，体现出多种色彩并置的丰富景观。

在色彩标签下，两座城市都存在着丰富、细致的城市肌理、人文景观与市井环境，这些是构成城市意象与市民生活的、真切的实体基础。因此，如何结合成都自身的地域、城市、风土特质，通过色彩的概括与引导构建交互的、有机的市民空间将会至关重要。城市的决策层面的意志对城市的整体风貌产生决定性的冲击，"世界现代田园都市"定位之下的成都

必然生成新的城市空间与都市内涵，而这些新的城市内容是否在保持成都本地特质与辨识度的前提下得以实现，成为这次考察关注的重点。高度概念化的城市蓝图与战略如何与具体的城市空间及日常生活对接？在上、下两端的互动中，抽象内涵与具体民生之间的界面或边界如何生成与变动？政策层面的总体战略与市民层面的日常生活之间存在着一个衔接点与互动界面。两者之间的平滑交接将保证现代田园都市中存留丰满的成都特质，反之则需要对原有的成都城市生活特点进行变化与改造。上下两端交接的界面也是一个互动的平台，市民生活的具体民生需求与地域特点也通过这个界面折射到整体各个层面上，进而对城市形态产生影响。衔接的过程与界面的弹性，将决定城市战略的实施与市民生活的活力两者的并行与互补。都市发展战略作为宏观的城市意愿限定了城市整体格局，同时也塑造了具体的空间形态，以至行为内容。由此生成了新的、变化的城市空间与景观以及城市的活动、事件。它们汇集为城市的集体记忆，从时空上标注城市的历史，最终沉淀为城市的文脉。从城市战略到城市文脉的创立、实现、沉积、演化的过程，将是城市战略从理念经由实体与实践留存为记忆的历程。

城市的标签化、色彩化既是娱乐时代对于夺目效果的追求，也是在信息碎片中着墨于意识形态内涵的产物。"绿"、"红"两种色彩可以概括外界对成都、重庆两座城市的抽象认知印象，也强调两座城市相互对比、竞争的态势。那些具体的、微观层面的城市元素如何发展出有效机制与城市主色调适应、协调，乃至改变和丰富城市色谱，将是成都"绿色"田园机制都市构想长盛永续的核心。

二环路

The Second Ring Road

朱亦民
ZHU Yimin

作品名称：二环路
参展建筑师（机构）：朱亦民
关键词：二环路；成都；摄像；城市

朱亦民，2003年与意大利建筑师Pier Vittorio Aureli一起创办道格玛建筑事务所（DOGMA Office）。2004年起任教于华南理工大学建筑系。现为道格玛建筑事务所合伙人，华南理工大学建筑系副教授，硕士生导师。

1 现状

1.1 道路状况

二环路全面建成于1994年，全长28.3km，道路红线为40m。有2/3路段为三块板结构，双向4条机动车道；有1/3路段为两块板结构，双向6条机动车道。二环路有平面交叉口81个，其中"十"字形交叉47个，"丁"字形交叉34个；立交桥6座。道路两侧规划有27.5 m宽的绿化带(局部33～55m)，其中3/5已形成。

1.2 用地状况

二环路两侧各500m范围内的用地中，居住用地占52%，工业用地占20%，商业用地占8%，市政公共用地占17%，其他用地占3%。居住人口为54.9万，就业人口为30.2万，就业岗位为27.9万个。二环路北段两侧用地以交通和商贸为主，有全市最大的客运枢纽和批发零售商业圈；西段和南段以中高档住宅区为主；东

段以传统工业为主，工业用地将被调整为居住和商业用地。根据成都市的规划，二环路是主城区园林绿地系统：沿城市重点景观河道和主要城市道路设置绿化带的重要组成部分，在满足交通需求的同时，是重要的环状景观带。

1.3 交通状况

二环路的交通组成中，到达性交通占53.2%，通过性交通占46.8%（其中来自二环路外的约占21.5%，来自二环路内的占25.3%），即到达性交通居首，生活性与交通性并重，过境交通特征不明显。

高峰小时机动车平均断面流量为2 843辆/小时，最大断面流量为5 519辆/小时。通过二环路的公交线路有81条，环线公交日客流量为15万人次，最大断面日客流量6.46万人次，是成都市主要公交客运走廊之一。同时，自行车与行人交通量也较大。

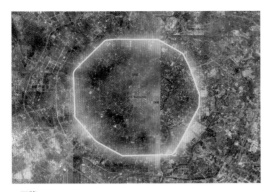
二环路

现场照片

2 背景

成都及二环路的规划经历了以下阶段：

20世纪50年代：第一次总体规划基本沿用苏联模式，强调形式，追求气势，确定了核心放射的基本格局。20世纪60年代：由于三年的自然灾害，规划缩小了规模，压缩了道路宽度，讲求实际，弱化形式。20世纪70年代：文革期间，停滞。20世纪80年代：以城市现代化为主题，强调城市功能的完善，确立了环状加放射的城市路网格局，二环路出现，形成单中心的城市结构，其主导思想是控制城市规模和完善城市基础设施。20世纪90年代：可持续发展为指导思想，强调了生态环境保护、耕地保护、城乡一体化、城市特色的塑造、历史文化保护、城市交通和城市防灾等方面的内容。20世纪90年代的96版规划基本确立了目前二环路的基本形态和地位，但是过分均衡的环路兴建使得城市空间进一步强化了单中心的结构形态，进而造成发展方向上的困惑。

近20年，成都道路系统建设一直延续了环状放射性的格局，路网引导着城市空间拓展呈圈层外延的模式，环路建设已经成为成都空间拓展的阶段性状态标志。

3 方案

采用视频的手段记录二环路的城市空间。鉴于二环路主要的功能是为城市提供快速的交通联系，服务于机动车，视频的采集也采用机动车的视角。具体做法是：机动车绕二环路一周，车上的四台摄像机实时记录这个过程。

摄像机的角度分别朝车的前方、后方以及左右两个后视镜拍摄。最终的成果是把这四个角度的影像并置，形成一个同步的由四幅画面组成的实时的视频。

本方案基于以下思考：

(1) 在中国目前快速城市化的过程中，城市更多地是由政治、经济等变动的因素所决定。经济发展是压倒一切的决定性力量。相比以往，城市更是一个过程，而不是一种结果。城市中的传统要素，街道、住宅、公共设施、自然景观在现有的技术条件和全球化的文化背景下，其意义和功能都发生了很大的变化。地域的特殊性，地方历史的独一无二等都被经济、技术体系的全球化所改变。一些城市结构中的普通要素比传统文化价值标准中的特殊要素更具有决定意义。基于这种考虑，本方案没有选择与一般公认的成都特色或传统建筑空间有关的现象，而是选择环路这种没有"特色"的城市空间作为研究对象。

(2) 环路是所有中国大城市共有的一个形态，它是中国城市的现代化的象征，在现代的城市中代表着时空的割裂和矛盾状态。环路是为了通行的效率创造出来的，它和城市的本来意义，也就是让人们聚集和共同生活在一起这样的目标是冲突的。

(3) 本方案既不否定也不肯定环路这种现象。

(4) 采用摄像和视频方式并不意味着本方案试图用完全中性的方式去表现或者再现这个现象，而恰恰相反，要让参观者从一种可能之前没有经历过或者没有想到的角度观察他们所在的城市。对大多数人来说，城市不仅仅是一个物质生活的场所，也是一个心理的过程。如何去看城市，是人们对城市认知的重要一步，也是他们行使权利的一种方式。

(5) 本方案受到韩国艺术家白南准的作品启发。城市空间不仅仅由物质性的材料堆积而成，各种看不见的网络，从经济体制到文化活动，从科学技术的发展到教育的方式，都是城市空间的非物质组成部分，也是城市的不可缺少的价值。如何去看，是人们交流和形成社会共识的第一步。

符号田园：后现代的城市空间生产

Symbolize "Garden city" in a Global Information Society: A Game in the Post-modern World

杨宇振 赵强

YANG Yuzhen ZHAO Qiang

作品名称：符号田园：后现代的城市空间生产
参展建筑师：杨宇振 赵强
关键词：历史与现实；观念与物质实践；"田园"与城市营销

杨宇振，工学博士，重庆大学建筑城市规划学院教授，中国城市规划
学会国外城市规划学术委员会委员，重庆市规划学会理事，清华大
学建筑学院博士后（2003—2005）；哈佛大学设计研究生院访问学者
（2008）。主要研究方向为城市建成环境与历史，地域建筑设计理
论；发表包括《权力、资本与空间：中国城市化1908—2008》等40多篇
论文。

1 资本的全球流动与城市营销

哪里是叙事的开始？也许20世纪七八十年代是一个好的起点。从国际上看，这一时期欧美发达资本主义国家经历着从福特主义向后福特主义的转型；或者，有人称之为从现代向后现代主义的转变，从工业向后工业的转变，社会迈入一个晚期资本主义的时期……

大卫·哈维在《新自由主义简史》的开篇中写到，也许未来的史家将把这个历史时期认定为世界社会史和经济史的革命性转折点。他的基本解释是，这一时期出现了新的动向，以美国的里根总统、英国的首相撒切尔夫人、智利的皮诺切克总统以及中国的邓小平为代表所主导的经济发展政策虽然各有不同，但都在推进着经济的自由化和资本的全球化流动。在这个时期出现的重要经济过程是第二次世界大战后制定的、以"美元"为中心的国际货币体系（"布雷顿森林"体系）的解体，新的国际货币体系向各国汇率自由浮动、国际储备多元化、金融自由化、国际化的趋势发展。

哈维在《后现代的状况》一书中进一步阐述了这种变化。他认为，所谓的后现代诸现象和变化的出现，是一种发展和转移，而不是全新资本主义的出现。他谈到，后现代主义文化形式的兴起，更加灵活的资本积累方式的出现，与资本主义体制中新一轮的"时空压缩"之间存在着某种必然的联系。

在《从管理主义到企业主义：晚期资本主义城市治理的转变》一文中，哈维进一步分析了资本全球流动与城市营销之间的关系。他认为，一方面，资本主义下的城市过程是资本流通和积累的逻辑塑造；另一方面，都市过程反过来也塑造着资本积累的环境和条件。他指出，20世纪60年代典型的城市管理取向，已经逐渐让位给20世纪七八十年代兴起的城市企业主义；

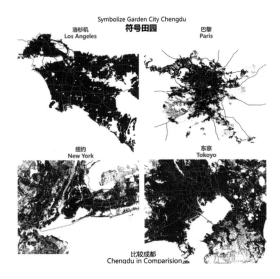

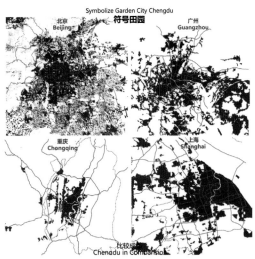

"比较成都"城市肌理比较分析

整个资本主义世界浮现了一种普遍共识，认为针对经济发展采取企业精神立场的城市可以获得更大的利益；而这种城市企业主义似乎跨越了国界，甚至跨越了意识形态的边界。

哈维进一步阐释道，城市企业主义的兴起与后现代的资本灵活积累方式有关，与城市之间高度竞争有关（吸引资本的落地积累）。全球范围资本的灵活积累导致了两种辩证的结果：一方面，资本积累有其本身逻辑，为了满足这种逻辑（生产的或者消费的），城市必须复制某些模式，比如建设机场、高速公路、CBD等；另一方面，城市又必须利用自身的特质（历史、地理等因素）营造差异性，营造出至少是意象上美好的城市环境（我曾经称之为"千篇一律的多样性"）。在这一过程中，哈维说，重视观光与消费、特定场所里瞬息时间的宣传，全都贴上了救治患病都市经济良方的标签。在这一过程中，在一个高度不确定的世界中，似乎孕育了地方的集体认同与归属感。然而，现实的结果往往是马戏成功了，面包却没有了——表演似乎成功了，却缺乏实质性的改进。

2 集权与分权架构下的城市空间生产

1978年中国的改革开放与资本积累的空间转移接驳。特别是1994年的一揽子改革，加速和紧密了中国与全球、与发达资本主义国家间的连接。中国经济成为全球资本主义经济的重要构成——这句话意味着中国（作为一种空间边界）必须应对资本积累的危机，意味着内部的资本积累危机与外部有着日趋紧密的关联。

在这一过程中，城市成为资本积累最为重要的空间。1994年的一揽子改革在两个方面推进城市转型和变化。第一，城市日趋成为海外资本和国内日渐强大的资本积累的空间（随着汇率、金融和国企的改革）；第二，地方城市政府成为城市空间生产主要的推手，一是"招商引资"，一是随着财税制度的改革，通过土地的产权化和推进交易，扩大自身的财政收入。

在这一过程中，在"政治集权和行政分权"的基本架构中，城市之间的竞争逐渐白热化，即哈维指出的"城市企业主义"泛滥，各种景点、表演、宣传日趋兴盛。

这是资本积累对地方空间生产的强制机制。

3 符号田园

《信息化时代的新田园城市——符号田园》旨在回应上述提到的两个方面：资本的全球流动与城市营销以及城市空间生产的地方化叙事。

马克思曾经说过："一切坚固的东西都烟消云散了"。人们究竟如何理解"成都田园城市"是一个值得探究的问题。物质状态是重要的构成，但不是全部。社会与观念空间中的"成都田园城市"，引导着甚至主导着人们走向物质空间的实践。马克思还说过："我们在现实中建立自己的结构之前，就已经在想象中把它建立了起来"。

人们是如何在想象中建构"成都田园城市"的？本作品的重点在于研究（不同历史时期）观念中的成都，探讨人们是如何理解成都，建设和批判性解读成都田园城市。作品由6部分构成：口号成都、文字成都、意象成都、日常成都、比较成都和设计成都，从不同方面剖析观念中的成都田园城市。

3.1 关键词

口号、文字、意象地图、日常生活、城市的区域与国际比较、符号建筑。

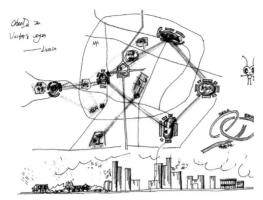

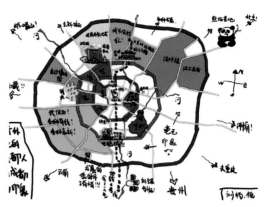

"意象成都"手绘与现场照片

3.2 基本理念

在一个日趋信息化和全球化的世界中，空间生产最终只存在于虚拟空间之中，不在其他地方。

3.3 观点

在物质空间实践中，想象战胜体验，视觉战胜触觉，图像战胜实体，虚拟战胜真实。

3.4 内容构成

文字成都：通过对不同历史时期地方文献的整理和耙梳，归纳文字记载中的成都。文字中的成都虽然是消失的成都、逝去的成都，却又是强大的成都，构成快速城市化进程中人们对于故土的依恋和记忆。

口号成都：以宣传口号的方式进行城市营销是全球高度城市竞争状态下的普遍状态，是资本积累逻辑对城市空间产生强制结果的表现。宣传口号往往能够高度归纳和概括城市的历史、地理和其他一些地方性特质。口号成都通过对不同阶段成都市所用的宣传口号的整理，挖掘成都的集体记忆和城市特点。

意象成都：理解成都人和非成都人如何感知与表达成都的城市空间结构和城市意象，以直观的图形传达信息，表达成都。意图成都主要由城市意象和认知地图构成。意象地图往往直接表达城市的基本元素（比如标志物、功能分区或者基本结构等）构成。

日常成都：回归日常生活，用图像方式映射成都的日常状态。该部分展示的4张照片进行4种不同意图的表达，试图通过对成都城市空间中片段的捕捉，探讨经济全球化高度城市竞争状态下的地方性回应以及地方特质的变化。

比较成都：通过与区域和国际视野的城市比较（回应提出的"世界现代田园城市"中的"世界级国际化城市"），用图形的方式归纳和展示国内五城（成都、重庆、上海、北京、广州）和国际五城（伦敦、纽约、巴黎、东京、洛杉矶）的城市空间结构和建成区域，并与成都进行比较，以此来回应"世界现代田园城市"中的"世界级国际化城市"议题。

设计成都：在前面5项内容的基础上，在经济全球化和信息化的背景下，提出概念性和符号性的"田园城市"设计方案，用全球著名建筑的拼贴来表达对"田园城市"的当代理解和批判性意图。

平城胖视：田园的观者

Fat, Flat: Observer Of a Garden City

范凌

FAN Ling

作品名称：平城胖视：田园的观者
参展建筑师（机构）：范凌
关键词：田园城市；观者；主体介入；客观环境

范凌，毕业于美国普林斯顿大学，2010年成立范凌工作室（FANStudio），从事空间实验和设计实践，并在中国中央美术学院任教。

故事（recit）是复杂的主体—客体关系以及这种关系的发展。故事起源于主体和客体图像之间的（身份）分离，终结于不同身份的确认和吻合。

——吉尔·德勒兹《电影2：时间-影像》

图纸可否捕捉空间之外的时间和动态（motion），也就是说图纸可否捕捉身份？

介入客观环境的主体经验可否通过图纸进行记录，也就是说身份是否可以改变图纸？

当代视觉技术压制了观者和环境之间的联系。主体对于时间、空间的物质化体验逐渐被抽象的信息取代，一个人介入"时-空"的方式亦被规范化。如何将主体从熟悉的空间经验的固有信息中剥离？如何寻找、发现甚至发明新的主体时空经验和关系，从而激发主体对环境的物质化新鲜知觉？

1 平城胖视

"平（Flat）胖（Fat）"计划是一系列的实验，试探性地寻找、发现和发明主观感知和客观环境之间存在的联系。第一，（观者所具有的）主观性如何成为作用于理性系统（例如透视图、投影等精确、科学的再现方式）和艺术表现（例如艺术创作等非精确的再现方式或非再现方式）之间，具有模棱两可特征的中间界面？第二，不同身份的主观性如何成为某个客观机器、工具或机制的组成部分，使主观的介入得以"转移"——而非"改变"一个给定的客观环境？

平：研究观者的不同身份和主体性如何成为作用于理性系统（例如透视图、投影等精确、科学的再现方式）和艺术表现（例如艺术创作等非精确的再现方式或非再现方式）之间，具有模棱两可特征的中间界面？

胖：研究不同身份的主体性如何成为某个客观机

图纸成果展示

器、工具或机制的组成部分，使主体的介入得以"转移"（displace），而非"改变"（transform）一个给定的客观环境？

计算机图像生成技术的迅猛发展，极大程度上重新界定了"观看"的主体（viewing subject）和被"再现"的客体（object of representation）之间的关系。新技术界定的两者的新关系明显取消了观者（spectator）与环境再现（representation of environment）之间一些具有历史意义的文化关联。在我看来，计算机图像生成技术把人的视觉经验再次定位于与主观视点割裂的视平面（例如电脑屏幕）上。

一些早期更亲密地"看"的方式明显被淡忘，虽然它们依然在某种程度上得以保留并与新的方式艰难共享。然而，由于社会进步和发展等一系列因素，新兴技术在视觉化（visualization）过程中占据支配地位。这些新技术与全球化、信息化等社会发展的明显趋势交织在一起，越来越广泛地延伸到生产、建造等建筑相关领域。在视觉历史上起重要作用的"人眼"的观察技能则被压制，视觉图像在计算机图像生产技术中不再与一个主观观者在现实环境中的位置产生关联。

"平城胖视：田园的观者"城市调研项目，捕捉对成都、同一客观环境的不同主体介入方式。调研设置了一系列规则进行绘图，记录独立个体介入不同空间的过程。观者可以通过不断改变自身的身份，逐渐"转移"这个客观环境，从而寻找介入环境的多样策略，从空间上的介入到时间上的介入，最终达到动态上的介入。

也许人——环境最大的改变者，是不同身份的观者，而不是环境本身?!

1.1 操作方式

(1) 绘制客观环境的地图；

(2) 在地图上绘制进入客观环境的状态，并按照给定规则对图纸进行分解。

(3) 绘制分解部分的盲点；

(4) 从空间、时间和动态三个角度阅读分解图纸，并在图纸上进行记录。

1.2 展览方式

(1) 影像：环境的主观介入；

(2) 模型：环境的主观介入；

(3) 图纸：环境的主观介入。

2 第一阶段：调研

2.1 目的

通过调研，对客观城市环境进行主观解读，感受人在城市空间中的主体性，并为下一阶段的主观图解收集素材。

2.2 组织方式

文本信息收集部分可合作完成，记录现场、空间感受部分由个人独立完成。

2.3 调研原则

(1) 唯主观原则：对地块的选择、介入、观察仅与自己有关，与城市宣传和他人无关。

(2) 先决定后思考原则：研究的过程就是学习，因此要在知道做什么之前就开始做。

(3) 超级线性原则：开始做后绝不推翻与回头，只允许向前走，不允许怀疑与后退。

(4) 不想象原则：不许想象任何表现方式，此阶段只关注自己对空间的主体介入结果。

2.4 选择参考

(1) 有特殊个人体验的空间，有特别的个人情感或回忆的空间，会经常以不同方式到达、穿越或感知的空间，很想根据个人体验改变现状的空间，如寝室、以前住过的家、常常经过的道路、经常去的角落、很好奇的房屋等。

(2) 与自己感兴趣的城市问题相关的地块，如个人感觉最能体现田园城市的空间、最能体现城市政治图景化的空间，如某大道、某广场、某片区等。

现场照片

2.5 调研内容

结合主观体验进行实地调研，思考并寻找介入所选地块的方式（从空间上的介入到时间上的介入，再到动态上的介入）。

具体记录方式：

(1) 宏观：在google地图上标出运动轨迹；

(2) 视觉：拍摄运动过程的序列照片（按时间顺序编号01，02，03，04…）；

(3) 个人：记录主观最感兴趣的方面与细节，如所选地块的空间形式、功能、绿化、视线、空间界面、界面肌理、空间比例，空间中的细节物件等。这些元素将成为第二阶段主观图解的素材。在此阶段可以用任意方式记录（手绘、拍照、录像、模型……）；

(4) 阅读：用文字的方式重新阅读这次介入过程。

3 第二阶段：绘图

3.1 目的

通过绘制客观环境的地图，在平面图上记录个体进入客观环境的动态轨迹，并按照既定规则绘制轴测图。下一阶段的主观图解是对该步骤绘制的轴测图进行分解。

3.2 绘图内容

第1步：绘制平面图。用CAD绘制所选地块的平面图。

文件命名：PLAN_XXX（基地名称）_XXX(姓名)。

文件图层：

PLAN_BACKGROUND（背景或边框）；

PLAN_BUILDING（建筑物，如果是建筑物内部平面，需绘制运动轨迹经过的层平面）；

PLAN_ROAD（道路或通道）；

PLAN_GREEN（绿化，如草坪、绿化带、植物等）；

PLAN_VISIBLE（可见物，如人行道、平面肌理等）；

PLAN_NOTATION（标志物，如车站、雕塑等任

何第一阶段调研记录的空间中的细节物件）；

PLAN_PATH_01（运动轨迹1，第一阶段调研在地图上记录的运动轨迹）；

PLAN_PATH_02（运动轨迹2，运动轨迹的数量根据个人的调研情况而定）；

PLAN_TEXT（文字说明，如街道名称、建筑名称、细节物件说明等）。

第2步：绘制轴测图。将第1步的平面图文件作为外部参照，按照既定规则绘制轴测图。

文件命名：AXON_XXX（基地名称）_XXX(姓名)。

外部参照：CAD面板_插入_外部参照_第1步的平面图文件。

绘图规则：轴测图z轴方向与平面图上记录的运动轨迹方向成45°，具体操作请参考绘图模板；z轴方向线段的长度即建筑的高度=实际高度×绘图比例

文件图层：

AXON（从平面图直接升起的轴测图轮廓）；

AXON_HATCH（填充，如建筑物立面、空间界面肌理、主观记录的空间细节等）；

AXON_NOTE（注释，说明轴测方向与运动轨迹的关系）；

AXON_PATH_01（运动轨迹1，同平面图）；

AXON_PATH_02（运动轨迹2，同平面图）。

4 第三阶段：制作模型

录像记录参与者操作图纸的过程，并介绍这个过程与个体经验之间的关系。

5 第四阶段：展览成果制作

集合住宅立面上的生活与建造

Living and Building on the Elevation of Collective Housing

王方戟 周伊幸

WANG Fangji ZHOU Yixing

作品名称：都市微田园——集合住宅立面上的生活与建造
参展建筑师（机构）：王方戟 周伊幸
关键词：寻常景观；集合住宅；不规矩的设置；日常生活

王方戟，同济大学建筑与城市规划学院教授，上海博风建筑设计咨询
有限公司主持设计师。建筑作品包括上海嘉定远香湖公园服务建筑
"大顺屋"、"带带屋"。
周伊幸，同济大学建筑与城市规划学院在读硕士研究生，曾担当2009
年深圳香港城市建筑双年展"城市下的蛋"项目的设计和制作。

1 白板：规矩的建筑——不规矩的设置

在城市景观中，非正规的定居点（informal settlement），如城中村、棚户区，总能吸引城市工作者的注意力。它们以景观建筑的对立面出现，不自觉地构成另一种极端的景观。但是正规的居住建筑反而容易被忽视——它们不会像农民工聚集区那样一夜之间土崩瓦解，而是经年累月地积攒着生活的证据，制造出城市中普遍的风景。

观察者不需要侵门踏户，因为这些证据都毫无保留地向公众展现。这是在中国的城市中司空见惯的区域景观，是在规矩的建筑立面上发生的不规矩的设置（informal setting）。放眼望去，每个单元的构成法基本一致却又不尽相同；它们在交流贫乏的时代延续着交流的概念；因为没有条件推倒重来而保存着居住乃至城市的历史；时常表现出一片混乱却能给人安定之感，它们是让生活的实践者心生美好的事物。

规矩的集合住宅原本不应该具有可识别性，它们对单元进行统一操作，在传达差异性的层面上近乎一块白板；它们对居住行为的干预被严格控制在一定限度内。例如一幢居住建筑总是在立面的相同位置上提供相同形态和尺寸的混凝土搁板或者装饰花窗，而不进一步考虑它们的有效性。这样的设置当然无法容纳日常生活的复杂性和多样性。但与此同时，它们并没有限制生活在其中的人们打破这种乏味、构筑理想个体化空间的尝试。在寻常的居住区中，不规矩的动作在更加微妙的层面发生：如果将集合住宅立面景观的构成划分成三个层级——建筑、构筑与陈设的话，那么这些动作则立足于构筑物的层级，补充原有建筑的功能；它们同时入侵到原有的建筑中，对给定的建筑构件和空间进行调整和改造；它们还将陈设物涵盖在

其中，让建筑的尺度与身体和物品相关联。下面将就这三个层级分别论述。

2 改造：突破规则——空间越界的类型

我们所收集的大多数样本都是城市普通居民的住宅，建造时间是20世纪七八十年代。那个时候的集合住宅设计的关键在于设定一种规则，其目的是限制人们享受超出自己应得部分的利益，让生活空间的各种属性——尺寸、开放性、精细程度——与社会状况和经济条件相称，而不是在有限的条件下将居住者的利益最大化。因此，打破这样的规则有太多好处，而越界的第一步——封阳台运动则是无声无息地开始的。阳台是率先被合法占有的灰色地带，而渐渐地，整幢住宅建筑都被灰色地带环绕。按照收集到的大量资料，我们还可以定义一系列大规模的空间越界运动，

比如灶台改造运动、庭院搭棚运动、凹空间填充运动、屋顶圈地运动以及商铺上方加建运动。整个城市中这些现象如此普遍，以至于按照这一批运动实例的盛行样式，我们可以描绘出一张集合住宅不规矩的标准立面图，甚至墙身大样图。

这些越界的空间包含着各种"不用花钱购买的空气"，立面以外、阳台两侧、底层室外、沿街商铺上方以及屋顶平台都成为建造场所，它们简单粗暴地表现出居民们想要享受更好的生活空间的企图。尽管现实条件混杂、环境脏乱，但除去这些因素，这些空间的设置都可以充当设计的范例。我们在公共建筑中见过太多品质优秀而利用率低下的空间，可是在这里，无数建造的实例似乎已经穷尽了领空拓张的可能性，并且它们都坦然地投入使用。而且，重要的是，这样的越界行为不涉及实际意义上的公私界限，而是潜在

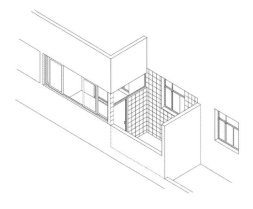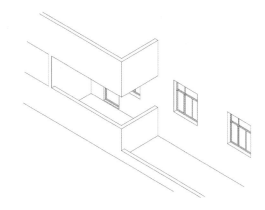

调研图纸

的空间在显与隐之间的界限。这也是法规上的灰色地带，并没有侵犯他人权益，反而使得可种植面积最大化，造就了居住区无可比拟的绿色景观。

很多这样的空间都是"边角料"，是一些处在闲置状态或者在正常状态下完全想不到如何利用的空间。例如在一个单元入户雨篷的样本中，我们看到一侧的住户搭建了单坡顶的小屋，这样的屋顶原本没法利用，但是二层的住户借助小屋的坡顶打通了通往入户雨篷的路线，让原本遍布各种垃圾的场所变成了晾晒和植栽的休闲空间。而另一些小到几乎可以忽略的空间也被利用起来，例如在一个样本中，底层商铺突出的招牌和二层阳台突出的防盗窗之间形成一个凹进的空间，尺度约等于一个三层的书架，尽管如此狭窄，它还是被人用带有可开启门扇的铝合金栅栏封住，里面整齐地摆放一排盆栽，楼下商户必须借助梯子才能照料这些植物。

3 构筑：作用与反作用——规矩和不规矩的做法——尺度的过渡和细分

集合住宅立面构筑物的基本配置包括封阳台窗、雨篷、防盗窗、晾衣架、花架、窗帘等构件。"铝合金与塑钢加工部"在其中承担了关键的责任，因此也成为居住社区软性基础设施不可或缺的组成部分。居民自建的构筑物免不了要对原有的建筑构件表明态度：是服从还是反抗。然而，这些部门的强大之处就在于对标准样式进行微调以适应个案的能力。对于不规整的阳台、突出的梁、弧形的墙面、栏板上毫无功

能的缺口，他们总是有解决问题的权宜之策，让塑钢窗、花架、晾衣架等构件能够各得其所。

这些加工单位对每一种构件都形成了常规的、标准的做法，这使得每一个社区都能在自主构筑的景观层面找到共性。但是以微观的视角来看，各种不规矩的构件做法也层出不穷。例如，越界空间的顶上没有雨篷，而是几把旧雨伞；晾衣竹竿的尽端没有搭在金属晾衣架的铁圈中，而是搭在户外的一棵行道树上；封阳台的窗户并不是三面都以铝合金玻璃围合，而是片段地嵌入竹木搭成的柜子，又为室内增添了储藏空间。而最常见的情况是雨篷、晾衣架、防盗窗、花架、空调架这五者的功能复合，在很多样本中，倒圆角的防盗窗作为一个功能强大、无所不包的笼子占据了建筑的绝大部分立面；而另一些样本中，防盗窗的构造经过改造，以适应无油烟灶台、视线通畅等各种需要。

尽管它或多或少会有一些超出经济性和必要性范畴的元素，但这些集合住宅都不是精细化的设计。在它们当中只有建筑构件的尺度，而没有身体和物品的尺度。为了居住，每间套房装修和布置家具都是必不可少的。立面上各种不规矩的构筑和室内装修尽管目的一致，但前者却从来没有得到平等的地位。然而正是这些构筑物衔接了这两种尺度，在建筑的立面上对尺度进行了细分。

这样的细分可以通过封阳台的窗户实现。例如，在一个阳台样本中，灰空间通过木格窗进行气候封闭（这很可能是封阳台运动第一批次的实例），开启窗

224

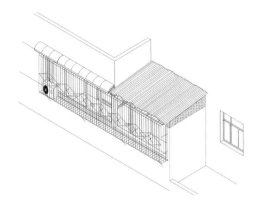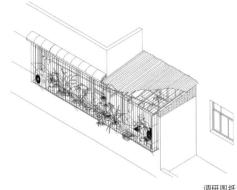

调研图纸

扇分上下两层，上层自然而然地用作通风采光，而下层的窗扇则界定出植物、食物、日用等各种功能的区间，并且打开的窗扇之上还可以架设顶板，做遮阳或挡雨之用。而在另一个样本中，我们看到利用防盗栅栏细分窗洞尺度的做法，防盗铁栅的竖档沿开间方向等分为51格，住户就以竖档间距为模数自行搭建鸟笼和花架，这些装置的结构需要搭接在栅栏的竖档上，因此，每一只鸟笼和花架的尺寸都符合栅栏的模数，整体景观错落有致，而构成法则仍有迹可循。

4 陈设：灰色杂物——绿色植物——家的理想

寻常景观纵容与建筑和构筑主题无关的内容。在集合住宅的立面上出现这些内容可能有各种目的，其中极个别是为了美观，例如悬挂在雨篷下的对称的灯笼，很大一部分是为了有效地利用空间；例如在很多实例中，饲养的动物或宠物会在越界的空间中找到自己的居所。但是，最多的情况是，这些原本属于通风采光最佳位置的空间无端地变成了储藏室，以接近博物馆展示柜的方式陈列着类似建筑和生活垃圾的东西。

如果统一把这些东西称作"杂物"，它们可以是一些在我们进行各种操作时产生却一时找不到理由扔掉的东西，一些也许有用但是一般情况下再也不会用到的东西，以及一些原本可以放在别处而最终偏偏放在此处的东西。然而，种植的需要让杂物不再是杂物。例如，2.25L的绿色雪碧塑料瓶是浇灌花木的水壶；秽迹斑斑的陶瓷水槽用来在夏天冷却这些塑料瓶中的水；一口旧铝锅里面盛着精心配制的营养液；挂

在防盗窗下沿的自行车筐则是用来晾晒湿布，防止水滴在搁板上。值得注意的是，所有这些用具都是"物尽其用"的结果，原始的功能无一例外地发生流变。在住宅立面上不规矩的设置行为中没有指向明确、具有针对性的设计，只有第一眼看不出功能的杂物——这是一场对现成物品利用的较量。

尽管立面上的绿色景观只是田园生活的微缩模型，但成都的气候条件却让这些原本象征性的花园尺寸不再迷你。每当看到建筑高处的狭缝中，或者窗前浅浅的花槽里长出一棵尺寸大得荒谬的树时，总觉得像看见阳台上养了一头大象。而在另一些阳台的样本中，住户似乎不考虑通风采光，整个空间几乎被植物淹没。但是，无论是植栽的体量还是数量，都是一种概念的极致表达，让田园般的理想生活处在一种真实和臆想场景的中间状态。

5 结语

如果每一间公寓的客厅和卧室都要经过精心设计、严格规制，那么阳台、窗口以及各种立面增建直截了当的特征则毫不掩饰地投射出日常生活中朴素的理想和直接的欲望。由此，对外面向城市的住宅立面反而变成一件睡衣，不讲排场，但求实用，仿佛人们不是生活在住宅的室内，而是生活在立面上。

成都茶馆行述
Observation on Teahouses in Chengdu

李丹锋 周渐佳
LI Danfeng ZHOU Jianjia

作品名称：成都茶馆行述
参展建筑师（机构）：李丹锋 周渐佳
关键词：茶馆；微公共空间；日常文化

李丹锋，同济大学建筑与城市规划学院博士研究生。主要从事中国当代城市、城市公共空间方面的研究。
周渐佳，同济大学建筑与城市规划学院硕士研究生。致力于通过研究与实践相结合的方法重新思考、回应中国当代城市与建筑的处境。

每个初到成都的游客都会自然而然地注意到成都特有的城市性格，"闲适"的态度充满从市郊到市中心的各个角落，其中又以成都日常生活中的茶馆最能代表这种城市性格，琐碎、单调、中庸，却揭示了社会本质的结构。

民谚有云，"一城居民半茶客"。目前，成都市内有两三千家茶馆，如果加上附近市郊场镇的茶馆，总数可以达到上万家。茶馆对成都市民而言，绝不仅仅是一个可以喝茶的场所，它更体现着一种生活态度。也正因此，成都的茶馆空间所承载的内涵是其他城市的公共空间所不能比拟的。

茶馆像一个舞台，它展示了成都市民生活的各种活动。它是私人住所在城市中的世俗延伸，不同于日本的茶室作为主人的个人精神空间，成都人在那里喝茶、刮胡、洗脸、掏耳朵，将开放的公共空间用作自家的客厅；它也是公共事件的触发场地，人们在那里听书、看戏、聊天、议论时政。不管是在城市还是在市郊，茶馆不仅具有公共空间传统意义上的娱乐与交流的功能，而且是各色人等进行经济活动、文化活动的场所。茶馆的经营牵涉各方面底层社会经济的利益。小商小贩、麻衣看相、擦鞋卖报、说书唱戏，这些以茶馆为工作场所的人，以及茶馆的街坊邻居，如经营小吃杂货，都借茶馆营生。事实上，茶馆在成都人的日常生活中兼具会客室、市场、广场、剧院等多种功能于一身，它真正成为成都人生活中不可或缺的一部分。这种闲适信从的发生空间充满了普通智慧和日常诗意。

同欧美城市相比，传统中国城市通常被认为缺乏公共场所。事实上，中国城市有其不同于西方的方式，存在着同样生命力顽强的社区空间。茶馆反复上演着日常的生活百态，使其成为真正的共享社区空间。在茶馆中，人们的公私观念模糊，也没有所谓的

成都茶馆照片 现场照片

私人与公共区别。换言之，这是人们可以释放善意和温情、相互取暖的人情世界，在这里可以寻求到慰藉与理解。在很多传统的成都茶馆尽可以发现，茶客与茶倌可以一同品茶嗑瓜子，互不相识的茶客可以愉快地交流聊天，甚至猫狗鸟雀一同成为茶馆中悠闲的使用者。茶馆成为一个消解隔膜的、日常情感的交汇空间，至少对多数茶客来说，它确实是一个轻松自如的自由世界。

正因为茶馆的休闲特征，20世纪以来当现代化潮流冲击整个中国时，特别是在抗日战争时期和"文革"时期从东部迁徙而来的精英眼中，茶馆中的日常生活成为一种"自甘沦落"。精英们和茶客们对待时间的态度不同，茶客们泡茶馆、坐茶馆的无所事事、摆龙门阵等散漫行为，在改良精英们看来，无异于一种社会性的慢性自杀，是一种浪费时间和精力的无意义行动；茶客们流连忘返于茶馆世界，群居终日，言不及义，在他们看来，是在扼杀本可以创造财富的生命时间。

可是，王笛却认为，茶馆生活于无声处听惊雷，恰恰是反抗现代性的桥头堡，它所提供的是一种"悠闲生活"，人们在那里具有平等使用公共空间、追求公共生活的权利。这种反现代性的时间感与生活的幸福感有一种隐秘的相关性，结果就是成都数次被公众评为当代中国生活最具有幸福感的城市之一。

成都茶馆确实成功反抗了半个多世纪以来改良精英们的攻击，然而，在2000年以来的快速城市化过程中，成都茶馆渐渐抵挡不住现代化的冲击。从快速城市化的角度来说，大规模的城市建设拆迁和改

建了历史老街区，同时也使得大部分以住宅区为依托的社区式茶馆难觅生存之地。于是，茶馆在经济和其他因素的胁迫下被不断边缘化、难逃远离城市中心区的厄运。另一方面，新兴的现代茶馆也面临着缺乏自身特色的危机。相对于传统的老茶馆，这些现代茶馆或"二楼"茶楼趋于同一化和千篇一律，大多装修豪华、设施考究、高深华贵，在努力摆脱老茶馆原有的平民身份的同时，却成为快速消费的牺牲品。

正是在此背景下，本次调研项目通过对百家不同区域（成都三环内的东、南、西、北方向）、不同环路（从一环、二环到三环内外）、不同地点（公园、河边、景点、社区、路边桥下等）、不同功能（商务、休闲、旅游、日常等）、不同价位（从2～5元的低消费、10～25元的中消费，到50元以上的高消费）的茶馆从乡到城、由日及夜的记录，描绘出这种古老而悠然的生活方式在现世中的图景。王笛在《茶馆：成都的公共生活和微观世界（1900—1950）》中，将20世纪上半叶的成都普通人的日常生活史惟妙惟肖地描述出来。本次调研却希望将如今的成都茶馆空间与活动以一种去熟悉化的方式在展场中实验，考察其是否存在类似公共空间的可能，同时唤起人们对茶馆和田园的真实想象。幸运的是，我们仍可以发现传统茶馆的日常性在当代成都的广泛存在与延续，甚至"闲适"的城市性格也自然地流入展览现场，人与物的积极互动正是成都日常文化的生动体现。

成都的田园城市

　　成都市在2009年底确定了建设"世界现代田园城市"的历史定位和长远目标，并根据这一定位编制了总体规划。现今成都市的空间布局、城乡形态发展就是依据"一区两带六走廊"规划纲要提出来的。"一区"主要是指中心城区，或称主城区；"两带"指龙门山、龙泉山生态带；"六个走廊"则是串珠式发展的副中心或卫星城，空间布局是走廊式的。

　　成都的田园城市规划是以霍华德的田园城市理论为基础提出的，即中心城、绿化带、卫星城的发展模式——这是一套西方的城市系统，现在的大伦敦规划就是这套理论体系的代表之作，这与中国传统的依势建城有本质区别。这是在全球现代化背景下城市发展的一种选择，而其中中国传统的渗透无处不在，比如成都特有的"林盘"，就是因地制宜的最好表现。

让文化在田园城市中快乐舒展　成都文化旅游发展集团

每个人的都江堰　都江堰市规划局 上海同济城市规划设计研究院

田园城市，世界成都　成都市规划管理局

仓廪实，知礼节——粮仓里的狂欢　DC国际建筑设计事务所

创意与田园　成都市兴城投资有限公司

水绿共生　四川省建筑设计院

成都国际非物质文化遗产公园　成都青羊城乡建设发展有限公司

让文化在田园城市中快乐舒展

Let the Culture Extend Happily in the Garden City

成都文化旅游发展集团
Chengdu Culture &Tourism Development Group L.L.C

作品名称：让文化在田园城市中快乐舒展
参展建筑师（机构）：成都文化旅游发展集团
关键词：成都文旅；文化；自然；民生；田园城市

成都文化旅游发展集团成立于2007年3月，承担着成都文化、旅游、体育资源的优化配置、拓展开发、建设营运、品牌打造的责任，是成都文、旅、体三产业综合发展，走向品牌化、国际化的主要投融资平台和营运平台。

成都在悠长的岁月中留下了无数历史的痕迹，细心寻拾这些文化，将时光拼贴起来——安仁民国岁月、平乐茶马铃音、龙池深山幽谷、西来禅茶佛意……不同的文化、不同的时光，使我们时时思考当代人对这些文化物质载体继承的意义，品味其中蕴藏的灵魂。

一路走来，成都文旅秉承保护、弘扬历史文化，并且不断创造更新的理念，将融入时尚元素的建筑体置入田园城市中，让建筑承载和表达：

文化为魂，传承为本：以建筑的形式传承文化；

绿色建筑，融汇自然：让建筑与自然融为一体；

以人为本，乐享田园：让建筑给人方便，让人享受建筑。

成都文旅在文化旅游体育产业综合开发过程中，与设计师合作，追求对原真传统民俗元素的保存，对区域文化的提升，对建筑本土文化气韵的表达及对山、水、林、田与建筑一体的诗意田园的创造，并倡导对文化的保护和传承，上溯文化本源，下寻建筑传承载体，通过自身的实践酝酿着成都文化的醇度。此次参展主题围绕成都文旅旗下具有代表性项目的规划理念和运营成果，展现成都文旅在践行成都建设世界现代田园城市实践中的文化创造力，使更多的人了解成都全面推进城乡一体化建设"世界现代田园城市"的相关成果，关注和思考田园城市中特色区域建筑所表现出的元素与形态。

1 文化为魂 传承为本

建筑是有灵魂的美学存在，而文化的积淀无疑就是建筑的灵魂。从古埃及金字塔、悉尼歌剧院到普通民宅，每座建筑的背后总有其特定的文化元素。在成都这样2 000年来城名未改、城池未变的城市，应该如

成都文化旅游发展集团主要作品效果图

何看待现代建筑与区域文化的关系？

　　安仁古镇，被称为"川西建筑文化精品"，其名取自《论语》"仁者安仁"。安仁始建于唐，现存的旧式街坊建筑多建于清末民初时期，拥有保存完好的27座民国时期的老公馆。民国风情街位于安仁古镇中部，北有红星街、仁和街，东临安仁中学，南接迎宾路，西连居民区，占地百余亩。街区设计秉承"蕴藏中国建筑文化精髓的博物街，倾听建筑的故事"的设计理念，拼贴历史记忆，有机地融合时间元素，反映时代变迁。当代生活有机地融合在晚清四川民居、民国海派建筑和现代建筑中。深深庭院，烟花巷陌，时光流转，旧的故事尚未花凋玉落，新的故事已然萌生。书院、旗袍铺、雪茄烟店鳞次栉比，历史文化的厚重感在现代建筑的精心设计中得以传承。

　　安仁古镇民国风情街区，既保存了历史建筑的文化底蕴，又融合了现代建筑语言与当代生活情趣；既有中国传统建筑婉约和谐的古雅，又有海派建筑"海纳百川"的雍容大度，交织着现代建筑的美学追求，契合并重构着古镇的空间肌理。它是对历史的尊重，也是对现代的馈赠。

2 绿色建筑 融汇自然

　　建筑向自然学习，与自然和谐共生，这正是成都打造世界现代田园城市的精髓所在。中国古代文人就有归隐的精神追求，现代城市人同样对诗意的田园生活充满渴望。

　　平乐古镇可以算作成都人的后花园。平沙落雁是以古镇老街区为依托，融汇古风今韵的特色商业街区，其街区设计将现代生活休闲方式融入传统建筑中。同时，空间上依旧延续着古镇街巷的构架，保留

展览现场

着游人穿行的乐趣。老镇古朴平和、新区现代休闲，皆有亮点。

平乐古镇也探讨了"古镇游+山地休闲"的组合模式，即以古镇为核，将紧邻的金鸡谷整合到古镇旅游的系统中，形成"跳出古镇看古镇"的游憩方式。在这种模式中，利用金鸡谷的地形地貌，以索道、攀岩体验带给城市人渴求的惊险刺激。将传统的观光游变成参与性、探险性、挑战性极强的体验式旅游。索道融入两旁的山体中，在保证其使用功能的同时，与自然浑然一体。

西来古榕片区设计方案，将家喻户晓的审美理念加以提升并运用于新旧建筑的设计之中，使用"顶、墙倒色"的手法完美表达了"和谐"的规划设计理念。西来古镇的生态定位，使古镇周边的茶园等生态农业进入古镇改造范畴，通过进一步的开发带动古镇整体经济转型与提升，成为成都建设世界现代田园城市的有益尝试。

3 以人为本 乐享田园

"物我之境"的核心在于表达人与外界的关系，建设"世界现代田园城市"少不了"人民的幸福感"这一重大主题。如何充实幸福感？成都文旅作出了自己的回答——做美好生活的创造者，做现代生活方式的倡导者。

在三岔湖城乡统筹合作区开发建设过程中，以保护人的生存环境为最大前提，用地选择、规划布局、项目设置等都将立足于三岔湖的山地、岛屿、湖泊特色，以湖兴城。开发以三岔湖的环境容量为前置条件确定用地与游客容量，保护与开发并重，时刻保持"湖亡城亡"的警惕。

三岔湖选择了适合成都平原上特有的组团开发模

式——林盘模式作为总体结构，使新建建筑设施能够充分尊重当地的民俗习惯，使老百姓通过参与这些项目，逐渐适应新的生活方式。

成都文旅在创造诗意生活的同时，时刻不忘促进区域经济发展。三岔湖城乡统筹合作区的未来将是一片欣欣向荣的新城，而地处青城山的龙池小镇也在2008年地震灾害后迎来了新的活力。得益于先进的规划理念，农民集中安置点竣工后达到"零污染排放"的生态要求。

龙池小镇的概念规划设计以"保护自然环境、创造宜人的慢行交通环境、保护活的本土人文个性"为原则，考虑现有地理及人文布局，打造出由龙溪河—紫坪铺水库滨水景观带、滨水广场和商业街构成的地标与中心。同时，利用缓坡台地开发中低密度高端山林度假区，建设集中的灾后村民安置小区及龙溪河上游溯溪居住片区，将灾后重建与旅游开发相结合，将风貌保护与现代建筑相结合。

2010年，《建筑实录》杂志揭晓的第三届"好设计创造好效益"奖项中，龙池小镇概念规划荣获 "美国建筑实录奖"。这是成都市灾后重建项目获得的第一个国际性奖项。

4 创意之城 畅想未来

没有想象力的生活是乏味的，让我们畅想未来的区域将会是什么样的？除基本的衣食住行便捷之外，建筑和区域还应该具备怎样的功能？成都文旅一直将研究区域未来作为自己探索前进的动力，致力创造美好生活，倡导现代生活方式。2011年成都文旅已经开始新的建设步伐：成都东村、龙门山生态旅游综合功能区、金堂五凤古镇……更多现代生活方式的理念随着项目逐渐展开，必将为成都世界现代田园城市奉献更多的精彩。

每个人的都江堰

Every Person's Dujiangyan

都江堰市规划局 上海同济城市规划设计研究院
Planning Department of Dujiangyan City Tongji University Planning Design Institute

作品名称：每个人的都江堰
参展建筑师（机构）：都江堰市规划局 上海同济城市规划设计
研究院
关键词：成都文旅；文化；自然；民生；田园城市

都江堰市规划局作为都江堰市规划管理的执行部门，领导并执行了
"5·12"汶川地震后都江堰灾后重建规划与重建的全过程。
上海同济城市规划设计研究院作为国内规划力量最强的规划设计研
究单位之一，在"5·12"汶川大地震后受上海市人民政府委托，迅速
而高效地展开了都江堰市灾后重建规划的工作。

1 共同分享的都江堰

    都江堰是距离成都市中心56km的一座历史名城，
得名于2 000年前修筑的都江堰水利工程。都江堰水利
工程位于都江堰城西，是全世界迄今为止年代最久、
唯一留存下来的、以无坝引水为特征的宏大水利工
程。这项工程主要由鱼嘴分水堤、飞沙堰溢洪道、宝
瓶口进水口三大部分构成，科学地解决了江水自动分
流、自动排沙、控制进水流量等问题，消除了水患，
使川西平原成为"水旱从人"的"天府之国"。

    根据都江堰市2007年编制的都江堰市市域城乡空
间发展概念规划，都江堰市将城市定位为国际生态、
文化、旅游城市，成都市域的次中心城市，现代城乡
一体化都市。

    2008年5月12日14时28分，突如其来的8级特大地
震为都江堰这座千年古城带来浩劫。地震使都江堰市
城镇体系受到全面严重破坏，城乡居民住房受损16.7万
户，7.57万户需重建，道路桥梁、供水供电、学校医院
等城乡基础设施和公共设施损毁严重，直接经济损失
高达530多亿元。

    作为"天府之国"成都平原的原点，都江堰的城市
记忆正是一部人与自然和谐的历史。在2008年"5·12"
大地震之后，在全国、全世界的支持与见证下，都江
堰的灾后重建是在每一个都江堰人的共同参与下，重
新谱写的这座人与自然共同分享的城市篇章。

2 共同见证的重建历程

    规划启动

    在经历应急抢险、板房安置的同时，灾后重建规
划及时启动。

    2008年5月16日，同济大学专家组进驻都江堰。

    2008年6月10日，灾后重建规划全球询智工作启动。

    2008年7月12日，10家规划设计机构提出灾后重建
总体规划方案，召开方案研讨会。

    2008年9月，由上海同济大学城市规划设计研究院

结合"全球询智"的成果完成了都江堰市灾后重建总体规划。

2008年9月24日，都江堰市灾后重建总体规划出台，并向全社会公示。

有了科学规划的指导，各乡镇总体规划、各片区控制性详细规划、修建性详细规划、通体系规划等各类规划随即展开，灾后重建进入了全面实施阶段。

在广泛的社会参与下，都江堰灾后重建的工作重点主要分为安居住房、农村住房、古城重建、居民自建、公共服务设施和城乡基础设施6个大类。

3 共同参与的都江堰重建的12种模式

经测算，都江堰市政府需建设安居住房约210万平方米，加上拆迁需安置居民和规划需疏解居民1万人，约90万平方米和相应的公建配套用房等，全市建成区共计需修建安居住房340万平方米。而政府主导建设的重建样本中又将其细分为政府筹资建设、上海援建、社会捐建和社会资金重建等4种模式。

依托各项灾后重建政策，都江堰市在灾后重建中，结合区域性特色和群众重建意愿，大力开展居民自建工作，并创新推出了原址重建、组合重建、全域组合、业态整合、组合加固、联建共建、市场化安置、资源挂牌出让等8种灵活多样的模式，快速高效地推动灾后居民住房的科学重建，促进城市科学发展。

3.1 政府筹资建设（政府主导建设的重建样本）

【建设区域】幸福家园逸苑、城北别院、兴堰丽景、金江小区、慧民苑等20个项目；

【建设规模】项目共占地1 880.69亩（125.38h公顷），工程总投资476963.3万元，建筑总面积达2008 607平方米；

【主要特点】通过对储备土地、国有经营性资产、景区门票收入等进行有效整合，依托国有投融资平台，从金融机构融资贷款48亿元，同时利用都江堰市财政资金收入，专项安排建设资金用于灾后安居房建设。

3.2 上海援建（政府主导建设的重建样本）

【建设区域】幸福家园二期、慧民雅居等2个项目；

【建设规模】幸福家园二期占地118.5亩（7.9公顷），工程总投资67 303万元，建筑总面积约164 270平方米，可安置3 101户9 303人；慧民雅居占地65亩（4.33公顷），工程总投资24 147万元，建筑总面积约104 169平方米，可安置1 140户3 420人；

【主要特点】由上海援建的幸福家园二期和慧民雅居两个安居房建设项目，包括安居房和基础设施配套建设等。项目以高层和小高层为主，由上海现代建筑设计（集团）有限公司和上海宝钢建筑工程设计研究院完成项目的建筑规划和建筑单体设计，施工单位由上海第四建筑有限公司和上海宝冶公司担任，援建资金共计10.4亿元。项目从规模到户型均引进了上海先进的管理经验和建筑模式，受到受灾群众的普遍关注。

3.3 社会捐建

【建设区域】爱心家园1个项目；

【建设规模】项目共占地74亩（4.93 公顷），工程总投资15 000万元，建筑总面积达5.5万平方米，建筑总面积约55 000平方米，可安置702户2028人；

【主要特点】由台企联捐资建设。

3.4 社会资金重建

【建设区域】紫荆城、灌口镇上游村灾后重建安置房两个项目；

【建设规模】项目共占地295亩（19.67公顷），工程总投资99 000万元，建筑总面积达395 900平方米；

【主要特点】为促进安居房项目建设，都江堰市积极研究优惠政策，鼓励社会资金参与到安居房项目建设之中，以BT建设—移交方式成功引入社会资金参与安居房建设，解决了安居房建设的重建资金来源难题，有效推动了全市安居房建设的大规模开展。

3.5 原址重建（居民主导建设的重建样本）

【试点区域】荷花池原址重建试点；

【采取方法】按照"政府引导、聚集民智、民主决策、科学重建"的思路和办法，充分尊重群众意愿，制订相关规划导则，为试点区城镇居民科学重建住房提供了依据。同时，由政府引导居民以栋为单位成立业主委员会，并自主选举产生住房重建议事会，负责住房重建的组织协调和监督管理；

【解决问题】满足老百姓原址、原位、原栋业主的重建诉求；

【取得效果】使业主的主体作用得到充分发挥，为全面推进城镇住房原址重建摸索方法。目前，该片区已动工25幢9.5余万平方米（其中共有住宅900套、商铺358间）。目前，工程已全面竣工。

3.6 同区域组合重建

【试点区域】龙潭湾社区组合重建试点；

【采取方法】社区把不同楼栋、不同小区的邻近居民集中起来，组织群众自行成立业主委员会，选举产生住房原址重建领导小组、资金管理小组以及质量安全监管组，全程参与自我楼栋的重建；

【解决问题】切实化解群众不一致意愿及利益不

对等、需求不相同的实际情况；

【取得效果】增强了群众的主人翁责任感，调动了群众积极性，减少了重建矛盾，加快了重建进程。目前，占地6 000余平方米，共4栋71套住房，商铺15间的"金羊新苑"已全面竣工。

3.7 跨区域组合重建

【试点区域】灌口镇；

【采取方法】在灌口镇镇域范围内，依托"原址重建和就近组合重建"的原则，按照社区内组合重建和跨社区组合重建的方式进行全域组合重建；

【解决问题】解决灌口镇受灾群众在房屋自建实施过程中对户型、面积、楼层、点位等多元化的需求，同时也满足了毁损商铺的重建意愿；

【取得效果】保证了古城区严格执行规划，又顺利推进了新旧城区组合重建的进程，还整合出了100多亩（约6.67hm²）宝贵的土地资源，为灌口镇今后的发展将起到助推作用。

3.8 商业业态整合重建

【试点区域】西川社区商业业态整合重建试点；

【采取方法】将蓉西大楼、西川街68号等6栋危房拆除后的地块进行资源整合，将原西川社区内12栋楼的底层商铺进行组合，重建西川商业中心；

【解决问题】有效解决了西川社区蓉西大楼、西川街68号的毁损商铺重建的难题；

【取得效果】保障了商铺业主的利益，提高了商铺的使用价值，实现了商业业态的规模化发展，同时又实现了节约土地和整合资源的目的。目前该组合式重建试点已完成打围及商铺搬迁，计划2012年5月12日前该区域商业业态整合重建全面竣工。

3.9 组合加固重建

【试点区域】映电花园；

【采取方法】奎光路社区映电花园在业主相互达成意愿的情况下，将维修加固房屋与严重破坏不可修复房屋进行互换；

【解决问题】有效解决了映电花园不同楼栋、不同业主对重建意愿的选择；

【取得效果】使愿意加固房屋的业主在房屋互换后实施加固入住，愿意置换安居房或原址重建的业主也能集中实施重建意愿，有效地缓解了群众矛盾，加快了重建进程。

3.10 联建共建重建

【试点区域】卫生局家属区；

【采取方法】将卫生局原120m²的楼栋，在不改变原建筑总面积的基础上，出让45m²给联建共建方，由

联建共建方与原业主一起实施原址重建。同时，都江堰市及时研究出台了联建共建补充政策，明确了相关重建优惠政策，为联建共建户办理产权提供了依据；

【解决问题】有效地解决了家属区原业主重建及基础配套资金短缺的难题；

【取得效果】快速地推进了卫生局家属区原址重建工作开展。

3.11 市场化安置重建

【试点区域】堰山河畔、兰卡威、中冶·堰景、泓坊河畔在内的25个房地产项目；

【采取方法】为满足群众对安居房的位置、楼层、小区配套、邻居选择等不同需求，都江堰市推出置换安居住户的补充分配方式，即选择与政府置换安居住房的住户，可在政府公布的商品房项目中自主选择安居住房，政府按照修建安居住房的成本价代为支付购房款，支付的方式和比例以开发商交房的时间为标准统一设定；

【解决问题】有效地解决了"重建资金如何解决，重建分配如何调平"等问题；

【取得效果】该方式充分利用市场经济杠杆的作用，在满足不同群众的重建意愿的基础上，通过出台扶持房地产业灾后重建优惠政策，积极吸引有资质、有经验、有责任心的房地产企业参与住房建设；以市场化安置的方式，为受灾家庭实现永久性安置提供多样化选择。目前，全市共吸引的25个房地产项目，可供房源11 025套，全市选择市场化安置的住户已达2 200余户。目前，已基本竣工交付。

3.12 空间资源挂牌出让重建

【试点区域】经济开发区龙潭小区；

【采取方法】将部分需要重建的毁损住房业主资源与政府置换取得资源进行整体设计和包装，以确定规划设计方案的项目进行政府空间资源的公开挂牌出让，由房地产开发商或个人业主进行公开竞牌，竞得方与原重建业主按照原定的规划方案对地块实施重建；

【解决问题】有效解决了因大部分房屋业主选择置换政府安居房，而底层商铺要求原址重建的诉求；

【取得效果】既满足和保护了群众商铺重建和住房重建的意愿，又盘活了政府空间资源，加快了都江堰市城镇住房重建的进程。

田园城市，世界成都
Garden in City, Chengdu in World

成都市规划管理局
Chengdu Urban Planning Bureau

作品名称：田园城市，世界成都
参展建筑师（机构）：成都市规划管理局
关键词：成都文旅；文化；自然；民生；田园城市

成都市规划管理局是主管城乡规划工作的市政府工作部门，负责有关城乡规划、测绘、地理信息、城乡建设及相关档案管理工作。成都市规划设计研究院直属于成都市规划管理局，近年来正跻身中国内地综合实力最强的规划编制与咨询机构之列。

成都的"世界现代田园城市"与霍华德所提的"田园城市"在核心思想上是一致的。

霍华德的"田园城市"源自英国工业革命背景下的社会理想；成都的"世界现代田园城市"立足于成都现实基础，以形成世界级国际化城市，中西部地区现代化特大中心城市，人与自然和谐相融、城乡一体的田园城市为目标，是成都在城乡统筹道路上的深化与提升，是和谐社会的根本要求。本次展示要点主要包括：

1 宽窄巷子

成都历史文化着重保护"两江环抱、三城相重"的古城格局，主要是宽窄巷子、大慈寺、文殊院与水井坊四处历史文化街区，华西医科大学与四川大学两处优秀近现代建筑群，以及文物保护单位、古树名木、地下文物等文物古迹的保护，形成现代文明与历史文化交相辉映的格局。

宽窄巷子是成都市中心四处特色文化片区中保护与保留得最好的一处。2005年，成都市有关部门对宽巷子、窄巷子与相邻的井巷子的大多数建筑进行全面重建，为这一片区铺设现代城市的各种管网，修建地下停车场，并对整个街区进行全面改造。2008年6月，重建后的宽窄巷子正式对外开放，成为老成都文化的展示区和特色文化旅游街区。

2 立体城市

立体城市是立体的田园。

立体城市位于规划的天府新区高端服务业聚集区内，紧邻麓湖高端服务业聚集区，是产业与城市、城市与乡村充分融合的"世界现代田园城市"的实践和

成都鸟瞰图

样板。它是集高端服务业、绿色低碳、和谐生活、持续发展、先进技术于一体的微型城市。规划范围包括1km²的建设用地与外围5km²的农田。

立体城市整合50多种城市功能，内含医疗综合区、文化综合区、教育综合区、创意综合区、商务综合区等五大功能区，可满足就业、生活等各种需求，实现城市功能立体平衡。

与同等规模的传统城市相比，立体城市可减少94%的垃圾填埋，节约5/6的土地，减少69%的碳排放、52%的能耗、36%的用水，以轨道与地面公交为主体，内部以步行为主，最大限度地减少私家车使用。能源方面采用热电联产，水资源循环利用，智能云计算。

3 市级战略功能区

按照"世界现代田园城市"的历史定位和长远目标，按照以现代服务业和总部经济为核心、以高新技术产业为先导、以强大的现代制造业和现代农业为基础的市域现代产业体系的产业导向，成都规划确定了一批战略功能区，按照"西部第一、全国一流"的标准，着力发展高端产业和产业高端。

功能区以产业功能为主导综合配套，是成都战略性产业功能的空间载体，分为市级战略功能区和区（市）县级战略功能区两类。市级战略功能区是承载成都市战略性产业功能的主要功能区，由市级统筹发展、管理和单独考核。区（市）县级战略功能区是成都市重要的产业功能载体，重点考核以区（市）县为主体，自主配置资源、自主管理、自主发展。

全市共划定13个市级战略功能区，分别为天府新城高新技术产业区、金融总部商务区、东部新城文化创意产业综合功能区、北部新城现代商贸综合功能区、西部新城现代服务业综合功能区、"198"生态及现代服务业综合功能区、龙门山山地度假旅游综合功能区、龙泉山生态旅游综合功能区、汽车产业综合功能区、新能源产业功能区、新材料产业功能区、石化产业功能区、国际航空枢纽综合功能区及交通枢纽及现代物流功能区。其中，天府新城高新技术产业区与东部新城文化创意产业综合功能区最具代表性。

天府新城高新技术产业区：定位为国家自主创新高地、西部地区国际服务门户和金融商务枢纽，体现浓郁成都特色的田园宜居示范新城区，承担金融商务、科技创新、国际交往、文化创意四大核心功能，构筑"两核、三带、五组团"的空间结构。

东部新城文化创意产业综合功能区：定位为田园之城与创意之都，通过"一环"——生态之环、"两轴"——能量之轴、"三岛"——都市绿岛以及"一中心"——城市商业副中心的打造，并利用十陵10km²的生态水系与生态绿地，根据产业空间特质形成大疏大密、紧凑型、集约式的城市格局，创造了独特的城市风貌。

4 "198"生态及现代服务业功能区

"198"生态及现代服务业功能区是连接城乡的重要部分。

7大功能组团之间的生态绿楔为"198"生态及现代服务业综合功能区，是以生态绿地为主的低密度、低强度控制区。规划在5～8年内将区域打造成为全市"产业结构调整和发展方式转变的引擎，城市规划和建设的经典，节能环保的模范，解决农民问题的样板"，世界级的现代田园城市示范区。

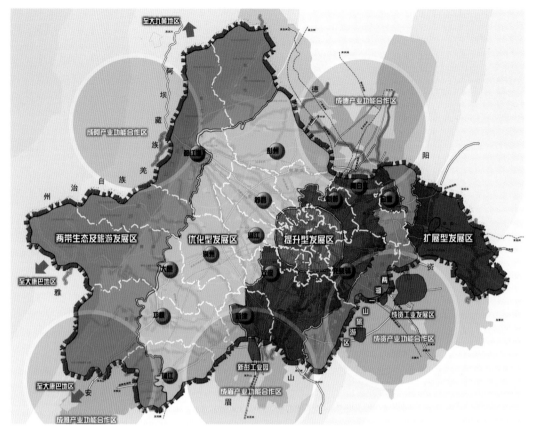

成都战略功能区

5 新农村

　　为了在全市范围内按城乡统筹的思路和办法进一步推进社会主义新农村建设，规范和提高农村规划建设水平，进一步强化新农村建设的乡村特点和地域特色，科学引导农村集中居住，实现成都世界现代田园城市的宏伟目标，成都按照"安全、经济、适用、省地"的指导思想，遵循发展性、多样性、相融性、共享性的"四性"原则，使新农村规划建设与农业生产、产业发展相结合，与自然环境相协调，形成丰富多样的农村风貌，实现城乡基本公共服务和基础设施的均等和共享。

6 绿道

　　绿道是串联整个市域的田园要素。

　　成都绿道以生态低碳、特色多样、舒适安全和经济集约为原则，综合生态景观、历史文化与市域田园风光展示等要素，集合生态保护、康体运动、休闲娱乐、文化体验、科普教育、旅游度假等多种功能，串联滨水空间、绿地、山脊等自然资源与风景名胜区、自然保护区、历史遗迹、名城古镇、农家乐、林盘、公园、街头绿地等人文资源，构建覆盖全域，集保护生态、展示特色、发展经济、改善民生等多功能为一体的具有成都特色的绿道网络体系。

　　市域范围规划形成拜水观山、运动挑战、灾后新生、水韵田园、茶马遗风、天府江岸、锦绣东山、滨河新城、翠拥锦城等九大主题线路。

　　中心城区即以"翠拥锦城"为主题，构建三环六线多网的绿道系统。其中，三环为外环环城绿道、三环路环城绿道与内环路环城绿道；六线指六条主干线绿道；多网则指主要分布在198地区内的支环线绿道及与主干线相连的连接线绿道，绿道总长度约为490km。

　　按照世界现代田园城市内涵建设的成都必将是一座城乡一体化、全面现代化、充分国际化的区域枢纽和中心城市。那时的成都，城乡繁荣、产业发达、居民幸福、环境优美、文化多样、特色鲜明、独具魅力。

仓廪实，知礼节
粮仓里的狂欢

Only at Times of Plenty, Will the People Observe the Rituals
Granary's Carnival

DC国际建筑设计事务所
DC ALLANCE PTE Ltd.

作品名称：仓廪实，知礼节——粮仓里的狂欢
参展建筑师（机构）：DC国际建筑设计事务所
关键词：田园；粮食；仪式；文化粮仓；客家

DC国际注册于新加坡，2001年在上海设立事务所。事务所以精湛的专业技术为业主提供高标准的服务，同时以优秀的作品强化我们的建筑环境。

成都洛带艺术粮仓项目位于成都龙泉驿区洛带客家古镇的核心位置，身处川西客家文化的独特氛围。原有基地为有50年历史的粮站，项目希望能够将其改造为以艺术为主题的商业街区。项目在保留了7栋原有建筑的基础上，将粮站改造加建成为以艺术为主题的综合商业街区。3栋新建筑以艺术商业、青年旅社和综合用房为主体，包括博物馆、商业、餐饮、旅馆、艺廊等多种业态；新建筑以粮仓为原型，保持其固有的内外部空间模式特征，同时填入新的生活内容。

1 物我之境——从田园城市到城市田园

"物我之境"，实际上可以看作是研究外在的环境与人的内心需求的关系，放大到城市的尺度，也就是我们追求的宜居的"田园城市"的模型。本项目却是从一个更小的更直接的角度来讨论这个问题，将参展的主题定为"仓廪实，知礼节"，将"田园"物化为最基本的"田"，其表征是与人关系最密切的"粮食"。事实上，人类最早的仪式大多来源于与耕种和丰收有关的活动。

陶渊明《归园田居》中有"种豆南山下，草盛豆苗稀。晨兴理荒秽，带月荷锄归。道狭草木长，夕露沾我衣；衣沾不足惜，但使愿无违"的图景描绘。听蝉鸣，赏秋菊，依南山，牛羊归——田园，是中国文人"羡闲逸"的归隐情怀；是诞生粮食的饱满土地；是丰收仪式最原始的可能性。粮食是自古以来不分贵贱，帝王书生草莽们最天然的安全感来源。稻花香里说丰年，有了丰收，便有了庆祝，庆祝的形式讲究了，即有了最早的仪式。仪式并不能生产粮食，却能鼓舞劳动人民在贫瘠荒芜的岁月中创造更多的粮食。收割了大地的馈赠，心中满怀感恩的人们懂得了鞠躬致谢，也学会了礼节。人们用礼、乐、阵、式来举行仪式，表达生活的喜悦；用奇偶开间、前朝后寝、三朝五门来构造建筑，建立生活场所的秩序与尊严。

田园产生粮食，粮食催生仪式，而仪式又是真正空间秩序形成的诱因——仪式催生了最初的空间，空间以居住的礼仪形成建筑；仪式孕生并蕴存于建筑之中，建筑修正并完善仪式；仪式催活空间并释放意义，意义投射到建筑而为象征。仪式孕生于建筑，而建筑来自于人类活动的土壤，这片土壤由习俗活动、宗教信仰、社会关系以及美学观点浇灌。从建筑繁衍到城市，孕育物质基础的田园始终影响我们的城市。一个城市，并不就是一堆建筑，相反，是由那些被建筑所围圈，所划分的空间构成。田园、粮食、建筑和人类，与我们生活的城市一并生长蔓延。

2 粮仓文化到文化粮仓

从供给果腹的物质食粮，到提升文化的精神食粮，粮仓本身由物质的存在限定了其文化属性，代表了一个时期的集体记忆，而在新的文化植入的同时，也必然对物质的存在产生新的要求。

粮仓文化是整个洛带古镇文化的有机组成部分。文化是场所的灵魂，一个场所是否有魅力取决于它是否具有独特的文化品格。全球产业布局调整与变革，使得许多原来辉煌一时的老工业基地纷纷衰落，失去活力。洛带粮仓项目以艺术的名义介入工业建筑遗产的再利用，激活闲置的工业建筑，同时为老建筑输入新的文化品格。

按照洛带粮仓的发掘现场加以整理和新建，使观众感受新建筑的同时能理解历史的原来面貌，我们在尝试提炼老粮仓的建筑语言，描述新时期的文化粮仓。建筑上，老粮仓的双坡顶、两截段的铁皮门与双开高窗以及内部通畅的空间，都将是被保留的元素；环境上，试图将粮仓文化以现代方式进行演绎，蕴含粮仓文化的"新"置于"旧"之上，成为背景的同时亦作为地标出现。在新加建的农耕植物园内，适时加入新旧之间的古式玻璃顶棚，参照客家古镇的基底，以小尺度的商业店面丰富古街，与环境相匹配的同时，强调步移景异的古镇风情。粮仓内的老梧桐、鹅卵石、青砖与水泥拼接的铺地，也是项目中延续的特色。抛去琐碎，去繁从简，以获得建筑最本质元素的再生。

通过挖掘场所本身的个性特质，塑造粮仓的场所文化与精神。除了注重空间物质层次的属性外，也试图强调比较难触知体验的文化联系和人类在漫长时间跨度内因使用它而使之赋有的某种环境氛围。场地的精神由"空间物质要素+文化要素+时间（历史）要素"构成。我们认为，建筑在场所精神的历史中形成，同时又是在历史中发展的。新的历史条件所引起的环境变化并不意味着场所结构和精神的必然改变，而我们理解基地应该从历史发展变迁的角度进行，保持和延续粮仓文化的场所精神。因为特殊的基地历史与项目诉求，使其在一个很小的空间和时间范畴内重复这一过程成为可能。我们希望能够刻意地强化这一过程，突出"粮—仓—人"的联系，也就是在"物与我"之间加入"空间"的主题。从粮仓文化到文化粮仓体现的是一个"物—我—物"的循环影响过程。粮仓作为载体在承载新的文化模式的同时，通过空间保留了原有的文化印迹。

3 客家田园的居所：洛带古镇的前世今生

我们的项目场地所处的洛带古镇，相传汉代即成街镇，后因蜀汉后主刘阿斗的一根玉带遗落入镇旁八角井而得名"落带"后演变为"洛带"，是厚积文化沉淀与物质宝藏的千年古镇——至今仍存留着峻肃大气或庄重精妙之建筑；沿袭着舞龙祈雨与泼水庆收之庆典；传承着浓郁醇厚的客家美食与山歌。独具特色的文化传承与历史印迹，成为我们解读并塑造项目精神符号的切入点。

根据历史遗存、典故，确立了古镇街巷的网络结构以及与洛带粮仓的关系。根据事件、时间和公共空间活动的需求与特征，确定了建筑的留空与空间节点，而新的建筑质量与风貌也将影响老街的新基调与客家文化的生长。"客家"(Hakka)是一个民系概念，也是一个文化概念，有"客而家焉"之意。洛带古镇这片客家住民生存繁衍的居所，是客家人创造与丰收的田园。作为要冲之地，历经客家人进入成都平原的大移民时代，也经历族群聚居，衰落与涌动的年代。为了更好地把握洛带粮仓的设计尺度与改建力度，我们做了亲临现场的细致调研。然而，随着工作的深入展开，我们发现，设计的解读角度与客家住民对古镇自身的理解意识存在许多不同。有趣的是，随着对老镇生活的理解，我们也尝试重新审视和修改设计方案，并认识到改建与更新老粮仓并不只是一项专业事务，而是延伸到古镇生活的方方面面。建立对洛带日常生活的理解，再以技术手段的层面去寻找答案，才使得最终的项目空间更加丰满，使其可以吸纳加载更多当时当地的社会文化信息，以形成复杂而充满关联的建筑空间。

现场照片

不同朝代、时期的洛带客家建筑，见证了古镇居民的聚散分离，表达了不同的情感和记忆，承载着不同的心灵归属和寄托。乾隆年间兴建的移民建筑如今已存于洛带百年，对话了百年，并完全地融入其中。针对项目所处的古镇特有的肌理，我们希望新的洛带粮仓建筑总体应该是谦虚的、植入环境肌理之中的；同时，局部又应该有一些自身完整的体量，展示时代的活力。

古老的会馆形象各异，却都历史痕迹浓郁，手法多样而匠气，是当时时代和功能的需求产物。我们的项目，这个新生的生命到来，像是来自异端的不速之客，然而这也是项目植入的初衷：希望在古老、缜密和复杂的古街格局间，植入有创造力、想象力、感性汇合理性最终能够与古街肌理一脉相承的建筑空间。对于古镇的年青一代来说，事件的符号向他们传输着历史的记忆，同时也需要他们继承传播下去，而建筑客观存在的空间作为媒介承担了这个传输的历史任务。

4 新文化的植入融合与共生

多重外来文化的杂糅形成了洛带古镇独有的文化特质。洛带艺术粮仓从某种意义上说，也同客家文化一样，是作为外来文化进入洛带古镇的。与古老会馆相同之处是，我们的项目同样属于植入当地的另一种客体。

洛带艺术粮仓镶嵌于原有的古镇肌理之中，因而在建筑体量上，我们始终控制着保留与加建建筑的关系与比例，在维持原有建筑尺度的同时，植入新的功能空间，使扩建部分维持原有的建筑尺度关系，打通粮仓与古街的空间脉络关系，并拟合老镇的肌理形态，获得内外融合的空间。

项目需要向原有古镇植入新的文化食粮，这个食粮的承载形式就是新的建筑。项目将如同会馆融合于此的过程一样：经历对话和相容，从独立到消解，随着时空推移与古镇一同生长。项目参考古镇的空间尺度，重在塑造有特色的街区形象和文化传承的实体，并最终成为古镇生命的一部分，体现了客家文化植入融合的过程。洛带粮仓与古老镇区街道的融合将产生新的文化撞击，将引导居民全新的文化观点，影响客家人新的生活方式。文化的植入成为一种传承，因此新的生活方式在粮仓的植入也成为一种必然，但同样代表着田园城市基于自然和本性的生活态度。

项目中，我们诉求一种遵循建筑本身新陈代谢规律进行的设计与改建，建筑应该像生命体一样能够进行不断的自我更新。设计中，尊重当地传统文化和多元文化，吸收大量当地的社会与文化信息，最终发展成为成熟的共生。共生的内容包括：异质文化的共生，人与技术的共生，内部与外部的共生，部分与整体的共生，历史与未来的共生，理性与感性的共生，宗教与科学的共生，人与自然的共生。场所中，我们用大体量的新建筑将四周小尺度和零碎的历史空间统合成一组整体，利用环形街道联系不同的新旧空间，创造包含物质因素和人为因素的环境，并将洛带古镇道路网的错综复杂的性格也延伸到建筑内部。只有当物质的实体和空间表达了特定的文化、历史和人的活动，并让这种活动充满活力时，洛带粮仓与古镇街道的共存与共生才能最终形成。

创意与田园
Creativity vs. Garden

成都市兴城投资有限公司
Chengdu Xingcheng Investment Co., Ltd

作品名称：创意与田园
参展建筑师（机构）：成都市兴城投资有限公司
关键词：创意；田园；城市运营

成都市兴城投资有限公司是一家自主经营、独立核算的国有独资公司，由成都市国有资产监督管理委员会履行出资人职责。公司业务涉及城市土地整治与开发（功能区建设）、农村土地整治与开发（小城镇建设）、项目建设管理（省、市重大项目建设）、房产开发、资产运营与物业管理五大板块。

兴城公司作为成都的城市开发运营商，在建设世界现代田园城市的进程中担当着重要的角色。在具体的项目实施层面上，兴城公司的身份使其拥有将田园城市这一宏观理念具体化、深入与细化的潜力与机遇。从兴城公司既往的项目和实施中的规划案例里，可以看出企业文化的痕迹，即将公司宗旨与政府的田园城市定位相结合，将现代田园城市从政府的宏观目标落实到市民日常生活、市政基础设施以及建筑空间形态。兴城公司具备这样的城市运营架构，也具备相应的运作能力。在"创意"、"社会关照"的主旨之下，可以看到兴城公司的既有项目与东部新城规划深化田园城市理念的潜力。

成都市政府提出的"现代田园城市"的城市定位与发展方向具有多维的内涵。在绿色、生态的概念上，最本质的是生活方式、社会模式的田园化，并最终将落实在经济产业与生活形态上。田园的概念是在工业化大生产的背景下，作为对抗单调呆板的工业化都市生活的工具而提出的。然而，工业化生产的组织结构是任何一个现代城市和社会无法回避的。因此，如何在这种生产和经济结构中进行再组织和再生产，成为实现田园理想的关键步骤。人们在关注霍华德展示的田园城市示意图时，通常忽略了他在《明日的田园都市》一书中花费大量篇幅提出的关于城市经济、产业和城市管理方面的实施方案，也因此忽略了在现代语境下田园式的生活方式与现代城市产业之间构成的突出矛盾。然而，城市产业的整合与提升既需要因应当前的田园生活愿景，同时也需要支撑城市的可持续发展。东部新城在规划中提出的生态、创意的总体定位，试图从正面应对上述挑战。

东部新城针对"创意"产业归纳出内容制作、艺

崇州市怀远镇三官村灾后重建项目

体育公园

现场照片

术生产、推广流通等门类。"创意"在现代工业社会中主要指向以智力资源为依托的、摆脱机器束缚的非服务业生产活动。在"创意"模式下，人们能够摆脱自工业革命以来的被"机器"异化、被"金钱"物化的状态，而开始体验自我与产品之间的亲近与统一。所以，创意本身不只是生产方式，同时也是从业者的生活方式。东部新城的创意概念始终遵循着将创意扩大为一种生活与行为方式的脉络。

东部新城汇集了成都东站、十陵景区、三圣花香以及各类创意产业园区，并在东部新城起步区规划地标性超高层建筑。其中，成都东站将成为成都新的门户与人流聚集地，塑造成都的新形象，成都的城市体验将从新客站展开。蜀王十陵景区是成都历史肌理的一部分，把历史内涵与自然风景相结合，在文物保护、环境营造与休闲旅游之间寻找相应的平衡，在城市建设环境中保存城市原初的自然形态。

从积极的方面来讲，地标性超高层项目易于聚集国内外著名企业、国际知名品牌酒店，并成为所在城市的商业、办公中心地，形成重要税源，对产业发展有突出贡献作用。同时，由于高度和形态突出，易于形成所在城市的视觉中心，拉动城市景观、区域形象和人气的提升。所以，地标性超高层项目及其建筑群

落的建设运营，将重塑项目周边现有的区域形象和区域价值，并对东部新城区域价值的提升产生长远的积极影响。

对于兴城公司的既往项目，以"文化"、"社区营造"、"重建"加以归类，从中梳理出城乡新型社区、灾后重建的内容以及文化设施的建设。在此，以"社会关照"作为总体的脉络，整合不同项目与类别，对社区的住房建设与设施进行提升，对城市自身肌理有修补与改进作用，从社会结构角度改进城市。在"田园城市"的理念之下，对社会层面的结构改进有益于将田园观念具体深化到社区与居民层面，使田园城市的理想具有更细致的社会内涵。

在关注社区与构建创意之间，兴城公司的案例展现了在成都建设"现代田园城市"进程之中的多重可能性。从建构社区的肌理到塑造城市的风貌，其间充满了现代城市发展的多重冲击、矛盾与张力。作为田园城市开发运营商的兴城公司，将面对各种现代的、创意的城市带来的挑战与机遇。展览方案将这些挑战以艺术化的形式展示给公众，并刻画出创意与田园结合之后的愿景。

水绿共生
Integration of Water and Green

四川省建筑设计院
Sichuan Provincial Architecture Design Institute

作品名称：水绿共生
参展建筑师（机构）：四川省建筑设计院
关键词：水生成都；一脉相承；城在园中

四川省建筑设计院(SADI)创立于1953年，是在城市建设和开发领域提供专业服务的大型建筑设计咨询机构。半个多世纪以来，SADI在社会经济、科技、文化高速发展和城市化进程快速推进的过程中，不断钻研、发展、创新，汇聚了众多专业技术人员，并始终把提升能够满足客户核心需求的技术服务能力作为企业的基本目标。

1 中轴线上的国际化田园——成都市人民南路区域综合整治

公元前347年,蜀国开明王九世迁都成都建皇城，确立南北向中轴线；近代传教士于华西坝规划建造了中西合璧的华西校园；1958年，64m宽的人民南路将华西校园分割为东西校区，自此形成成都市人民南路中轴线。

人民南路记录着成都国际化和现代化的进程，它的每一次延伸都伴随着成都的城市转型。从古至今，每个历史时期都会在人民南路留下那个时代的建筑精品，形成建筑艺术的长廊。人民南路是成都通往世界的通道（人民南路是与机场高速衔接的、最重要的城市道路）。

随着成都国内地位与国际影响的提高，以及城市之间竞争的加剧，成都的城市形象亟待提升。2008年"5·12"汶川大地震加快了人民南路的城市更新进程。

在成都市政府组织的人民南路区域综合整治方案全球征集中，我们的方案中标并被选为实施方案。中标方案本着实现城市转型的最终目的，提出展现成都魅力、国际风采的设计理念，采用研究先行、全面统筹、国际比照等方法，确定人民南路的五项功能、六项原则、六大系统和四大段落（如下所述），逐步实现世界知名街道的目标。

五项功能：礼仪功能、交通功能、公共生活功能、文化展示功能、产业发展功能；

六项原则：国际化原则、地域化原则、系统性原则、分段区原则、人性化原则、可持续原则；

六大系统：建筑界面系统、道路景观系统、开敞空间系统、视觉传达系统、夜景照明系统、城市家具系统；

成都市人民南路区域综合整治

四大段落：商务旅游段、国际医学城段、现代生活段、国际商务段。

我院在该项目中组建了由中外设计机构参与的设计联合体，并作为总包方对项目设计进行整体控制。

整治后的人民南路重新塑造了具有国际品质的中轴线，恢复了城市空间的街道活力，展现了成都国际化和地域化特征，促进了教育、医疗、金融、商务产业的发展，使人民南路成为中轴线上的国际化田园。

2 后工业时尚田园——成华区二环路现代服务业发展轴概念规划及区域综合治理设计

东郊是成都的传统工业区，创造了诸多全国第一。20世纪50年代这个以工业为主的区域曾经是成都的时尚中心。2001年8月，为改变东郊城市功能难以完善的困境，成都市委、市政府作出了东郊产业结构调整的重大举措，采用"腾笼换鸟"的方式将工业用地置换为城市建设用地。

本方案解决了成华区现代服务业"1413"发展战略落实到空间的问题，基于对成华区和成都市未来空间格局的研究，提出"为成华区造芯"和"东调升级"的规划理念，引导传统工业区转型。成华区二环路整体定位为后工业景观大道，由双桥子向高笋塘依

次划分为 "活力"、"时尚"、"宜居"三个特色区段。其中，"时尚"区段拥有麻石烟云、沙河公园、工业文明博物馆等多种城市资源，是整个成华区二环路现代服务业发展轴的核心区，也是成华区的未来城市中心区。

方案提出双轴模式和双重文化的概念，即重视二环路现代服务业发展轴和沙河文化休闲轴的互动，重视工业文明的传承和后工业文化的创新。

四川省建筑设计院作为成华区政府的技术支持平台，在项目中提出了"城市更新组合拳"的概念，即近期综合治理、中期地块包装（城市设计）、远期规划控制。方案在中心区内利用商业核、文化核、音乐核和生态资源的辐射与互动，体现现代服务业与工业文明、后工业文化在城市中心区的后工业田园意向。

项目设计范围恰好包括本次双年展的建筑展馆——工业文明博物馆，观众可以在展馆中看到该设计对成华城市中心区产生的和即将产生的影响。

3 都江堰实践群——内心田园的修复

素有"天府之源"称号的都江堰是举世闻名的中国古代水利工程，被确定为世界文化遗产。2008年5月12日14时28分04秒，汶川8级强震造成都江堰3 069人遇

水岸锦里

难，80%房屋损坏。如何利用灾后重建的机遇实现都江堰城市发展方式的转型？

"5·12"大地震后开展的工作涉及都江堰总体规划、城市设计、社区重建、文化产业项目和画家村的升级研究。大地震给我们带来震撼和反思，并将这种震撼物化到设计中，以下是我们所做的五个实践项目。

3.1 都江堰灾后重建规划概念方案

该方案是台湾大学建筑与城乡研究所和四川省建筑设计院建筑规划所合作完成的国际征集方案。方案提出以道为本的城市群体实践策略，运用林盘模式发展出来的网络式城镇群体，形成"水中有城、城中有绿"的地域空间结构，强化"由乡到城、由面到带、由带到点"的规划策略与空间布局。

3.2 米市坝紫东街片区城市设计

米市坝片区是"5·12"地震中都江堰灾损最严重的街区，试图通过重建来实现社会秩序与城市活力的重生。"米市new坊"结合TOD（以公共交通为导向的开发模式）背景下震后重生的历史街区建造，希望营造具有社区活力、代表城市新形象的街坊式社区。

3.3 道解都江堰大型山水实景项目场景设计

该项目是都江堰灾后最大的文化产业项目。设计以水文化为核心理念，贯穿于"由人工到自然、由规则到有机"的整体规划思路中，进而从哲学理念角度阐释从道法自然到人定胜天，再回归到可持续发展的演变过程。

3.4 都江堰紫荆城住区设计

该项目是都江堰灾后重建最大的住区安置房项目。项目结合城际铁路都江堰站的设置，打造TOD模式下滨水小镇。设计沿用林盘模式营造街区式社区，

通过打造充满活力的生态住区实现受灾群众心灵家园的修复。

3.5 聚源国际设计营地规划

该计划是全球首个利用灾后重建机会构筑的开放式国际化设计研究平台。都江堰作为"5·12"地震灾后重建思想发源地之一，希望形成国际化设计交流平台，木米能成为创意产业园而实现产业和城市的协调发展。

我们认为，灾难与机遇共存，城市重大灾难往往伴随着城市的革命性转型。利用灾后重建机遇将都江堰建设成国际旅游目的地城市、灾后重建的典范城市和成都世界现代田园城市示范区。

4 水岸的传统街肆——水岸锦里

成都锦里曾是西蜀历史上最古老、最具有商业气息的街道之一，也是历史上成都曾经的代名词，早在秦汉、三国时期便闻名全国。晋常璩《华阳国志·蜀志》中，"锦工织锦，濯其中则鲜明，他江则不好，故命曰锦里也"。今天的锦里依托成都武侯祠，以秦汉、三国精神为灵魂，明清风貌作外表，川西民风民俗作内容，扩大三国文化的外延。在这条街上，浓缩了成都生活的精华，有茶楼、客栈、酒楼、酒吧、戏台、风味小吃、工艺品、土特产，充分展现了四川民风民俗和三国文化的独特魅力，号称"西蜀第一街"，被誉为"成都版清明上河图"。

锦里二期工程——水岸锦里于2009年春节前开业迎客。因历史记载"因濯锦近其水"，水岸锦里尝试将景观水系引入锦里街坊，形成更契合于历史意象的"水岸锦里"的新景观，并通过锦里二期的打造，将

"锦里"这个成都历史街巷符号推向一个更典型、更深刻、更具代表性的新高度。

整个锦里以国家重点文物保护单位——武侯祠为依托。武侯祠主体部分惠陵、汉昭烈庙始建于蜀汉帝武三年（223年），南北朝时建武侯祠，明初合为一体，并将刘备、诸葛亮合祀一殿，但仍称这君臣合建祠堂为武侯祠。清康熙十一年（1672年）维修时，分为前后两殿，保留至今。2004起，在武侯祠核心保护区外东侧恢复一条兴于秦汉，盛于唐宋，曾为成都代称的古老街道——锦里。它紧邻武侯祠东侧，呈南北走向，先建成长350余米，蜿蜒曲折犹如一条西蜀历史与文化交汇的长廊。其建筑多为两层，底层为各类商店，二层多为辅助用房。建筑风格以清末民初为主，既有典型的川西民居风格，也有宗祠庙宇的做法，属清末民初混合风格。现在，锦里与武侯祠一道成为全国闻名的旅游胜地，是体验成都市井生活的魅力街区。

锦里二期——水岸锦里设计以"历史文脉的传承延续、传统空间的当代诠释、生态景观的有机植入"为原则，提出"水岸锦里"的设计理念，深入挖掘蜀锦与水的文化内涵，引入水系设计，诠释了对成都传统街巷的深度理解。水岸锦里继承了西蜀古典园林"文秀清幽"的整体特点，不仅诠释了成都因水而生、因锦而盛的城市脉络，更重视地域文化在物质环境和空间形态上的体现，着眼于对物质城市的精神建构，堪称"最市井、最平民、最包容、最原汁原味的成都传统街巷"。

5 城市的田园记忆——双流东升城市公园

成都市双流县历史悠久，古称"广都"。双流东升城市公园位于双流国际航空港新城中心，所在的东升城区是双流新城的核心，是2007年四川省建筑设计院通过全国招标中标的设计项目，也是基于生态设计原则、尊重场地特征、满足多重体验需求的，融体育活动、休闲游憩、科普教育、艺术创意、旅游观光于一体的城市大型综合性公园。公园总用地面积约5.5km²。园区东邻双流国际机场，西、北有新川藏公路环绕而过，东、南接老川藏公路，规划中的成都地铁3号线直达园区中部，区位优势突出，这里是新城的核心位置。优越的交通条件和临近中心商务区的特殊地理位置将这里定位为一个以自然为主题的大型开放性自然空间，为发展旅游、引进国内外民航公司俱乐部创造了有利的条件。园区在纵横两个方向上贯穿城市，活跃的界面处理使市民通过就近的城市路网就能抵达并参与其中。

由公园独特的"十字"形布局，衍生出"人文历史"和"自然生态"两条功能轴的十字相交结构，文体设施自北向南渐次展开，形成康体休闲长廊和浅丘中河渠、湖泊、林地、草地、湿地相结合的自然生态轴；展现地域风貌、历史文化、未来畅想的人文设施自西向东依次排开，形成传承历史文脉、展望城市未来的人文历史轴。规划中的多功能空中廊道如一条彩链贯穿南北，将多种类型的文体休闲场所、多元化的运动休闲方式、多样性的生态群落联系在一个共同的主题——人与自然和谐相处下。强调公园与周边环境的边界效应，精心对待边缘空间，创造出方便到达又适宜人们停留交往的邻里走廊。基于以上分区原则，结合城市道路骨架网络及场地特征，将公园分为8个主题园，即沿自然生态轴由北向南将场地划分为运动公园、中心公园、湿地公园、科技公园以及森林公园；沿人文历史轴由西向东依次为乡土文化公园、爱心公园和航空主题乐园，各主题园分区清晰、特征明确，十分有利于分区建设和分片管理。

设计中主题公园以大水面、临湖疏林草坡和背景密林和树阵广场为主要景观因素，并以彩色透水混凝土浇筑的主次园路为骨架串联各景观结点，营造出一个简洁大气、空灵通透的绿色空间。建成后的公园形成多个数10万平方米的大面积水体，开阔湖面碧波微澜，湖边绿坡延绵起伏，大面积宁静悠闲的疏林草地，这些都将是国际空港新城人们休闲娱乐和进行各类文化活动的主要场所。湖中高达百米的巨型喷泉将是整个景观视线汇聚的中心。在湖的沿岸如轻舟泛波、似画舫临水，各类与之配套的功能性建筑将邻水而起，为广大国际空港新城的居民提供丰富多彩的现代城市生活。

设计者将"以人为本"思想贯穿于整个公园场地的设计当中，力求创造出一个"青山绿水，千鹤竞飞"的城市生态空间，一个融自然生态、历史文化、娱乐休闲于一体的超大型城市公园，一个真正实现了人与自然和谐相处、"城在园中"、"园在城中"的田园城市愿景的新城区。

成都国际非物质文化遗产公园
ChengDu International Intangible Culture Heritage Park

成都青羊城乡建设发展有限公司
ChengDu QingYang Suburb Construction & Development Co., Ltd

作品名称：成都国际非物质文化遗产公园
参展建筑师（机构）：成都青羊城乡建设发展有限公司
关键词：城市更新；集群设计；城市事件

青羊城乡公司成立于2008年3月27日，是由成都置信集团、合信实业和
成都市青羊区政府合作成立的一家以城市区域开发、产业运营为主要
业务的投资开发公司。

由成都青羊城乡打造的"中国成都非物质文化遗产博览园"项目集文化传承、公共活动激发、城市地区开发于一体，经过前期策划、项目立项、设计建造，历时3年建成的中国成都非物质文化遗产博览园（下文简称非遗公园），是世界上最大的非遗文化主题园区。国际非遗博览园核心区占地面积约614亩（40.93公顷），建筑面积约33.6万平方米，一期总投资约22亿元。中国文化部、四川省人民政府、联合国教科文组织等多家联合主办的第三届中国成都国际非物质文化遗产节于2011年5月29日在成都成功召开。

非遗公园项目作为成都"198"生态及现代服务业综合功能环区的重要组成部分，是成都建设"世界现代田园城市"的历史定位和长远目标在具体项目上的缩影。非遗公园在土地使用上实现了在耕地和基本农田总量不减少的情况下，为城市提供高质量的公共绿地和文化休闲场所，同时为现代农业提供了典范。

更重要的是，非遗项目为打造"田园城市"提供了一种新的思路。田园城市不只是一种城市功能的田园化，而且应该是城市文化的田园化。非遗项目在设计之初就将回溯中国传统田园生活作为整个项目的基点，而其中"西城事"组团更是在设计及实施过程中或从古典园林，或从田园诗歌，或从水墨书法来生成设计概念，实现了田园情景之外田园文化的植入。"西城事"组团作为满足园区文化展示、室内观演、休闲集会、餐饮辅助等多种功能为一体的片区，由多家建筑事务所通过集群设计的方式共同打造而成，其中包括由袁烽主持的上海创盟国际建筑设计有限公司，刘珩主持的南沙原创建筑设计事务所，庄慎主持的上海阿科米星建筑设计事务所，王方戟和伍敬主持的上海博风建筑师事务所，周凌主持的周凌工作室，

成都国际非物质文化遗产公园

以及美国Howeler+Yoon建筑设计事务所。各家事务所通过集群设计的方式进行合作，并实现了总体风格的一致和各单体的独立个性。本次参展选取了其中的五栋建筑进行详细展示。

1 蓝溪庭

由袁烽主创设计的蓝溪庭采用院落布局方式，建筑中部将古典苏州园林——网师园纳入其中，使建筑分为南北两部分，并用曲线的屋顶将连廊与建筑连成为一个整体。在中轴线上保持中国传统的五进式布局，同时结合本方案的功能来布置庭院，得到宜人的空间。长卷式的组合所呈现的空间如同中国传统绘画的山水长卷一样，通过不连续的视点的变换，展示出对事件进程中"运动的静止的表达"。这种静止的表达就如动画制作中的"关键帧"，但是它不涵盖事物相互连接的方式。建筑的墙体采用传统烧制的青砖，用新的砌砖工艺对面向园林的墙进行透空处理，展现光影下砖的纹理具有的水样流动感。采用钢木结构，根据现代的结构材料特性展示传统木结构建筑的美学特性。

2 醉墨堂

由刘珩主创设计的醉墨堂概念来源于苏轼的《石苍舒醉墨堂》，"草书"般写意的空间和形态，飘逸的大屋顶倒影在墨池上。设计师设想院子的地块原来是规整的四边形，里面布置了传统的四进建筑院落空间。外界挤压，地块发生倾斜，院落因此发生变化，形成自由而富有动感的形态（中国园林中的不规则构图），与地块取得呼应。最后，建筑仍保持着规整的空间形态、动态的院落和公共走廊空间与"草书"般的飘逸大屋顶，形成极富写意的"醉墨堂"院子。建筑分两大部分，分别位于地块的东、西两侧，由墨池及连廊统一起来。设有首层和地下层的独立出入口，地下为设备房、厨房和地下门厅，地上为两层的商业空间。

3 一院一世界

庄慎主持设计的"一院一世界"单体试图通过院落、坡顶、折墙这三个带有强烈中国意味的关键词，塑造一种混合建筑、园林、厅堂等室内外空间为一体化的"一院一世界"意境。院落是有中国建筑气质的典型代表。本案采用多重、多种类型的院落表达这种传统的精神气质，但并不仅局限于此。传统的院落往往围合在先，开放度有限，更适合于私家园林；该建筑的功能类型为餐饮，面对的是大众消费，因此空间需要一定的开放度。为了解决这一矛盾，设计在保留建筑外围墙体的围合感之外，取消了一层大多数内庭

成都非物质文化遗产公园

院的墙体，将一层的院落空间"解放"给室内，使得一层成为一个整体性的内向开放空间。二层的餐饮类型为包厢消费，通过内庭院与建筑外围墙体所围合的空间将中国传统院落的气质充分表达出来。

4 琥珀堂

琥珀堂由美国Howeler+Yoon建筑设计事务所主持设计，其设计灵感来源于中国传统的带庭院的房子和建筑与自然内涵间的关系。在复合式的构架里，从层层叠叠的院落向上看，能看到天空。该庭院还分割出多个小花园，将自然融入房子内部。方案将带庭院的房子解释为一种重视建筑内部、带有不规则边缘的类型。这块区域的整体设计都围绕着这些庭院，每个庭院有不同的特点，与唐朝诗人李白的《梦游天姥吟留别》诗句相对应。院落层次的原始灵感来自该诗，来

此的游客会历经如诗般的意境，每个庭院对应诗中的一句。例如，游客从"隐园"进入，经过"觉园"，顺着"天梯"到"月影园"，每个庭院有自己的特色，从而使在房子中穿梭的人好似身临诗境。

5 山雨村

王方戟主持创作的山雨村，其基本设计概念是塑造"隐居"的东方园林文化意象。建筑概念通过"筑山、理水、置屋、点意"四个步骤予以实现。筑山，通过在场地中建立高差得以完成，通过覆土与建筑体量、露台结合而形成的"山雨岭"，赋予人居住于山间的感觉。理水，靠的是水边的石、桥、建筑的相互关系建立并模拟出来，建筑的主要房间都围绕水系展开。置屋，模拟了村落的关系，一簇一簇的小房子自然地布置在山坡上，互相之间略微靠拢。建筑屋顶的

展览现场

特殊处理，更使建筑群具有形式上的意味。项目中有了"山"，有了"水"，有了"村"，正似唐朝时王建写过的一首诗：雨里鸡鸣一两家，竹溪村路板桥斜。妇姑相唤浴蚕去，闲看中庭栀子花。（《雨过山村》）

6 展示方式

展览通过多媒体影像、设计建造全过程图片展示和单体建筑建筑模型三种方式相结合的方法加以进行。

多媒体影像：邀请周滔从艺术家的角度采访开发商代表，建筑师代表以及建设方等，通过一系列访谈和建成环境的影像穿插来展示整个项目的故事，形成完整而全面的项目印象。非遗公园的建成并不只是最后实体的呈现，更多的故事潜藏在整个项目的过程中，而这一影像着重于对事件的展示和事件带来的意义。

设计建造全过程图片展示：设计建造全过程通过照片墙的形式加以展示，主要以施工过程和现场的照片为主。在整个非遗项目的建设过程中，为了表达建构本身的真实性和文化性，整个项目遭遇非常多的实际建造难题，而这些难题的展示很难通过建成结果展现，因此建设过程的展示会成为非常有意义的一环。

单体建筑模型：将五栋建筑实物模型化，通过设计本身的表达突出专业精神，进一步展示整个项目的文化和设计定位，展示设计对于整个项目的价值和文化传承的贡献。

后记 鸣谢

　　"我们城市的未来将何去何从？"这是"2011成都双年展 · 物我之境/国际建筑展"全体参与者心中的疑问。围绕这个话题，参展建筑师师各抒己见。经过编辑团队与国内外参展建筑师、学者的沟通，近70个参展作品的相关论文和图片得到整理汇编，最终集结成册。希望借此向更多人介绍建筑展中纷呈的思想，并参与讨论。在工作过程中，我们深深体会到学术研究的不易。相信这份共同的努力，能够成就一份记录人们对于未来美好生活努力探索的理论成果，在不远的将来，它能为后来的研究者提供有价值的参考。

　　回顾本次国际建筑展，从筹备展览到展览结束再到随后的论文集的出版，在这近一年的时间里，我们有很多人为此付出了大量辛勤的劳动。首先感谢2011成都双年展组委会、2011年成都双年展学术委员会、成都当代美术馆投资管理有限公司、国际建筑展学术委员会以及成都兴城投资有限公司，正因为他们在筹备展览的过程中的倾力支持，才有了这样一届精彩的国际建筑展，我们也很欣喜地看到如此多思想的火花在这里绽放。最后要感谢时代建筑杂志编辑部工作团队的全体工作人员，他们在策展工作、布展工作、学术活动组织、宣传工作、以及书籍出版的一系列工作中发挥了重要的作用，这本沉甸甸的论文集的诞生与他们的辛勤工作是分不开的。

　　本届国际建筑展已然落下帷幕，但关于田园城市理论在中国的实践问题，以及自然与社会的关系问题还会不断地继续，由此引发的讨论也会不断地深化我们对于"物"与"我"的认识，相信在大家共同的努力下，"城市，让生活更美好"的憧憬将不再是一句口号，而这场关注成都的学术讨论将会成为重新审视城市建设理论的一个新篇章，并将成为推动城市发展的本土而开放的当代平台。

编者

2012.7

策展人团队简介

策展人

支文军

《时代建筑》杂志主编，同济大学建筑与城市规划学院教授、博导，同济大学出版社社长。

中国建筑学会编辑工作委员会委员、上海市建筑学会常务理事。策划的法兰克福"M 8 中国当代建筑师作品展"（展览至柏林巡展)是近期著名的建筑展。

联合策展人

刘宇扬

刘宇扬建筑事务所主持建筑师，香港大学建筑学院兼任教授，上海市青浦区政府规划局顾问，韩国国立艺术大学建筑系评审委员，第二届深圳香港城市/建筑双年展联合策展人。

李翔宁

同济大学建筑与城市规划学院院长助理，教授，博士生导师。2009年任洛杉矶MAK艺术和建筑中心研究员、德国达姆施塔特大学Erasmus Mundus访问教授。《时代建筑》客座编辑，深圳双年展等重要展览策展顾问和德国歌德学院《更新中国》系列论坛和展览策展人。2010年起担任建设中的上海当代建筑文化中心和博物馆馆长。2011深圳双年展、成都双年展联合策展人。

戴春

1998年毕业于东南大学建筑系，获硕士学位，2005年毕业于同济大学建筑与城市规划学院，获博士学位。现任同济大学《时代建筑》杂志主编助理；美国建筑师协会杂志《建筑实录》（Architecture Record）中文版特邀编辑。

陈展辉

毕业于深圳大学建筑学系，1999年和马清运共同创办了马达思班建筑事务所、玉川酒庄、思班艺术基金会、西安么艺术中心、思班都市、思班奥等公司。目前任思班集团总裁，在上海、西安、北京工作生活。

邓敬

1990年毕业于重庆建筑工程学院建筑系，获学士学位；2000年毕业于重庆大学建筑城规学院获硕士学位；现执教于西南交通大学建筑学院，任副教授兼建筑图书馆馆长。

展览名称：2011成都双年展
展览主题：物色·绵延
展览主办：2011成都双年展组委会
展览承办：成都当代美术馆群投资管理有限公司
展览时间：2011年9月29日—2011年10月30日

2011成都双年展学术委员会
主任：伍江
常务副主任：张晴
副主任：周春芽
秘书长：张晴（兼）
委员（按姓名拼音排序）：陈幼坚 方力钧 蒋原伦 刘家琨 苏新平 殷双喜 张培力

物色·绵延 2011成都双年展
总策展人：吕澎

2011成都双年展·当代艺术展——溪山清远
策展人：吕澎
地点：成都东区音乐公园

2011成都双年展·国际设计展——谋断有道
策展人：欧宁
地点：成都东区音乐公园

2011成都双年展·国际建筑展——物我之境
策展人：支文军
地点：成都工业文明博物馆

《当代语境下的田园城市》编委（按姓名音序排列）：

张永和（主任）郑时龄 吴志强 吴长福 崔愷 刘克成 张樵 彭震伟

刘家琨 沈中伟 仲德崑 赵万民 王明贤 Margaret Crawford Dana Cuff

主编：支文军 戴春

责任编辑：严晓花 陈淳 邓小骅 徐希

助理编辑：何柳 蒋兰兰 杨铖 马娱 金丽华 蒋天翊 王秋婷

版式设计：严晓花 蒋天翊

制作：王小龙

2011年成都双年展·国际建筑展

主题：物我之境——田园·城市·建筑

策展人：支文军

联合策展人（排名不分先后）：刘宇扬 李翔宁 戴春 陈展辉 邓敬

策展助理：何柳 蒋兰兰 杨铖 马娱 严晓花 金丽华 任大任 蒋天翊

承办单位：《时代建筑》编辑部

开幕时间：2011年9月29日

展览时间：2011年9月29日—2011年10月30日

展览地点：成都市工业文明博物馆

图书在版编目（CIP）数据

当代语境下的田园城市 / 支文军, 戴春主编. -- 上
海 : 同济大学出版社, 2012.12
ISBN 978-7-5608-5065-8

Ⅰ.①当… Ⅱ.①支… ②戴… Ⅲ.①城市规划—建
筑设计 Ⅳ.①TU984

中国版本图书馆CIP数据核字(2012)第313464号

书　　名：当代语境下的田园城市
出 品 人：文义军
责任编辑：孟旭彦
设　　计：《时代建筑》杂志
责任校对：徐春莲

出版发行：同济大学出版社 www.tongjipress.com.cn
　　　　（地址：上海四平路1239号　　邮编：200092　　电话：021-65985622）
印　　刷：上海盛隆印务有限公司
经　　销：全国各地新华书店
开　　本：787mm ×1092mm　 1/16
印　　张：16
印　　数：1-2100
字　　数：399000
版　　次：2012年12月第1版
印　　次：2012年12月第1次印刷
书　　号：ISBN 978-7-5608-5065-8
定　　价：168.00元
